孙冬梅◎编著

·静心的智慧·

中国纺织出版社

内容提要

人的心灵好似一间储藏室，容纳太满或太杂乱，只会心烦气躁。只有不断清理，拂去心灵上的蒙尘，让身心处于一种宁静、祥和的状态，才能不在烦躁中迷失自我。

本书传授给你静心的智慧，静而心安、静而心明、静而生智，及时校正自己的方向，理清做事思路，看清未来的格局，找到困难的出路。用平静的心态感悟人生，用平静的视角看待事物，发现一片新天地。

图书在版编目（CIP）数据

心思静了　福气来了：静心的智慧／孙冬梅编著. --北京：中国纺织出版社，2013.6（2024.4重印）
ISBN 978-7-5064-9672-8

Ⅰ.①心…　Ⅱ.①孙…　Ⅲ.①成功心理—通俗读物　Ⅳ.①B848.4-49

中国版本图书馆CIP数据核字（2013）第077441号

策划编辑：闫　星　　责任编辑：曲小月　　责任印制：储志伟

中国纺织出版社出版发行
地址：北京朝阳区百子湾东里A407号楼　邮政编码：100124
邮购电话：010—64168110　传真：010—64168231
http://www.c-textilep.com
E-mail：faxing@c-textilep.com
北京兰星球彩色印刷有限公司印刷　各地新华书店经销
2013年6月第1版　2024年4月第2次印刷
开本：710×1000　1/16　印张：18.5
字数：234千字　定价：82.00元

前言

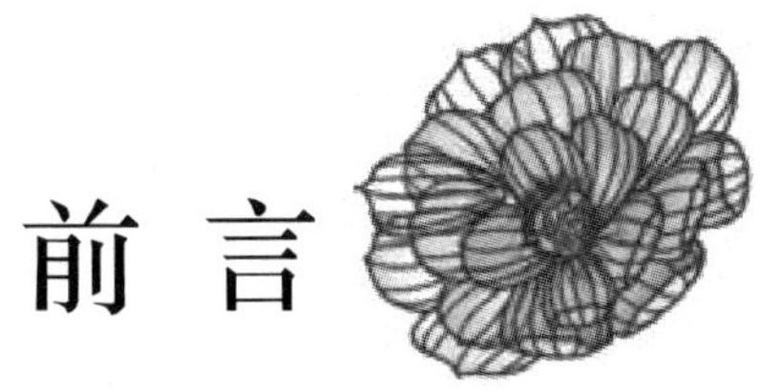

人生漫漫，尘世中的人们，无论是谁，都在努力寻求一个目标——幸福，然而，什么是幸福？坐拥亿万家财是幸福？名利双收是幸福？事实上，幸福是一种内心的感受。美国一家把幸福作为研究目的的科研机构得出结论，幸福与年龄、性别和家庭背景无关，而是来自于一种轻松的心情和健康的生活态度，其实，也就是一颗安静的心。

忙碌于钢筋混凝土中的人们，也逐渐意识到拥有一颗安静的心是多么难能可贵，它能让我们远离浮躁、遏制欲望、豁达为人、抵制诱惑、戒掉抱怨，能让我们的心在烦琐的生活之外找到一个依托，能让我们更好地工作，更好地生活，更好地提高和修炼自己。

然而，很多人认为，这并不容易做到。因为他们总是在与那些被认为是自由的因素作对，这些因素可能是唠叨的妻子，或是专制的丈夫，专横的父母，或是在工作中压制创造力的老板。正是这些抗争的存在，使得他们的心无法获得真正的自由。而实际上，“静心不是什么新的东西，是你与生俱来的；头脑是新的东西，而静心是你的本性。它是你的本性，它正是你的存在，它怎么会是困难的呢？”

人们也尝试了很多种方法，但结果还是无法做到真正静心，实际上，你并不需要被那些含糊不清和与当今生活无关的静心技巧所左右，你只需要以一个局外人的身份、以一种不带任何偏见的眼光审视自己，这就是静心的全部。

然而，要想做到这点，你还需要一个心灵导师，它能指引你抛开世俗的烦恼，帮你发现并接受最本真的自我。本书就是这样一位帮助尘世中的人们寻找到一个平衡坐标的心灵导师。在本书中，每则故事都针对现代社会中人们所遇到的一些问题进行了全方位的阐述，旨在让人们通过轻松阅读的方式吸收到最便捷的静心方法，从而抛却无谓的烦恼，铸就幸福的一生。当你能真正吸收并运用本书传授给你的静心方法，让自己不因失意而沉沦，在面对生命的大喜大悲或者生死无常之时，以一种淡然的心态来对待一切，而这不正是一种幸福吗?

编著者

2012年11月

目 录

第一章 接纳自己，释放自我

在生活中，很多人因为各种各样的原因对自己非常不满意，如果不改变这一点，就很难获得幸福的感受。要想得到幸福，最重要的就是接纳自己，只有真正地接纳自己的所有优点和缺点，才能够发自内心地认可自己，从而充满自信地释放自我。

关注自己——感受美丽与幸福的存在

我们每个人都生活在一定的集体中，都或多或少有些朋友、同事、亲戚等，于是，我们常常会用他人的眼光来审视自己和自己的生活，比如，如果别人说你很漂亮，那么，你一定会欣喜不已；如果你听到某人在背后说你的不是，你一定要与之理论一番……我们的心情为什么会被他人操控？因为太在乎别人的眼光、不懂得关注自己的内心。许多时候，人们之所以看不到优秀的自己，感受不到自己的幸福，都是源于此。而实际上，我们是为自己而活的，幸福是属于自己的，他人只能旁观，却不能真正感悟，按照别人的期望经营生活，很可能让自己离幸福越来越远。因此，如果我们想要感受到真正的美丽和幸福，就要学会关注自己。一个人只有首先学会关注自己，看到自己的内心，才能真正接纳自己。

陈萍是一名大学讲师，和很多知识分子一样，有一个幸福的家庭，丈夫是机关单位的工作人员。她生在上海，长在上海，但却似乎对上海有着与生俱来的憎恶。一直只顾怜惜自己的心情，因而不断地发泄着自己的不满。一心想走出这个地方，领会别处的山清水秀，体验漂离于世俗的恬然宁静。不去关注这个城市，不去关注藏匿其中的校园。

这天，她和丈夫因为生活中的一件小事吵架了，闷闷不乐的她来到办公室，她并没有像往常一样打开电脑，而是站在窗前，这时候，她恍然觉得自己已游离于校园之外了。她不得不去注意宿舍前操场上打球男生的飒爽身影，不得不想起清晨河畔上的水雾缭绕，不得不去注意那比

高架还高的壮观正门，不得不想起自己站过的讲台……不知道这里有多少株千年古树，不知道这里有多少种名贵花草，不知道横立在河上有几座桥，不知道两座食堂相距有多远……骤然间，她突然觉得，就连桂花香四溢的时节，也没有嗅出这校园所表达的善意和问候，一回眸，一投足，一转身，也觉奢侈。也许，置身其中，浑然不觉。不珍惜这美丽，就像当初不珍惜父母的无微不至；不珍惜这美丽，就像不珍惜曾经好友间的滴滴点点。

晚上，她疲倦地从办公室归来，第一次认认真真地感悟了一番夜间的上海。的确她就像贵妇人，雍容不失典雅，华贵兼顾端庄，成熟而有风韵，大方又含蓄。于是，她恍然想起那句话——我们的身边并不缺少美，而是缺少发现美的眼睛，也许，比发现美的眼睛更需要的，是发现美的心灵。打这以后，陈萍觉得，自己爱上了上海，更爱上了周围的一切。

故事中的主人公陈萍就是个懂生活、善于发现美的女人。一次偶然的机会，她看到了周围生活环境的美，于是，她的心境改变了，她也变得快乐多了。

生活中，我们每个人都应该拥有一颗宁静的心，用它来面对最真实的自己，用它来覆盖生命的每一个清晨和夜晚。从此，我们便不再因外界的一点风吹草动而扰乱自己的内心，你会因为好心情而美丽动人，生活也会因此而美好幸福。

那么，可能有些人又会产生疑问，我们该如何关注自己呢?

首先，我们应该保持内心的纯净。

有一句名言：如果心不造作，就是自然喜悦，这就好像水如果不加搅动，本性是透明清澈的。接纳自己的第一步就是让内心淡定，只要你的心是纯净的，那么，你就能接受幸福，接受快乐，淡化痛苦。反过来，如果你内心躁动，你又怎么能看到最本真的自己?

其次，我们要学会走自己的路。

人与人总是不同的个体，生活也会因人而异，不同的人对于同一件事情，得到的结果总是不同的。另外，他人不可能参与到你的生活中来，因此，我们大可以告诉自己："走自己的路，让别人去说吧。"

再者，我们要学会接受不完美的自己。

每一个人都是不完美的，这是不变的真理，关注自己，就难免发现自己的不足，此时，我们不能妄自菲薄，也不应该自卑，相反，我们应该为此而感到欣慰，我们看到了最真实的自己，我们才有了进步的空间。

另外，我们还应该学会享受现在的生活。

钱钟书先生在小说《围城》里对人性的本性，欲望的评论有过精彩的论述，"围在城里的人想逃出来，城外的人想冲进去，对婚姻也罢，职业也罢，人生的愿望大都如此！"当你得到一样，就总想得到另外一样。但你想过没有，如果你身处城中，为何不好好享受城中的生活呢？其实冲进去或是走出来，也不过是一种意识形态，里或外的区别不过是自己的心给出的答案。

最后，我们应该学会调节自己。

生活中存在着各种各样的压力，有些压力虽然看不到，摸不着，但却真实地存在我们的周围。如何在家庭责任、工作及人际关系的压力中做个"走钢丝的能手"，在家庭和事业间掌控平衡、在职场自在地游弋是现代人的必修之课。面对来自各方面的压力，我们一定要懂得自我调节，比如，当遇到不如意的事情时，可以通过运动、读小说、听音乐、看电影、看电视、找朋友倾诉等方式来宣泄自己不愉快的情绪，也可以在适当的场合大声喊叫或者痛哭一场。

的确，我们周围的世界总是发生着变化，和外在行为的动静相比，内心的动静才是根本，精神才是人类生活的本原。不与他人攀比，这样内心才能宁静而不浮躁，要随遇而安，适可而止，知足常乐。

苏醒并自觉，重新认知自己

很多时候，走在川流不息的大街上，看着熙熙攘攘、摩肩接踵的人群，我们突然间觉得很迷惑：我是谁？来这里干什么？在生活中，人们很难认清楚自己是谁，因而也就很难确定自己想要什么样的生活，脚下的道路又是通往何方的。古人云，人贵有自知之明。的确，既然认识自己是最难的，自知之明自然更加难得可贵。不管在哪个朝代，自知之明都是智慧的开端，这短短的四个字所讲述的道理，蕴藏着整个宇宙，自古以来，有多少人历经艰苦也没有修炼到有自知之明的境界。大多数都觉得世界很复杂，人心叵测，其实，只有自己才是这个世界上最难认识的，所以很多人说自己才是自己最大的敌人。早在2000年前，古希腊人在德尔裴神庙的一侧就刻上了“认识自己”的警世之语。几千年过去了，这句话仍然在风雨之中傲视着世人。遗憾的是，迄今为止，人们仍然无法肯定地说自己已经实现了“认识自己”的远大目标。

在现代社会，生活节奏越来越快，竞争越来越激烈，人们的物质需求也越来越多。假如不能很好地认识自己，了解自己所真正追求的是什么，不知道人生的目标，那么，就很容易形成自满、自负、自我陶醉的心理，甚至还会产生虚荣心理。在物质利益的诱惑面前，很多人把持不住自己，为了盲目地追求利益而做出很多有违人性的事情。还有的人虚荣心膨胀，喜欢哗众取宠、炫耀自己，无法客观地、正确地评价自己。与此相反，还有的人总是喜欢和比自己能力强或者物质条件好的人相比，很容易产生自卑心理，觉得自己一无是处，因而自我贬低。其实，这种人原本很有才华，只要努力就能够做出一番成绩，但是却因为自我贬低而伤害了自尊心，导致自己止步不前。为了避免上述种种情况的发生，我们每一个人都应该正确地认识自己，意识到每个人都有自己的长处和短处，都有自己拥有的而别人却没有的东西，都有属于自己的幸福。只有这样，才能以平静的心态坦然地面对生活。

因为家境贫困，再加上爸爸酗酒，所以小华的内心非常自卑。初中时，记得有一次，小华作为班长带领班级的几个骨干出黑板报，因此耽误了晚上回家吃饭的时间，爸爸就去给小华送饭。那天，小华的弟弟正好生病了，所以爸爸去得比较晚，都快上晚自习了才到。妈妈做了肉丝，用大饼包着让爸爸给小华送去。不过，让小华惊讶的是，爸爸居然还带了一罐八宝粥。要知道，小华和弟弟平时可是很少吃八宝粥的，所以，小华坚持没有吃，而是让爸爸带回去给弟弟吃。虽然爸爸给小华送饭，小华心里觉得暖暖的，但是，小华还是很生气。因为小华很了解爸爸，只看了爸爸一眼，她就知道爸爸又喝多了，眯缝着眼睛，话也特别多。因为爸爸酗酒，所以总和妈妈吵架，给小华的心里带来了很大的阴影。看到爸爸醉醺醺的样子，小华根本不想搭理他，也没好气地和爸爸说话。后来，同学问小华，为什么爸爸对你这么好，还给你送饭，你却好像在生爸爸的气呢？小华无言以对，因为她不能告诉同学爸爸酗酒，给家庭带来了很大的伤害。就这样，小华变得越来越敏感和自卑，她总是问自己，为什么会有一个酗酒的爸爸呢？她不仅无法从家庭中得到安全感，甚至觉得自己在同学们面前矮三分，虽然她的学习成绩始终名列前茅。但几年过去了，小华变得越来越沉默，她高中毕业后考进了一所师范院校。

大学期间，小华的文章写得非常好，还发表了好几篇。学校文学社的老师看到她优美的文笔，便鼓励小华参加文学社。小华担心自己不行，迟迟没有答应。直到又发表了几篇文章之后，她才鼓足勇气参加了文学社。进入文学社不到一年时间，小华就因为表现出色被大家推选为副社长。在文学社中，小华因为才华横溢，很受同学和老师的推崇。渐渐地，她不再那么自卑了。以前，因为爸爸酗酒，即使每次都考班级第一名，她仍然觉得自卑。现在，因为出色的表现、优美的文笔，小华慢慢地有了自信。随着年龄的增长，她意识到每个人都有选择自己生活的

权利，别人可以建议，但是却没有权利干涉。因此，她不再因为爸爸酗酒的事情而自惭形秽了。随着自信心的增强，小华意识到自己在文学方面颇有才华，而且，她不仅非常喜欢写作，也很喜欢阅读。在老师的引导下，她变得越来越乐观开朗，不仅把文学社搞得有声有色，而且发表了越来越多的文章。大学毕业后，小华因为具有文学方面的才华，被学校保送某著名大学的中文系读研。

很难想象，小华幼小的心灵因为爸爸酗酒承受了多么大的压力，以致每次考试都是班级第一名也无法排解她的自卑心理。从某种程度上来说，爸爸酗酒的事情像一片阴云一样遮住了小华的天空。幸运的是，小华进入师范院校以后参加了学校的文学社，因为认识到了自己的优点和特长，所以她渐渐有了自信，对人生也充满了希望。假如没有认识到自己在文学方面的才华，小华的人生很可能是另外一种结局。由此可见，认识自己非常重要。很多时候，生活中的一些事情会蒙蔽我们的眼睛，这就要求我们擦亮眼睛，满怀希望地重新审视自己，发现自己的优点和长处。反之，假如你有很多自己还未曾意识到的缺点，那么，也应该努力地反省和及时改进。

总而言之，在这个世界上，既没有十全十美的人，也没有一无是处的人。不管是谁，都有自己的优点和缺点，只要认真对待，就能够扬长避短，更好地面对生活。不管对待什么事情，我们都应该坚持唯物、辩证的观点，一分为二地看待和处理。只有掌握科学的方法，才能重新审视自己，苏醒并自觉，重新正确地认识自己。

接纳自己是静心的开始

也许你长得很胖，或者身材矮小，那么，当面对镜子里的自己时，你

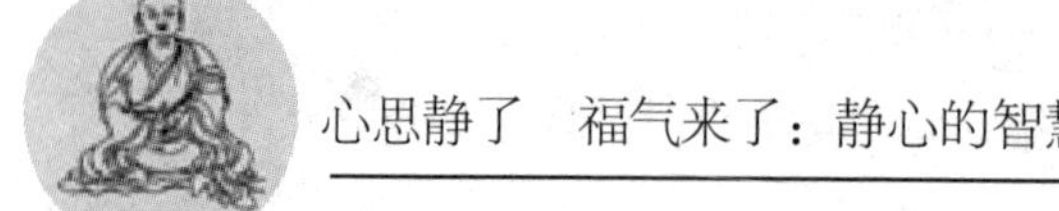

能接纳自己吗？也许你曾经经历过很多苦难，作为女人，你甚至离婚了，还带着一个年幼的孩子，那么，面对未来的生活，你能正视自己的经历，满怀信心和希望地接纳自己吗？也许上帝对你不公平，别人都很健康，而只有你，看不见，听不着，甚至无法自由地行走和奔跑，那么，你能做到不怨天不尤人，心平气和地接纳自己吗？很多时候，假如连你都无法接纳自己，那么，你的心就将变得暴戾，一刻都不得安宁。在现实生活中，很多人无法接受自己的相貌、身高、体重、经历等，因此特别迷惘。试想，假如一个人连自己都无法接纳，那么，还能接纳别人吗？还能接纳这个并不完美的社会吗？还能宽容地面对一些不公吗？面对自己，不管是美丽还是丑陋，不管是聪慧还是愚钝，不管纯净如白纸还是凌乱如抽象派大师笔下的画作，我们都应该全然接纳。接受身上一些让你气恼的、认为早就应该摆脱的东西，甚至是你从心底感到厌恶的东西，这些可能是懒惰、不安、急躁，或者是上瘾症——所有你觉得不应该存在的东西都包括在内。在这些东西之前甚至会让你发狂，恨不得毁灭自己，重新塑造一个完美的出来。然而，接纳了以后你会发现，你的内心渐渐地变得宁静、祥和。

面对自己，荣格曾经问过，你到底想做一个完整的人，还是想做一个好人？无疑，在这个世界上根本就没有十全十美的人，因此，每个人身上都有连自己都不愿意触碰的阴暗面，是的，就是这样，不仅亲人朋友不愿意接受，连我们自己也不想面对。因此，我们总是限制自己的天性，为了得到别人的好评，不惜付出任何代价，竭力把自己伪装成众人都很喜欢的好人，所以活得特别累。其实，每个人既有优点也有缺点，而且，不管看待什么事情，我们都应该用一分为二的辩证法。你会发现，每个阴暗面都对应着一个生命的礼物，每个缺点的背后都隐藏着一个不为人知的优点：一个胆小的人很少遭受飞来横祸；一个不爱打扮的人内心往往非常自由，不受外物的局限；一个喜欢出风头的人不管在什么情况下都非常自信；虽然你很小气，但是你从来不爱占别人的便宜……不得不承认，生命中无法摆脱阴暗面，因为它也是生命的一部分。假如你排斥它、抗拒它，总想使

自己变得更加完美，那么，你必定会因此而焦躁不安。反之，假如你真心拥抱它、敞开胸怀接纳它，你会惊讶地发现，因为有了它，你的人生才变得更加完整。

雅娟今年36岁了，有一个5岁的儿子，叫阔阔。一年前，她和老公离了婚。离婚之后，雅娟的心情特别差，如果不是为了儿子，她甚至想到过自杀。当初，雅娟之所以和老公离婚，是因为老公在外面有了第三者。因此，雅娟对这件事情久久不能释怀，即使离婚之后，只要想起这件事情，她就想歇斯底里地发作一番。的确，对于任何女人而言，都很难容忍自己的老公出轨。为此，雅娟变得越来越抑郁、暴躁。离婚一年多的时候后，曾经有很多人给雅娟介绍过对象，但是，雅娟觉得自己离婚了，还带着个孩子，所以根本不可能找到真心爱自己的人。就像当初，她和老公也是自由恋爱的，感情非常好，但是现在却以这种结局收场。所以，雅娟对婚姻失去了信心，也对自己失去了信心。她一个人带着孩子艰难地生活，每到夜深人静的时候，想起往事，雅娟总是心如刀绞。

转眼之间，两年又过去了。一个偶然的机会，雅娟认识了吴凯。吴凯比雅娟小两岁，一直单身。吴凯很喜欢阔阔，每到周末的时候，就会主动带阔阔出去玩。和妈妈在一起生活久了，阔阔变得很胆小，但是自从和吴凯出去玩之后，变得越来越开朗、自信了。其实，雅娟知道吴凯的心思，不过，雅娟还是很害怕，她不相信吴凯是真心接受阔阔的，更不相信吴凯是真心喜欢自己的。即使是真心的，她也不相信吴凯这是考虑成熟的决定，而认为吴凯所做的一切只是一时冲动。虽然雅娟表面上很平静，但是内心却很痛苦，她一直在挣扎，不知道自己是否接受吴凯。后来，雅娟去咨询了心理医生。听了雅娟的述说，心理医生说："其实，你的心结在于你不相信有人会真的爱上一个离婚的而且还带着孩子的女人。"雅娟沉默地点了点头，心理医生接着说："你应该对自己有信心。即使你离婚了，还带着孩子，而且还遭遇过一个男人的背叛，但是这并不意味着你不能开始一段新的感情，也并不意味着世界上没有地久天长的爱情。实际上，不是别人接受不了你，而是你没有接受自己，你太介意离婚的经历了，所以你才会觉得每个人都介意。而真相是，爱情是这个世界上最神奇的东西，很多时候，真爱能够摒弃一切世俗的观念。你要相信，如果一个人爱你，他爱的就是现在的你。虽然离过婚，还做了母亲，但是你有小姑娘所没有的成熟，而且历经沧桑之后，你必然更懂感情。只要你从心底里接受了自己，你就不会再感到犹豫和纠结了。”听了心理医生的疏导，雅娟解开了心结，决定重新面对生活和爱情，也决定和吴凯正式地相处一段时间。让她意想不到的是，她刚刚放下了自己之前的经历，就感到非常轻松。和吴凯在一起，她找到了初恋的感觉。

很多时候，自己是自己最大的障碍。故事中的雅娟，之所以那么痛苦和纠结，就是因为没有接受自己过往的经历，并且因此而耿耿于怀。在心理医生的疏导下，一旦解开心结，雅娟就能够一身轻松地开始自己的新生活了。现在的她，已然不再纠结、犹豫，而是宁静地享受着吴凯的爱情。

大多数人觉得，只有完美的东西才是值得拥有的。但是，实际情况却恰恰相反。完整是美与丑、善与恶、积极与消极的调和，而完整的人生必须拥有完整的自我。要想得到心灵的馈赠，我们就必须接纳自己内心的阴影。承认和接纳完整的自我，要求我们必须平等对待自己的每一项特质，既不刻意压抑，也不刻意彰显，这样才能平静地对待自己、对待生活。

喜欢自己，认可自己

在这个世界上，没有完美的人。每个人天生都有各种各样的缺陷，有的人太胖，有的人太瘦，有的人太高，有的人太矮，有的人性格急躁，有的人没有耐心，有的人心胸狭隘，有的人做事情磨磨蹭蹭……面对这些形形色色的缺点，为了给别人留下美好的印象，有些人刻意掩饰，生怕被别

人发现。其实，这样的做法非但于事无补，反而事与愿违。很多时候，我们伪装自己，讨好别人，最终却因为失去真我而变得毫无个性，反而无法赢得人们衷心的喜爱。其实，这个世界上，不管一个人的表现多么好，多么出色，都无法让每一个人喜欢自己，认可自己。实际情况是，总会有人因为某些原因不喜欢有些人的表现，不认可和肯定某些人。因此，才有了物以类聚，人以群分的祖训。实际上，你只要做好自己，自然就会有与你脾气、秉性相投的人喜欢你。每一个人都应该扪心自问：我喜欢自己吗？曾经有心理学家提出一个观点，要想让别人真正喜欢你，就要培养让自己喜欢自己的特质。换言之，就是要形成自己的个性，做最本真的自己。听到这句话，你可能会觉得很惊讶。通常情况下，大多数人都觉得只有美貌、财富、良好的人际交往的能力才能吸引别人，但是这却不是你需要具备的特质。其实，在生活中，有很多人既不美丽，也不富有，但是却总能受到朋友的喜爱，究其原因，是因为他们真心喜欢自己。

不得不承认，人的本性决定了人们只有受到适当的鼓励才会有更大的动力。传统和世俗使人们习惯于说话办事都得到别人的认可。一旦自己的某些举动和建议得不到别人的赞许，就会感到出了问题，无法放心。这样一来，就在不知不觉之中放弃了主宰自己、独立行事的权力，过于在意别人的评价。面对别人的表扬，我们总觉得非常快乐，感到自己是有价值的。不过，凡事有度，虽然我们喜欢得到表扬，但是却不能把表扬作为自己生活的唯一目的。否则，就会事与愿违。人们常说，一千个人的眼中有一千个哈姆雷特。其实，不仅对待哈姆雷特的评价不一，在生活中，面对一个凡夫俗子，人们也会有不同的想法和看法。因此，我们不要过于在乎别人的评价，为了迎合别人而可以改变。正确的做法是，喜欢自己，认可自己，保持自己的独立个性，还原真我的面貌和风采。

多多从小就长得很胖，高中的时候，多多曾经为了减肥而节食，每天只吃黄瓜和西红柿，导致贫血晕倒而告终。上大学了，看着班里的女同学每天打扮得花枝招展的，多多的心里又开始长草了。好在大学离家很远，

妈妈鞭长莫及，所以多多这次下定决心要减肥。她每个月省吃俭用，把妈妈给的生活费节省了一部分，办了一张健身卡。为此，多多疯狂地锻炼，一有时间就去健身房跑步、游泳，第一个月的时候，多多的体重确实有所下降，不过，从第二个月开始，体重非但没有继续下降，反而恢复了常态。后来，多多听同学们说最近很流行针灸减肥，因此她也想试一试，但是一想到要把长长的针扎进身体里，她又有点儿犹豫，因为她很怕疼。夏天来了，看着女同学们婀娜妙曼的身姿，再看看自己臃肿的没有腰身的身材，连连衣裙都不能穿，多多一狠心去针灸了。针灸减肥的确有点儿效果，但是效果并非像同学们说得那么明显。渐渐地，多多的心思不在学习上了，她的学习成绩由班级前三名降到了三十几名，甚至，期终考试因为有一门课程不及格，必须重修。妈妈得知这件事情之后，非常痛心。为了帮助多多摆正心态，她劝多多去咨询一下心理医生，看看怎样排解这种忧郁的情绪。为此，多多去咨询了心理医生。得知多多的妈妈和姥姥也比较胖之后，心理医生问："因为比较胖，你觉得自己有什么不舒服的地方吗？"多多说没有。心理医生又问："我很理解你想把自己变得苗条的迫切心理，不过，我觉得和身材的苗条比起来，心灵的健康是更加重要的。人们常说，心宽体胖，我想你的妈妈和姥姥一定生活得很快乐吧？"多多思索片刻，肯定地说："是的，妈妈和姥姥总是乐观地面对生活，很少看到她们愁眉不展。"心理医生接着说："是啊，我想，你也一定像你的妈妈和姥姥一样快乐地生活，当然，前提是你要放开自己的心结，要从心底里接受自己比较胖的事实，喜欢自己，认可自己，毕竟，虽然你身体比较胖，但是你的心胸非常开阔，所以你的热情、乐观一定能够使你周围的人非常喜欢和你交朋友。要知道，即使再美丽的容颜，也会老去，而只有富于魅力的人格，才能够保持永久的魅力。"听到这里，多多若有所思地点点头说："我明白了，既然无法改变，我就要真心地接受和自己，只有这样，我才会放下心中的负累，变得像以前一样快乐。"从此，多多像变了一个人似的，再也不过于在意自己

的身材，而是快快乐乐地生活，很快，同学们发现了多多的变化，都喜欢和这个热情开朗、积极自信的女孩交往。

很多时候，我们总是对自己的某些地方不太满意，假如是可以改变的，经过努力改变了当然是皆大欢喜，但是如果是无力改变的，那么就应该顺其自然，坦然接受。就像故事里的多多，因为妈妈和姥姥都比较胖，所以她的身材可能是遗传导致的。因此，常规的减肥方法对她收效甚微。假如多多一直纠结于减肥的事情，不但会使学习成绩一落千丈，甚至还会使自己的身体状况变得越来越差。幸运的是，在心理医生的开导下，她认识到了人生最重要的是健康快乐，并且及时调整了自己的想法，所以才能重新恢复积极乐观的生活。

但丁曾经说过，“走自己的路，让别人说去吧。”其实，每个人都有属于自己的人生。既然是自己的人生，就要按照自己的方式去生活，实现自己的人生目标。因此，我们应该从心底里接受自己，认可自己，喜欢自己，只有这样，才能坚定地走自己的人生之路。

释放内心，谱写自信之曲

现代社会的人们，因为面对激烈的竞争和巨大的生存压力，每个人的内心都极其不平静。人们或喜或悲，或忧或怒，情感非常丰富，而且蕴含着很大的能量。对于这些情绪的能量，假如引导得好，就能够起到好的作用；反之，就会导致不良情绪郁结于心，引起很多不良后果。因此，现代人都面临着释放内心情绪的问题。在社会的生存、生活压力越来越大的情况下，我们必须及时解脱自己的心灵。倘若一直把心事压抑在心里，由于这些心事而产生的负面情绪就会渐渐地侵蚀你的身心健康。所以，必须学会释放自己的心灵，使自己变得轻松、快乐。大多数情况下，人们喜欢向

一个善解人意、善于倾听的人倾诉。随着社会的发展，也出现了很多专门倾听人们的烦心事的专职人员，在中国社会，主要有心理咨询师等，在西方社会，因为大多数人都有宗教信仰，所以，除了心理咨询师之外，他们也会选择向牧师、犹太教法师、神父等人倾诉。通过倾诉，他们的不安情绪总能得到一定的缓解，受益匪浅。不过，相比之下，心理咨询师是最为专业的。

那么，心理咨询师是怎么做到这些的呢？通常，心理咨询师会通过各种方式把那些使人们身陷困扰的想法和观点从咨询者的思想中抽取出来，然后再把新的有治愈力量的想法植入咨询者的头脑之中。很多时候，咨询者要想通过自己的意念抽取思想是很难的。因为假如仅仅凭借自己的意志力暂时把那些想法驱赶走，那么，一旦放松戒备或者这种意志力不起作用，那些负面的情感就会马上气势汹汹地卷土重来。经过科学家验证，只有用健康思想代替病态思想，才是唯一成功并且效果持久的方法。很多时候，心理咨询师需要采取特殊技巧才能实现这一目标。

艾琳与约翰是大学同学，毕业以后，他们顺其自然地相恋结婚。结婚之后，艾琳与约翰生活得非常快乐。结婚三年之后，艾琳很快有了宝宝。怀孕期间，约翰对艾琳照顾得无微不至，这使艾琳非常感动。然而，这一切美好的情景自从有了宝宝之后就戛然而止。因为两个人都没有照顾宝宝的经验，所以，宝宝出生以后，艾琳与约翰每天都手忙脚乱。因为艾琳要在家里照顾宝宝，所以辞职了，这样一来，约翰身上的压力无形中增大了。每天，约翰很早就出门上班，晚上也要很晚才回来。而艾琳呢？很多时候，宝宝大哭大闹，怎么也哄不好，艾琳就会坐在那里抹眼泪，和宝宝一起哭泣起来。照顾宝宝非常辛苦，不仅晚上睡不好觉，白天也闲不下来。为此，艾琳甚至忙得连做饭的功夫都没有，很多时候，她都是随便对付吃点儿。而约翰呢？每天晚上回家以后都很累，往往一躺下就睡着了，似乎连和艾琳说话的心情都没有。看着家里堆积如山的衣服、脏碗碟，艾琳的心情糟糕透了，她真想把这一切统统都毁

灭，恢复到以前快乐简单的生活。但是，艾琳并没有和约翰诉说自己的心理，因为她觉得约翰应该主动帮助、关心自己。为此，艾琳默默地生着约翰的气，而约翰却浑然不知。

渐渐地，艾琳几乎不主动和约翰开口交流了，她想不明白为什么生活在一夜之间变成了这样？周末的时候，艾琳把孩子送到了父母家里，自己则抽出一天的时间专门去拜访心理医生。面对心理医生，艾琳彻底敞开了心扉，她说："孩子是两个人的，虽然我不上班专门在家带孩子，但是我并不认为约翰就可以对此不管不问了。他每天一回到家除了吃饭，就是睡觉，从来不会主动地关心我，更不会帮我分担家务。天知道，我自己带着孩子，还要做家务，我有多累。但是，我不会主动要求他，我想不明白他为什么会变成这个样子，我更想不明白我们的生活为什么会变成这个样子。"心理医生开导艾琳："其实，一个两口之家突然增添了一个小人儿，这是需要你们两个人都要努力去适应的。你看，你需要在带孩子方面多多适应，不过，你老公的压力其实也是很大的，之前是你们两个人工作，现在是他一个人工作养两个人。因此，你们需要互相体谅。当然，并不能因为你全职在家，你老公就不分担你的家务，实际上，我认为你老公并不是不想帮助你、关心你，而是因为你们的角色都发生了转变，所以他还不知道应该怎样帮助你、关心你。因此，我建议你应该以积极主动的心态和你的老公沟通，而不要被动地等着他关心你。要知道，他不是不想关心，而不知道如何关心，为了这个小人儿，你们必须积极地沟通。"

在心理医生的疏导下，艾琳不再被动地等着约翰来关心自己，而是主动地告诉约翰自己内心的感受，经过沟通，约翰才意识到自己这段时间对艾琳的疏忽。现在，约翰每天回到家里，即使再累，也会帮艾琳刷刷碗，和艾琳一起给宝宝洗澡，还会和艾琳聊聊天，说说一天之中发生的有趣的事情。后来，他们俩商量好每到周末的时候把孩子送到父母家中待一天，他们俩则享受一下二人世界。渐渐地，他们不仅把生活安排得越来越好，把小人儿照顾得很好，而且夫妻间的感情也比之前更加深厚了。

现代社会，人们面临的压力越来越大，主要包括职业压力、家庭压力和情感压力等。从职业的角度来说，男人往往肩负着家庭经济的主要责任，因此压力特别大。对于女性而言，不管是职业女性，还是全职家庭主妇，都有着各种各样的压力。在生活中，大多数工薪阶层每天都按部就班地生活和工作，很容易产生厌烦心理。有的时候，甚至有人害怕上班，不想上班。此外，作为社会的一员，每个人都不是独立存在的，都生活在人际关系之中，所以，还要处理各种各样的复杂的人际关系。这其实也是一种无形的压力。要想很好地释放这些压力，恢复自信，更加从容地生活，我们一定要关注自己的内心，及时释放自己的压力。大多数情况下，可以选择和身边值得信赖的人倾诉，如果效果不好，就选择向专业的心理咨询师倾诉。总而言之，只有释放压力，才能谱写自信之曲。

第二章 清除杂念，吐故纳新

生活就是由无数事件组成的，或者是大事情，或者是小事情，它们或者已经成为过往，或者正在发生。倘若我们把这些事情无一例外地收纳心底，就会使自己的心灵不堪重负，使人生的道路越走越沉重。为了轻松自在地行走人生，我们应该学会吐故纳新，丢弃那些不必要的人生垃圾，轻装上阵。

释怀心灵，不纠结于过往之事

人不能活在未来，因为未来是未知的，非常神秘；人也不能活在过去，因为过去已经成为了历史，一去不返，无法改变；人唯一能够真切把握的就是今天，所以我们要活在当下。很多时候，人们无限憧憬美好的未来，把一切希望都寄托在虚无缥缈的未来上，因此浑浑噩噩地生活；很多时候，人们因为过去所犯的错误久久不能释怀，甚至因此而惩罚自己。其实，这两种做法都是不正确的，正确的做法是把握好今天，活在当下。假如一味地沉湎于过去的往事，特别是那些不愉快的经历，不仅会破坏你的好心情，还会损害你的身体和心灵的健康。假如一味地沉湎于过去的光荣事迹，你就会不停地抱怨现状。俗话说，好汉不提当年勇，正是为了让人们在今天再接再厉，努力地生活。

研究人员经过研究证实，那些总是沉湎于过去，特别是对自己以前的遭遇忿忿不平或者是懊悔自己曾经失去的机会的人的健康状况远远不如普通人的，对疼痛更加敏感，而且更容易生病。看到这里，也许有人会认为自己应该着眼于未来。研究人员同样证实，过于关注未来发展尽管不会损害你的健康，但会阻碍人们享受当下所拥有的一切。只有那些努力享受当下，从过去的经历中吸取经验并且合理地计划未来的人，才是最健康、最快乐的人。实际上，过于纠结往事，会使人们的心灵背负沉重的包袱，无法得到放松。安东尼·罗宾在演讲的时候，总要对年轻人说："今天才是我们生活的日子，也是我们在历史上唯一生存的一段

时间，所以，所谓‘美好的古老时光’指的就是今天。只有今天，才是属于我们的时代。我不曾向你们诉说悲惨的一面，也不曾向你们描绘美好的一面，更不会向你们灌输过度地克服生存危机的乐观思想。我唯一想要告诉你们的是，生活中，每一个人都无法避免变化和挫败。” 由此可见，对于任何一个试图克服生存危机、更好地生活的人而言，都必须让生命回到现在。

很久以前，有一位德高望重的大师。他见解深邃，学识广博，普济众生，乐于助人，人们都非常信任和尊重他。所以，每当人们因为某些事情感到困惑不已的时候，就喜欢来找大师帮忙解决。

有一天，一个年轻人气喘吁吁地背着个大包袱来找大师。他进庙看到大师，就神情沮丧地说：“大师，我特别寂寞，特别孤独，觉得生活无比沉重，不仅没有轻松的时刻，更没有欢乐的感觉，我应该如何是好呢？”

大师看了看年轻人，又看了看年轻人身上的大包袱，笑着问他：“施主，你的包袱非常大，里面装的是什么呢？”

年轻人伤心地叹了口气，说：“唉！还能有什么呢？这个包袱里，除了烦恼，就是忧愁，当然，还有我遭遇失败时所经历的痛苦以及每次受到伤害时的眼泪。正是这些，才使我对生活越来越失望，甚至是绝望。”

大师缓缓地站起身来，一句话都没说，只是用手指着前边的路，用眼神示意他——跟我走……年轻人跟随大师来到湖边，乘船渡到湖的对岸。上岸后，大师一本正经地对年轻人说：“施主，我已经把你渡到对岸来了，下面的路应该你自己走了，请你扛着船上路吧。”年轻人大吃一惊，疑惑地问：“大师，你一定是在开玩笑吧？船这么重，我怎么可能扛得动呢？”

大师仍然郑重其事地说：“的确，我当然知道你肯定扛不动它。在渡河的时候，对我们来说，这艘船特别重要，但是，过河之后，我们首先要做的就是舍船登陆。假如你在渡河之后还把船当成包袱背在身上，那么，你必将寸步难行。同样的道理，在人生的旅途中，难免要经历孤独、寂寞、痛苦和眼泪，不过，它们都是难得的经历，能够使你变得更加成熟和豁达。正如这条船，正是因为有了它们，你的生活才会变得更为丰富多姿。反之，假如你始终沉陷在往事之中难以自拔，甚至因此而影响了自己未来的生活，那么，这些宝贵的经历和经验就会成为难以承受的生活重负。一旦背上它们，你的人生之路就会变得越来越难走。”

听了大师的话，年轻人沉思不语。

大师继续说：“年轻人啊，要想轻装上阵，走好生活之路，就要及时地放下难以背负的沉重包袱。”

至此，年轻人恍然大悟，连声说：“谢谢大师的点化！”说完，他马上按照大师的启示，高兴地放下包袱，步履轻盈地走向宽阔、光明的人生大道。

在大师的点化之下，年轻人恍然大悟——这是多么通俗易懂的点化！佛教有云：应病予药、应机说法；一切都是唯心所现，唯识所变。殊不知，人生真正的快乐在于放下多少，而不在于拥有多少。只要我们真正放下那些沉重的包袱，就能够自然而然地境由心转，海阔天空。在这个世界上，正是因为沉湎于过去的伤害和问题，人们才难以摆脱愤怒、沮丧、痛苦和绝望的情绪。事实证明，你越是念念不忘过去的那些事情，那些事情就会变得越来越沉重，你的心情也会变得越来越糟糕。只有让过去的成为过去，彻底放下或者忘记，你才能轻松地继续前行。

倓虚老法师曾经说过：看破、放下、安乐、自在。很多时候，人们往往因为太执着，背负着太多的思想包袱，所以才会放不下。要想使自己变得轻松愉快、自由自在，就要尽量放轻松些，不要被沉重的思想包袱压得气喘吁吁。只要放下那些包袱、烦恼、不愉快的往事，才能快乐地、轻松地享受生活，体会人生真正的幸福。

别去在乎那些与己无关的事

人是群居动物，每个人都无法脱离社会独自生活，因此，每个人都难免与别人打交道。所以，人们总是在忙于处理自己的事情和别人的事情，评价别人并且也被别人评价着。其实，很多时候，人们之所以感觉很累，就是因为总是在乎那些与自己无关的事情。总体来说，与自己无关的事情包括三种：第一种是与自己的亲人、朋友有关的事情。实际上，每个人都有自己的生活，即使是自己的子女，作为父母，也是无权代办或者干涉的，因此，要学会放手，让身边的亲人和朋友自主地选择自己的生活。第二种是发生在别人身上的好事。其实，按道理来说，发生在别人身上的好事，既然没有损害自己的利益，实际上是与自己没有关系的。但是，古人云，不患寡而患不均。所以，假如好事落到了自己身边的人身上，自己难免会有酸葡萄心理，或者觉得忿忿不平。这种情况，尤其以同事之间最为常见。第三种情况是别人的流言蜚语。在生活中，每个人似乎总也摆脱不了流言蜚语，不管你是明哲保身，还是你是个大嘴巴，总会被或多或少的流言蜚语缠绕。面对这些或者好或者不好的别人对你的评价，只要不属于人生攻击的范畴，其实是与你没有太大关系的。生活在这个社会上，每个人的脾气、秉性、喜好都不一样，所以一个人不可能被所有人肯定和表扬，因此，一定要学会坦然地面对别人的评价，而无论别人的评价是好还是坏。现代社会，讲究言论自由，每个人都有发表看法的权利。

很多时候，面对流言蜚语，越是辩解越容易乱上加乱。所以，应对流言蜚语的最好办法就是不辩自明，这样一来，流言蜚语就会不攻自破。如果你一不小心成为了众矢之的，记住，千万不要费劲唇舌为自己辩解，也不要在乎别人说了什么，你首先和唯一要做的就是做好自己的事情。作为一个人，必须相信自己，认可自己，只要自己觉得是问心无愧的，就要坚持做最好的自己。通常，假如不在意别人怎么评价你，编造关于你的是是非非，甚至是恶意攻击你，那么，你的大度和宽容最终能够使人们认识真正的你，进而认可你、肯定你。

小静是家里的长女，还有一个弟弟。上大学的时候，小静去了上海，大学毕业后就留在了上海工作。又过了几年，弟弟也大学毕业了，投奔着小静去了上海。最初的几年，小静为了弟弟可没少操心，父母不在身心，小静无形中承担了母亲的角色，经常给弟弟洗衣服，做饭。后来，小静结婚了，有了自己的家庭，还添了个小宝宝，生活突然变得忙碌起来。为此，小静的丈夫郭峰建议小静别再让弟弟来家里吃饭了，因为小静一个人既要忙家务，又要照顾宝宝，特别累。但是，小静却不听郭峰的劝告，为此还和郭峰吵了几次架。其实，郭峰说得很有道理，小静的弟弟已经27岁了，完全可以独立生活，小静这样处处照顾他，非但自己很累，还会使弟弟形成依赖性，永远也长不大。但是，小静总是认为父母不在身边，自己就应该责无旁贷地照顾弟弟。就这样，小静最后因过度劳累病倒了。这一病，孩子也没人照顾了，不得不送回老家给公公婆婆照顾，小静在病床上躺了一个多月。在这一个多月里，小静虽然很惦记弟弟和老公，但是却心有余而力不足。出院以后，她惊讶地发现家里非常干净整洁，而且弟弟还做了一桌子好菜等着郭峰接小静出院。小静从来不知道弟弟还会做饭，惊讶得嘴巴半天都合不拢。经历了这次生病，小静采纳了郭峰的建议，让弟弟去过独立的生活了。出乎她的意料，弟弟生活得很好，休息的时候还会做一些好菜带给姐姐、姐夫吃呢！

志强和子明是一起进公司的，他们的资历相同，能力也不相上下。最近，他们的顶头上司因为个人原因离职了，所以公司必须重新选拔一个人担任业务主管一职。此时，志强和子明有很大的竞争优势。除了他们俩之外，部门还有一个资格比他们更老的员工，这个员工叫嘉豪。嘉豪进公司五年了，虽然业绩始终处于中上等水平，没有志强和子明的业绩拔尖，

但是经验非常丰富，而且行事稳重。因此，大家都认为嘉豪的胜算更大一些。一个月以后，公司公布了新任业务主管的姓名。出乎大家的意料，子明得到晋升了。虽然志强平日里和子明相处很好，但是志强的心里还是很难受，因为他觉得自己的能力不比子明差，坦白说，如果公司不提拔自己，他倒是更愿意选嘉豪当部门主管。因为这件事情，志强一直郁郁寡欢，工作起来也没劲头，因为他觉得自己的努力没有得到应有的回报。后来，志强在心理不平衡之下选择了辞职，去了一家新公司工作。这样一来，他不得不重新开始打拼。

在第一个事例中，小静因为不放心弟弟，在生了宝宝之后，依然竭尽全力地照顾整个家庭。而实际上，弟弟已经成年了，完全有能力独立生活，根本不需要别人的照顾。直至病倒，小静才意识到这个事实。在第二个事例中，志强因为不患寡而患不均的心理，始终对于子明得到晋升的事情耿耿于怀，最终不得不选择了跳槽，使自己三年的工作积累付诸东流。其实，假如志强能够继续做下去，早晚会得到大显身手的晋升机会。这样一来，受损失最大的还是他自己。因为这件事情，他不仅郁郁寡欢，甚至在冲动之下辞职了。其实，不管是小静还是志强，之所以活得这么累，都是因为太在乎与自己无关的事情了。小静是因为亲情无法放手，志强则是因为心理不平衡而介怀。如果他们都能够放开心怀，就能够更加轻松地、快乐地生活。

扩展心胸，不要为小事儿烦恼

你曾经注意过婴儿的笑容吗？那么纯真干净，像阳光一般和煦，简直能够温暖整个世界。为什么婴儿的笑容有如此大的魔力，而成人的笑容却显得那么僵硬呆板呢？这是因为婴儿的心中没有小事儿的烦恼，在婴儿的眼中，这个世界都是明亮的、充满希望的。而在现实生活中，总存在各种各样的琐碎的小事情。假如你没有超脱俗世的开阔心胸，就会被这些事情牢牢地缠绕，无法脱身。在山坡上，有一棵历经沧桑的大树，它见证了几千年的岁月变迁，闪电不曾击倒它，狂风不曾使它踉跄，暴雨也无法使它动摇，但是，这棵无比坚强的大树最后却被一群小甲虫毁掉了。这群小甲虫从大树的内部不断地吞噬它，虽然每一次撕咬的力量都非常微弱，但是日久天长却使这棵大树轰然倒塌。就像日常生活中，人们很少被大的困难和阻碍击垮，但是却会因为小的困难和阻碍动摇信心，甚至失败。在面对突如其来的灾祸时，我们总能够团结一致，众志成城。但是，当安然度过大灾大难，我们却因为没钱买房、没钱买车、没钱买自己想要的衣服而郁闷不已，甚至和家人大吵大闹。很多健康的人，因为自己太胖或太瘦、太高或太矮而发愁。很多家长，因为孩子学习成绩不好而大发雷霆。其实，一旦遇到生命的危险时，你会发现这些原本使自己发愁的事情那么渺小、荒谬、不值一提。此时此刻，你也许会后悔不已地对自己说：假如我还有机会看见明天的太阳，我将永远不再为那些不值一提的小事烦恼。无论何时，记住，人生苦短，有很多美好的感受值得我们去体味，不要为小事浪费美好的时光。

确实，在生活中有很多人都是这样的。在面对大风大浪的时候，他们镇定自若。但是，在面对一些琐碎的事情时，他们反而乱了阵脚，或者大发雷霆，或者无言以对，或者暴跳如雷，或者歇斯底里。人们常说，清官难断家务事，实际上，清官不是因为无能才断不了家务事，而是因为清官大多都很高明。试想，亲人之间仅仅因为一点小事就反目成仇，为什么还要劳心费力地给他们分出个胜负输赢呢？还不如让他们糊涂下去。

1945年3月，罗勒·摩尔和其他87位军人在贝雅·SS318号潜艇上。突然之间，他们的雷达发现一支日本舰队正朝他们驶来。因此，他们出动出击，向其中的一艘驱逐舰发射了三枚鱼雷，遗憾的是，这三枚鱼雷都没有击中对方。不过，这艘日本驱逐舰并没有发现他们。出人意料的是，当他

们准备开始攻击另外一艘布雷舰时，这艘日本驱逐舰却突然掉头向潜艇驶来。原来，一架日本飞机发现了这艘位于60英尺深的潜艇，并且把这个消息用无线电通知了这艘布雷舰。得知行踪暴露了，为了避免被日方探测到，他们马上下潜到150英尺深的地方，与此同时，他们已经做好了应付深水炸弹的准备。为了沉降保持安静，他们关闭了所有的冷却系统、发动机和电扇，并且在所有的船盖上都多加了几层栓子。

经历了漫长的3分钟等待之后，突然天崩地裂。日方扔了6枚深水炸弹在他们的四周，巨大的压力使他们沉到了深达276英尺的地方。当时，所有人都吓坏了。随后，那艘布雷舰接二连三地往水下扔深水炸弹，连续攻击了整整15个小时。在这段时间里，有十几个炸弹就在离他们50英尺左右的地方爆炸。根据常识，假如深水炸弹在离潜水艇17英尺之内的地方爆炸，那么，所有人都将在劫难逃。在日方疯狂轰炸的这段时间里，每个人都被命令必须躺在床上，保持镇定。罗勒·摩尔吓得连大气都不敢出，他不停地想："这次全完了。"虽然在关闭了电扇之后，潜艇里的温度高达40度，但是摩尔仍瑟瑟发抖，即使穿上毛衣和夹克衫，依然浑身发抖，他甚至控制不住自己的牙齿打颤，而且全身都在冒冷汗。在这段难熬的时间里，他像放电影一样回忆自己的一生，所有的一切都历历在目，但是他却不知道自己能否看到明天的太阳。在加入海军之前，罗勒·摩尔曾经是一个普通的银行职员，那个时候，他因为没有钱买车、买房子，没有钱给妻儿买好看的衣服而焦虑不已；还曾经为了工作时间太长、薪水太少、没有机会升迁而郁郁寡欢；在工作的时候，因为老板总是给他分派额外的任务，所以他特别讨厌自己的老板；每天晚上回家，他都有气无力，闷闷不乐，很多时候，他总是为了一些鸡毛蒜皮的小事与妻子吵架；甚至，他还为自己额头上的一块小伤疤而伤心了很长时间。当时，这些不值一提的小事看上去都是天大的事情，但是，此时此刻，在深水炸弹威胁着要把他送上西天的时候，这些事情却显得多么荒唐、渺小。

他暗暗地向自己发誓：假如我能够活着看到明天的太阳，那么，我将永远不再为那些小事郁郁寡欢。我一定会高兴、快乐、充满感恩地度过每一天。

仿佛过了1500年之后，攻击终于停止了。显而易见，那艘布雷舰在用光了所有的炸弹之后离开了。实际上，只过去了15个小时。但是，在这15个小时里，罗勒·摩尔像看电影一样看到了自己过去的生活。他不仅想到了自己以前所干的坏事，而且还想到了一切他曾经担心的小事。在这短短的但是却又无比漫长的15个小时里，他觉得自己所学到的东西比在四年大学学到的还多。

每一个人都希望自己拥有一个成功的人生，但是，很多人却总是过于在意一些无关紧要的小事，为了解决这些事情，他们白白地浪费了很多宝贵的时间。因此，随着时间一点一滴地流逝，我们失去了获得成功的主动权和大好机会。为了避免这种情况的发生，我们要忘记那些不值一提的小事，更不要为那些小事徒增烦恼，而要开阔自己的心胸。古人云，宰相肚里能撑船。纵观古今中外，大凡成大事者，很少有小肚鸡肠、心胸狭隘的人。总而言之，我们应该时常净化自己的心灵，重塑自己的灵魂，使之越来越开阔，越来越宽容大度。

读书旅行，汲取新鲜养分

现代社会，人们的生存压力越来越大，急需释放自己的心灵，缓解压力，因此，越来越多的人加入了“驴友”的行列。通俗地说，“驴友”指的是户外运动的爱好者，主要进行穿越、远足、攀岩、登山、漂流、越野山地车等户外活动。和普通的旅游方式不同，驴友的运动中大多带有探险性、挑战性和刺激性，属于极限和亚极限运动。现在，有越

来越多的年轻人青睐这种运动，因为能够挑战自我，拥抱自然，锻炼顽强的毅志力和团队合作的精神，并且还能提高野外生存能力。不过，一般情况下，普通人更愿意选择旅游的方式。不管是在国内，还是在国外，都有很多美丽的地方值得我们亲自去走一走，看一看，感受当地的风土人情，开拓自己的视野，汲取很多新鲜的养分。不管你是选择“驴友”方式，还是选择普通的旅游方式，都能够获得很多美好的感受。古人云，读万卷书，行万里路。毫无疑问，旅游是人们选择的能够行万里路的方式。不过，不管以哪种方式看世界，都有一个必要的前提，即一定要充实自己的内心。

和旅行的比起来，读书无疑是一种非常安静的方式。纵观历史我们不难发现，古代的那些文人墨客大都有一个共同的爱好——读书。前苏联无产阶级作家、社会主义现实主义文学的奠基人高尔基曾经说过，书是人类进步的阶梯。由此可见，读书对于每一个要求进步的人来说都是非常重要的。很多时候，一本好书足以影响一个人的一生。多读一些好书，能够扩大我们的知识面，使我们足不出户就能了解很多天下的大事，这也就是古人所说的“秀才不出门，便知天下事”“运筹帷幄，决胜千里”。此外，书中记载了很多道理，能够鼓励我们更好地面对生活，一些有关历史的书籍还可以激发起我们的爱国热情。读书多了，写作水平自然就能够得到提升，从而帮助我们更好地表达自己的内心。无疑，读书是一个使人静心的好方法。对于一个喜欢读书的人来说，一捧起书本，马上就能够使自己的内心平静下来，甘之如饴地吸收书中的知识。

所谓一动一静，张弛有道，倘若一个人能够很好地把旅游和读书结合起来，就能够获得很多新鲜的养分，还能够更好地消化和吸收这些养分，从而收到事半功倍的效果。其实，行万里路与读书是密不可分的，它们之间是互补的关系，行路是动态的，读书是静态的，书中的知识毕竟有限，很多东西都要靠我们自己行路眼观耳识才能弥补！正是因为深谙这个道理，所以古人才把“读万卷书，行万里路”作为一种追求。

小米是一家广告公司的首席设计师，最近几年，她在事业上发展得风生水起，好创意层出不穷，因此被公司晋升为艺术总监。然而，当上艺术总监没多久，小米就发现自己才思枯竭，很难创作出别具一格的作品来。为此，小米非常焦虑。众所周知，对于一个设计师来说，创作力就是生命，而灵感则是创作的源泉。就这样，半年多时间，小米每天都生活在焦虑之中，但是又不敢向同事倾诉自己的才思枯竭的事实，毕竟，同事之间更多的是竞争关系。这种状况持续了很长时间，使小米非常厌烦。终于有一天，小米把手头的工作安排妥当之后，向公司董事会请了年假，外出旅行了。这次旅行，小米只带了一个很简单的行囊和一个相机。她没有跟团，而是想单独随心所欲地走走看看。她也没有目的地，只是想去找回失去的自己。

小米首先去了四川九寨沟，恰逢秋季，她看到的美景让她情不自禁地为之心动。在成都吃完了美食之后，小米坐飞机去了云南大理、丽江。同样是一种精致的美，美得如梦似幻，让人不由得怀疑自己身在梦中。在云南慵懒地住了些日子，小米再次坐飞机去了西藏。看着那些朝圣的人，小米觉得自己终于找到了想找的地方。每天，小米在布达拉宫附近流连忘返，她似乎在寻找自己的灵魂。难怪人们说，西藏是最接近心灵的地方。在这里，小米恍然顿悟，她找到了自己。小米一再地延迟假期，在西藏住了半个多月。每天，她漫无目的地在西藏行走，只有自己知道自己在寻找什么，也只有自己知道自己在这里找到了什么。

终于，在公司的再三催促之下，小米依依不舍地离开了西藏。临行前，她默默地对西藏说："西藏，我一定会回来的。"经历了一个多月的旅程，小米晒黑了，也变瘦了，但是精神却很好。她的眼睛宛如小鹿的眼睛，既像一汪清泉，一眼见底，又像西藏那湛蓝的天空，引人无限遐思。渐渐地，公司中的人发现，在小米总监的作品中，又多了一样可遇而不可求的东西，即澄澈的灵魂，丰盈而充实。

很难想象，假如小米没有及时地选择去旅行，寻找自己迷失的心灵，

而是固执地坚守着工作，将是怎样的一番情景。很多时候，放下也是一种获得，小米正是因为决绝地放下了手中的工作，才能够及时地找回迷失的自己。

读万卷书能让人增长知识，开阔胸怀，但是，假如缺乏实践，就容易好高骛远、目空一切。相反，行万里路恰恰能够能让你有机会深入理解知易行难的道理，从而学会放下，从头做起。要想充实自己的心灵，汲取新鲜养分，做到既能高瞻远瞩，又能脚踏实地，就要将读书与旅游结合起来，张弛有道。

第三章 全神专注，学会静想

在现代社会，生活节奏越来越快，形形色色的事情层出不穷，导致人们心绪飘浮不定，心神意乱。因为定力不够，所以很多人都觉得自己精神不振，精力无法集中。要想学会专注，我们首先要控制自己的思想，从而管理好自己的心，专注自己的心。所谓专注，就是把思维集中在一个点上，心无杂念。只有专注，才有产生强大的能量，才有力量去创造一切。在全神专注的情况下，学会静想，就能够激发出自己的无限潜能，使自己充满灵性。

静想——专注中捕获灵性

你是否有过这样的感受：夜晚下班回家，远离了应酬，远离了工作，你倒头躺在沙发上，将双脚抬起来，任意地摆放着，或者跷个二郎腿，你不用担心会有人说你没有教养，接下来，你可以随便找本杂志盖在脸上，闭上双眼，让眼睛也好好享受一下，然后你可以放一段自己最喜欢的音乐，打开你的心，任凭思绪翻飞，你的记忆库被打开，开心的和不开心的回忆都会跑出来，想到忘情之处，脸上有温热的液体慢慢滑下，你也不知道这是幸福还是痛苦，但你已经深陷其中。徜徉在记忆的迷宫里，享受着亲情、友情、爱情，正如炊烟袅袅升起。

然而，这看似简单的快乐，又有多少城市人能懂得品味呢？

的确，生活中，我们每个人每天都要为生计奔波，都要面临繁重的工作压力，我们常常需要周旋于各种应酬场合中，我们我们似乎很少静下心来，思考人生，思考自己，但你是否发现，立身于尘世中太久，你是否经常有种孤独、寂寞、窒息的感觉？你不知道自己要的到底是什么样的生活？你的心曾经是否被一些自私自利的狭隘思想笼罩过？你是否已经变得人云亦云？为此，处于闹市中的我们，都要给自己一段独立思考的时间，尝试着在静想中捕获灵性。

富兰克林并不是出身官宦之家，相反，他小的时候，家境很穷。他只在学校读了一年书就不得不出去工作，但童年的艰辛并没有磨灭他的理想和意志，反而激励他更加努力。最终，他成功了，他成为美国人心中杰

出的政治家和外交家。其实，富兰克林并不是天才。那么，除了刻苦勤奋外，他是否还有什么成功的秘诀呢？事实上，在富兰克林的身上，有一种非常重要的品质，那就是经常独处、反省自己。正是这种品质，促使他不断地发现自己的缺点，不断改进，成为一个拥有很多美德的人，最终走向成功。

每天晚上，富兰克林都会问自己："我今天做了什么有意义的事情？"

他检讨自己的缺点，发现自己有13种严重的缺点，而其中最为严重的是，喜欢与人争论、浪费时间、总被小事扰乱心绪，他通过深刻的自我检讨认识到：如果要成功，就一定要下决心改造自己。

于是，他设计了一个表格。表格的一边写下自己所有的缺点，另一边则写上那些美好的品质，比如俭朴、勤奋、清洁、谦虚等。他每天检查，反省自己的得与失，立志改掉缺点，养成那些美德。这样持续了几年，他终于成功了。

从这个故事中，我们不难发现，让自己安静下来，学会静想，是提升自己的最好方法，它还能让我们看清自己，看清自己把经历花在了什么上面？是钱？是权？还是情？到底是什么让你痛苦？你不能放下？问清楚这些问题，也许你能找到自己想要的答案。

的确，身处紧张、忙碌的现实世界中，我们的思想却渴望得到放松，静想就是看到实然并超越它，当头脑、身体和心灵真正安静和谐时，也就是当头脑、身体和心灵完全合而为一时，我们便释放了。

静想就是能量的彻底释放，是一种放空自己的方法，是一种忘怀之道，完全忘怀对自己、对世界的所有想象。因而人就有了截然不同的心灵。静想还能帮助我们审视自己，审视周围的世界，看到自己的言行和举动。然而，思想只有在安静的内心环境下才会产生积极作用，否则，很容易产生扭曲和幻觉，此时独处便是很好的选择。

要做到这点，我们就需要养成在寂寞中思考、在独处中倾听内心声音的良好习惯。当你独处时，你是感到百无聊赖、难以忍受呢，还是感到一种宁静、充实和满足？对于有“自我”的人来说，独处是让内心清静下来的绝好方法，是一种美好的体验，固然寂寞，但却有利于我们灵魂的生长。

总之，我们每个人都要做一个耐得住寂寞的人，只有这样，才能够挖掘出另一个自己，你也许会发现自己的某些惊人的力量，也可能会发现自己的缺点或者做得不够好的地方，然后加以改正，使自己不断进步，并能够扬长避短，发挥自己的最大潜能，从而不断获得成功。

调整呼吸，全神贯注

对于静想，首要的要求就是专注，即暂时放下所有的思绪，全身彻底放松，将一切意念集中在身体上，幻想自己置身于一个鸟语花香的美妙地方，使自己的身心得到完全的放松。大家都知道，人体的重要功能之一就是呼吸。不管什么时候，我们都要依靠呼吸来给身体传输氧气，创造能量。有些传统理论认为，呼吸可以增强生命力。每当人们的体力充斥着压力因素的时候，呼吸的频率就会加快。反之，假如人们有意识地放慢呼吸，结果会怎么样呢？事实证明，呼吸频率与压力水平直接相关。所以，要想缓解各种各样的压力，也可以采取控制呼吸的方法。所谓的呼吸静想，其实就是这样的一种方式，它既能够调息，又有打坐法的成分。从某种意义上来说，呼吸静想吸纳了打坐法和调息法的长处。

要想学会用调整呼吸的方式来缓解压力，我们首先需要学会深呼吸。所谓深呼吸，其实来源于佛教的深呼吸坐禅源。使用这种技巧的打禅者必须首先学会把注意力集中在呼和吸的气息流动上。在此过程中，无须对这个过程作出反馈，但是必须全神贯注于正在经历的过程。禅定派起源于印

度吠陀的传统。为了防止干扰进入大脑，这种坐禅通过采取反复一个词或者一种声音（咒语）的方式。而要向使自己的静想效果良好，就要控制好呼吸，最好结合深呼吸和伸展运动。假如练习正确，运动配合呼吸也是一种静想。

一般情况下，呼吸的方式包括三种：第一种是胸式呼吸。具体的做法是：伸直背坐着或者仰卧身体，深深地吸气，但是不要让腹部完全扩张；把空气直接吸入胸部区域。在进行胸式呼吸的过程中，腹部应该一直保持平坦，只有在胸部区域扩张之后，当吸气越来越深的时候，腹部向内朝脊柱方向使劲收缩；吸气的时候，肋骨是向外和向上扩张的，继续呼气，肋骨向下并向内收敛。第二种是腹式呼吸。具体方的做法是：仰卧，把手轻轻地放在肚脐上；吸气的时候，把空气直吸向腹部；假如吸气的方式是正确的，手就会随着腹部抬起；吸气越深，腹部升起越高；随着腹部的不断扩张，横膈膜就会下降。随后呼气，腹部向内朝脊柱方向使劲收缩；凭着尽量收缩腹部的动作，把所有废气都从肺部呼出来，这样做时，横膈膜就会自然地升起。第三种是完全呼吸。这是一种非常自然的呼吸方式，具体做法是把上述两种呼吸方式结合起来。只要进行一段时间的练习，你就能够在日常的练习和生活中随意地使用这种呼吸方法，并且渐渐地地习以为常。假如能持之以恒地锻炼自己的气息，就能增加氧气的供应，净化血液；此外，还可以经过锻炼使肺部组织变得越来越健壮，增强免疫力。随着胸腹活力和耐力的逐渐增长，人们的心灵也会变得越来越清澈透明。

最近这段时间，艾玛的生活简直是一团糟。在生活中，她七十多岁的老妈妈生病住院了，而且她五岁的女儿也得了肺炎住院了；在工作上，由于助理的疏忽，她的一个建筑设计方案涉嫌剽窃，被另外一家公司的负责人起诉了，不日将开庭；而对于自己，可能是因为人到中年吧，总觉得精力不济，神思涣散，不管干什么事情，都打不起精神来，因此只能一日一日地强撑着。一个偶然的机会，艾玛接触了静想。听到

介绍的负责人把静想说得特别好，简直是包治百病的灵丹妙药，所以艾玛就参加了几次。谁知道，一旦参加并且开始练习之后，艾玛就一发而不可收了。通过一段时间的静想练习，艾玛学会了调节自己的呼吸，全神贯注地沉浸于自己的内心世界和一呼一吸之中。渐渐地，她变得神智清明，精神抖擞。似乎心神一变，万物都跟着变了，女儿的肺炎好了，老母亲的病情稳定了，工作也有了气色，侵权的问题对方已经准备撤诉了，凡事都在往好的方面发展。

其实，并不是事情真的随着心情的改变而发生了改变，而是艾玛的心境不一样了，所以看待问题更加积极乐观了。而一旦看待问题的角度发生了改变，人们就会由消极变得积极，由积极变得乐观，这样一来，自然能够更好地解决事情。

实际上，练习静想的第一步就是气息。只要掌握了方法，即使在家里，在任何安静的环境中，随时随地都可以练习。只要坚持下去，就能够收到良好的效果。需要注意的是，在练习的时候，一定要全神贯注，集中自己所有的精力和意志力与一呼一吸之间，这样才能收到事半功倍的效果。

很多事实证明，静想能够激发体内的变化，特别是肾上腺素的反应。在人的身体中，肾上腺素的最大作用就是自动调节很多非自主身体机能，诸如心跳、出汗、血压、呼吸和消化之类的机能。现在，人们已经意识到通过集中精神和呼吸控制肾上腺素中的一个要素——介质能够影响身体的其他功能。这样一来，当人们放慢呼吸的频率时，心跳、血压等其他机能就会随之发生变化。很多人认为，保持开朗的性格和积极乐观的态度也是一种静想，虽然这听上去不像东方哲学那么玄妙。研究证实，很多慢性病的治疗在相当程度上取决于病人的态度，如果患者的心情比较好，性格乐观开朗，那么，他们的病情就能够更快地好转。因此，每个人不妨每天都抽出时间来想一些快乐的事情，时间长了，就能使自己的心情变得越来越好，性格也会逐渐变得开朗起来。

放空，让自己专注于身心

你是否很容易忧虑？你是否像林黛玉一样多愁善感？你是否因为天气不好而心情烦躁？你是否会莫名奇妙地悲观沮丧？每当周围有人吵架，即使与你无关，你是否也会变得烦躁、紧张？你是否经常感到惶恐不安？面对众多的选择，你是否总是无所适从，很难下定决心？在回答这些问题的时候，如果你有三个以上的答案都是肯定的，那么，显而易见，你是一个对外部环境非常敏感的人，你很容易受到外界的影响。那么，接下来你要做的就是学会静想，为自己建立一个强大的心灵屏障，学会从淡定的生活态度中获取能量。这样一来，外界的消极情绪、负面能量就不能轻而易举地影响到你，从而使你可以更加平静地生活、工作，变得更加从容淡定。其实，在这个方面我们应该像新生婴儿学习，虽然他们每天都无所事事，除了吃喝拉撒睡，就是自言自语，但是他们丝毫不会觉得枯燥，更不会着急、焦虑。究其原因，是因为婴儿的心灵非常纯净，就像一张白纸，他们所有的注意力都集中在自己的身心。所以，他们可以兴趣盎然地盯着自己的手看半天，或者淡定地啃着自己的脚趾头。那么，怎样才你能使自己更加专注、淡定呢？首先要学会放空，让自己专注于身心。

在生活中，绝大多数成年人的脑子里都充斥着各种各样的忧虑，似乎没有忧虑，人生就会显得过于苍白和空洞，简直无法继续下去。实际上，大多数人都无须忧国忧民，因此，他们的忧虑都是一些无关紧要的小事情，诸如“孩子今天吃饭很少，是不是不舒服？”“天气热了，每天上班路上多么痛苦啊！”“最近身体不太舒服，会不会生病了？要是我生病了，孩子怎么办？”“现代社会竞争这么激烈，孩子以后的压力得多大啊？”坦白地说，这些忧虑都是杞人忧天，即使你再怎么琢磨，事情也还是会按照既定的轨道向前发展，因此诸如此类的忧虑毫无意义。纵观人类

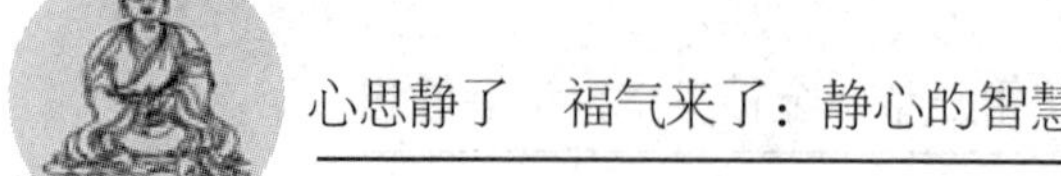

的历史，人们总是心怀天下，因为各种各样无力改变的问题而忧心忡忡，甚至到了现代社会，人们忧虑的本性也丝毫没有得到改变。其实，既然我们所忧虑的问题是我们所无力改变的，那么，我们与其在焦虑中度过每一天，还不如坦然面对，快乐地度过每一天。接下来，就不得不谈谈放空。什么叫放空？假如把人们的大脑比喻成一个容器，那么，放空就是把这个容器中使你焦虑不安的事情都忘记，或者把那些使你紧张得夜不能寐的情绪统统释放出去，取而代之的是淡定、豁达。我们必须认识到，生活在这个世界上，很多事情都是人力所不能改变的，因此，我们所要做的就是快乐地度过每一天。曾经看到过一句话，大意是说，把每一天都当成是世界末日，努力地、用心地过好每一天。

布鲁尼是一名癌症晚期患者，医生宣布他只有一年的生命。在得知自己生病之前，布鲁尼的性格非常内向，过于胆小谨慎，总是担心很多东西。令人惊讶的是，当得知自己身患不治之症之后，布鲁尼突然想开了，他变得豁达开朗，坦然地接受疾病。布鲁尼没有选择接受治疗，因为到了癌症晚期，治疗只能缓解疼痛，除此之外，没有任何用处。很久以来，布鲁尼一直很向往到世界各地走一走，看一看。当得知自己只有一年的生命时，布鲁尼毅然决然地放弃了一切身外之物，他还卖掉了自己的房子，选择了环球旅行。跟着一艘大船，比鲁尼走遍了世界各地，最后，他来到了中国。很久以来，布鲁尼一直对中国功夫很好奇，尤其是气功。到了中国之后，他找到了一个深山之内的寺庙，跟随那里潜心修行的高僧每日坐禅。经过一段时间的坐禅，布鲁尼惊讶地发现自己原本日渐衰竭的身体居然恢复了力量。他每日跟随高僧吃斋念佛，坐禅诵经，一年多过去了，他已经领悟了很多佛家的道理，精力和气色也越来越好。不过，既然已经放下了，布鲁尼并没有欣喜若狂地去医院检查自己是否已经战胜了癌细胞，而是继续在自己的最后一站——这座中国深山中的古庙里安心地吃斋念佛，坐禅诵经。

我们不得不怀疑，布鲁尼是不是已经在彻底放空自己之后战胜了癌

症。当然，答案很有可能是肯定的。其实，癌症是一种心因性疾病，长期的紧张、焦虑、不安，特别容易导致癌症。反之，假如一个人积极、乐观、开朗，能够心胸豁达地面对凡尘俗世，自然就少了很多烦恼，身体也会更加健康。

厄尼·J. 泽林斯基曾经在《懒人非常成功》一书中这样写道：实际上，在我们所担心的所有事情中，有40%的事情都是根本不可能发生的，有30%的事情是曾经发生的过去时，有12%的事情是关于健康的一些无谓的顾虑，有10%的事情是关于日常琐碎的担心，而只有剩下的8%的事情中的4%才是我们能力范畴以外的事情。如此说来，大部分人的96%的顾虑都是没有任何意义的，而只有4%的事情才具有担忧的价值。既然如此，我们为什么无法从这种精神压力下完全地摆脱出来呢？原因非常简单，人们一旦产生顾虑，就会随之产生更多的环环相扣的恶性循环链条。换言之，人们因为担心而导致自己的神经越发紧张，从而产生更多的不安和恐惧，而这种状态则会反复地催生出更多的、更加强烈的忧愁。毫无疑问，如果一个人长期处于这种担忧之中，必将消耗掉生理和心理两方面的巨大能量。如此一来，就要求我们必须放空自己的心灵，释放那些惶恐、紧张、不安的情绪，从而更加专注于自己的身心，努力地活在当下。

安静下来，留给自己独处的时间

现代社会，凡事都向方便快捷的方向发展，不管是爱情、友情，还是工作、生活，人们总是行色匆匆，急功近利。特别是身处职场的人们，似乎每时每刻都在竭尽全力地追赶快节奏的生活步调。在这种生活状态下，人际关系、工作压力等繁杂的事情，使人们在不知不觉之间就陷入了各种各样的负面情绪之中，诸如烦恼、压抑和失落等。也许是人们已经对这个快餐时代感到麻木了，也许是人们已经习惯了这种紧张忙碌的生活，越来越多的人无法真正地静下心来彻底地放松自己。在情绪的怒海之中，他们宛如失去方向的一叶扁舟，不得不任不快、烦恼、茫然日复一日地折磨着自己。这样一来，必将导致失眠、精神郁闷，甚至会患上轻度或者重度的抑郁症。作为现代的职场人士，几乎每个人都无法逃脱“现代人紧张综合症”的折磨。

其实，要想摆脱这种状态很简单，就是安静下来，留给自己独处的时间。当你感觉情绪压抑、心情紧张的时候，当你感觉在生活中失去方向、陷入迷茫的时候，请学会安静地独处，给自己留点时间用于品味生活。找个清静的地方待一待，从纷乱嘈杂的现实中退出来；在安静、沉寂中思考自己的人生，扪心自问想要怎样的生活，学会独处，让自己躁动不安的心逐渐归于平静。其实，生活中的很多烦恼和不快都来自于自己的内心，要想平衡心理问题，就必须心静。宁静可以致远。只有在独处的时候，大脑才会更加清醒；只有在独处的时候，身心才能彻底放松下来。有人用一杯香茶独处，有人用一段音乐独处，有人用一本爱不释手的好书独处，有人用窗外的远山独处，也有人放空心灵，什么都不想，让自己的整个心灵处于空白和清灵的状态。生活的环境越是浮躁、焦虑，人们就越需要时间宁静地独处。倘若你能够时常留出时间来独处，甚至享受孤独和寂寞的滋味，那么你必定拥有一颗成熟的、淡定的、平静的心灵。

在安静平和的一个人的世界里，你能够更加成熟理智地看待这个纷繁复杂的尘世，充分地享受心灵的无拘无束、自由自在。很多时候，假如你已经习惯了喧闹，往往很难立刻安静下来。独处时的安静，并不是我们平时所说的外在世界的安静，而是身与心和谐连结时，才能达到的和谐境界。一旦我们的身与心赤裸裸地相遇，就会马上暴露我们平常的身心相处的状态——是身心一致呢，还是身心分离呢？独处时的安静，要求我们的身心高度和谐一致，要求我们必须全身心地专注于自己的身心，只有这样，才能真正达到宁静致远的境界。

小丽是一位全职妈妈，在一次妈妈级的友人聚会中，她与其他妈妈分享了自己的人生经验——在她最小的孩子上小学以后，曾经有很长的一段时间，她非常害怕自己一个人独处。每天，只要把孩子们送到学校之后，她就会赶紧去市场或者超市，或者其他人多的地方。面对着空荡荡的家，她觉得自己的心似乎也被掏空了，所以她强烈感觉自己必须赶快看到人，和人说说话、聊聊天。但是，总不能一直在市场或者超市啊，一旦做完该做的事情，她还是得一个人回家。在家独处的时候，她总是非常焦虑地等待着孩子们放学回家，似乎只有孩子们回家了才能打破那一屋子的寂静。这种煎熬持续了很长一段时间，直到她发现自己的身体有了不适。除了就医治疗之外，她开始关注自己的心灵，积极地寻求方法改善自己的状况。后来，她经常抽空回家探望自己的母亲，与亲密的朋友选择参加自我成长课程，而且还报名参加了自我提高培训班。眼下，她的生活作息与之前差不多，但是，她的心境却有了很大的改观。现在的她再也不怕独处了，而是能够非常享受自己的独处时光。她的心境变得越发平和，充满希望地迎接每一天，她的变化使她与家人之间的关系更加亲密。

当时，在座的很多妈妈都是职业女性，而且其中的大多数人都身居要职，每天都在忙碌地做好本职工作的同时兼顾家庭。听完小丽的一席话，大家都陷入了沉默，仿佛突然间醒悟了似的：自己已经习惯了走路都要小跑的忙碌生活，现在还有闲下来独处的能力吗?

的确，独处是一种能力，当你处于人生中最忙碌的时候，是否还有能力让自己放慢脚步，变得舒缓、安静？在行色匆匆的生活中，我们在不知不觉之间迷失了自己。当我们远离了外界的喧嚣，独自面对自己的内心的时候，我们褪去了伪装的笑容，真正安静下来审视真实的自己。每一个有能力独处的人都应该感谢生活赐予了我们这样独处的时光。现实的生活把每一个人都历练得无比坚强，就像沙漠里的仙人掌，浑身长满了刺，只有自己才知道自己内心的清凉和柔软。很多时候，我们需要的并不多，只是一点音乐，一杯清茶，或者是一本书。在周末的清晨，假如你就不用上班，也不用忙于应酬，不妨静下心来闻一闻阳台上散发出的淡淡清香，用心捕捉那若有若无的芬芳。对待人生也一样，如果能够沉醉在这迷人的香气中，你的人生也将因此变得美丽。在午后慵懒的阳光中，不妨一个人静静地品尝一杯卡布奇诺，看一本心仪已久的书。呷一口，看几行，你的心就会被这温暖的快乐充实起来。如果能够有幸去海边的小屋度假，享受倾泻而下的阳光，眺望远处湛蓝的天空，即使什么也不做，只是静静地躺着，闭上双眼看那红彤彤的太阳，你也能够从心底里感受到生命的美好。在一个春风拂面的清晨，去郊外看看那刚刚冒出来的新绿的野草和野花，感受生命的顽强，在这一瞬间，你的内心将充满希望。只要你想独处，只要你真心地享受独处，不管在什么情况下，你都能安静下来，感受到独处的快乐！

运用静想，充实自身的灵性

静想大致可以分为两种：一种是无种子的静想，一种是有种子的静想。所谓无种子的静想，就是“无为”，无念，无思虑。有种子的静想，就是“有为法”。

所以“无种子静想”，就像是你彻底忘记了呼吸这件每分每秒都要做的事情。你没有思想，没有心念，也不再有呼与吸，彻底达到“大寂静”的状态。欧林将之称为“意识的休息”，也有人将之称为“大休憩”。换言之，就是彻彻底底地放松，放下所有的私心杂念，使心灵得到充分而又完整的休息。这种状态也叫三摩地，也有人将其称为禅定。

所谓有种子静想，更像是把自己的心智看成是一个容器。而各种思想振动都以波的形态在宇宙间弥漫。在此过程中，你邀请一个思想进入你的“心智”，然后释放它，接下来再邀请另一个，然后再释放……这就宛如

思想会呼吸一样，在一呼一吸之间进出你的心智体。假如你的振动偏高，偏轻盈，你就与轻松、明亮的思想产生共振，从而将较为光亮的思想拉入自己的心中，并且创造相应的体验；假如你的振动偏低，偏厚重，你就与厚重的思想共振，从而吸纳诸如此类的思想进入心中，因此，你的意识创造了你的实相，厚重的情境从四面八方涌来。这就是所谓的吸引法则，也是所谓的“万法唯心造”的道理。

不过，很多时候，你的振动是由你对生命、对实相的领会而产生的，你无法左右自己的震动，所以你也无法控制自己的思想。在修行时，有一种“有为法”能够产生正念。既然我们无法控制自己的思想，那么就要在自己有正念时尽量使自己的心神停歇在正念上，从而尽情地享受当下的一刻。当你的思想与呼吸停止在某个点时，你可以尽力不让这个思想呼出，这就像你努力憋住气不让将其呼出一样，从而将其定在那里。此时此刻，只要这个思想保持停滞状态，下一个思想就无法进来。如此一来，你就打断了思想的流动。你止于这个想法上，使自己的心神完全聚焦在这里，这里就是你，你就是这个想法，持续的，你就是它，它就是你。这就是有种子静想，也叫有种子的定。在祈祷与祝福中，人们经常使用这种静定。因为当你处于祈祷、祝福的状态时，你就会长时间地停留在一个善愿中，所以，你所有的能量都与这个善愿对齐，你将成为这个善愿。

欧林的大部分静想都属于第一种。通过欧林的引导，人们可以运用自己的想象力，从而使各种善念在心中舞蹈，逐渐地，你就会与善念融为一体，它变成你，你变成它。在潜意识中，你可以用较高振动对较低振动取而代之，植入光的、爱的、觉醒的种子。欧林曾经说：“有个无欲的境界：你只是存在，你没有任何期求，你的生活完全不涉及有与无。在你还没有发展到这个层次之前，你可以先把渴望当作助你成长的利器。每个渴望皆有成因，因此，你可以为了成为大我而渴望灵性的成长。强烈希求成长，让它占据你的整个脑海，弥漫你一切的想法。你越渴望成长，你就越能将自己的所有行为导向灵性成长，从而加速达到开悟境界。

玛丽是五个孩子的母亲，在家照顾孩子和家庭。因为一些不寻常的经历，每天早晨，她都在一种必须写东西的强烈欲望中醒来。玛丽患有严重的风湿症，特别痛苦。与此同时，为了重新探索自己的信仰与生命目标，她陷入了苦苦的挣扎之中。

因为接二连三发生了一些事情，所以玛丽的朋友建议她练习静想，以此充实自身的灵性。开始的时候，玛丽对朋友的建议持质疑的态度，毕竟这对于她来说是一件极为不寻常的事。不过，最终她还是采纳了朋友的建议，开始练习静想。随着练习的时间越来越长，玛丽进步得很快，渐渐地打开了自己，迎接灵性的成长，与此同时，她还日益感受到在奋斗与挣扎中寻找到爱、信心和勇气。

终于有一天，玛丽积累了足够的力量和勇气，决定试试看自己到底能写出什么样的东西来。让她想不到的是，她提起笔来，文思泉涌，一发而不可收拾，写出了很多颇有灵性的文章。在练习静想的过程中，她的内心日益充实丰盈，充满了爱、灵性和力量。通过自己的笔端，玛丽把自己的所学毫无保留地传授给别人。

灵魂的旅程，灵源所传授的知识就像一盏明灯一样指引灵性追求者，其目的是唤醒人类内在的神光。要经由戒律及有恒的锻炼以达到真理的无限光辉，经由心灵的传导通达心灵的天空，最后到达至上永恒之境。如果一个人能够获得如此荣耀，就将拥有无限的力量，安坐在他的神圣境界中，啜饮无限喜乐，成为一个真正意义上的圣人，一个永远觉醒的灵魂向导，带领追求灵性的人们径直走上康庄大道。

第四章 适时放下，取舍自如

人生就像一道加减法，拿起很重要，放下更重要。学会拿起，才能抓住机遇，充实自己的生命；学会放下，才能豁然开朗，使自己轻松地行走于人生之路。拿起是为了满足自己的欲望，放下则是使自己释怀的唯一方法。放下是一种豁达，只有学会放下烦恼，放下琐碎，我们的人生才会更加简单快乐。

放下——一种让你释怀的选择

我们都知道，执着是一种良好的品质，是认准了一个目标不再犹豫坚持去执行，无论在前进中会遇到任何障碍，都决不后退，努力再努力，直至目标实现历来，因此，执着都被人公认为一种美德，然而，过分执着就变成了固执，这是一种弊病。固执的人之所以固执，是因为他们对于自己要做的事心存执念，他们认准了目标便不再回头，撞了南墙也不改变初衷，直至精疲力竭。因此，有时候，要想重新审视自己的行为，你就必须首先放下那些无谓的执念。学会放下，我们才能释怀。在《郁离子》里有一个故事：

一个年轻人走在路上时，遇到了一位年长者，年长者眼泪婆娑。年轻人感到很好奇，便上前去问："老人家，您为什么会这么悲伤啊？"

老人抬了抬头，然后诉苦："我真是命苦啊。少年时，我听说国王喜欢与武者为友，于是我便拜了一位武者为师，可是当我学成之后，这个皇帝已经驾崩了。后来，我又听说新皇帝喜欢与文人交往，于是，我又拜了个秀才为师，然而，待我学成后，皇帝又喜欢与少者为友，而我那时已两鬓斑白。就这样，我最后一事无成。现在我走在街上，忽然想起了这些经历，所以才在此痛哭啊！"

这位老者文武俱通，不可不谓是个人才，但他却不懂得放下，因此到最后一事无成。事实上，人的生命毕竟是有限的，有时候，我们对于某些目标的成功也都是幻想，是不可能实现的，如果你把你毕生的时间都花在

了坚持那些无谓的执念上，那么，当你年迈之时，只能悔之晚矣，而学会放下那些执念，你才可能充足人生，迎来新的人生。

人的一生，不可能什么都得到，相反，有太多的东西需要我们放弃。爱情中，强扭的瓜不甜，放手的爱也是一种美；生意场上，放下对利益的无止境的掠夺，得到的是坦然和安心；在仕途中，放弃对权力的追逐，随遇而安，获得的是一份淡泊与宁静。

古人云：无欲则刚。真正的放下，才是一种大智慧、一种境界。因为不属于我们的东西实在是太多了，只有学会放弃，才能给心灵一个松绑的机会。表明上看，放下了就意味着失去，所以是痛苦的，然而，如果你什么都想要，什么都不想放下，那么，最终你什么都得不到。人生苦短，无非几十年，有所得也就必有所失。只有我们学会了放弃，才会拥有一份成熟，才会活得坦然、充实和轻松。

从前，有甲乙两个人，他们生活得十分窘迫，但两人关系却很要好，经常一起上山打柴。

这天，他们和以往一样上了山，走到半路，却发现了两大包棉花。这对于他们来说，可以说是一大笔意外之财，可供家人一个月衣食丰足。当下，两人各自背了一包棉花，赶路回家。

在回家的路上，甲眼前一亮，原来他发现了一大捆上好的棉布，甲告诉乙，这捆棉布可以换更多的钱，可以买到更多的粮食，应该换作背棉布。而乙却不这么认为，他说，棉花已经背了这么久，不能就这么放弃了，乙不听甲的话，甲只好自己背棉布回家。

他们又走了一段路，甲突然望见林中闪闪发光，走近一看，原来是几坛黄金，他高兴极了，心想这下全家的日子不用愁了，于是，他赶紧放下肩上的布匹，拿起一个粗棍子挑起黄金。而此时，乙仍然不愿丢下棉花，并且他还告诫甲，这可能是个陷阱，还是不要上当了。

乙不听甲的劝告，只好自己挑着黄金和乙一起赶路回家。走到山下时，天居然下起了瓢泼大雨，两人都湿透了。乙更是叫苦连天，因为他身

上背的棉花吸足了雨水，变得异常沉重，乙不得已，只能丢下一路辛苦舍不得放弃的棉花，空着手和挑黄金的甲回家了。

故事中的这两位村民为什么在收获上会有如此的不同？很简单，因为背棉花的村民不懂变通，只凭一套哲学，便欲强渡人生所有的关卡。而另外一位村民则善于及时审视自己的行为。的确，在追求目标的路上，审慎地运用您的智慧，作最正确的判断，选择属于您的正确方向。同时，别忘了随时检视自己选择的角度是否出现偏差，适时地进行调整，千万不能像背棉花的村民一般，时时留意自己执着的意念是否与成功的法则相抵触，追求成功，并非意味着您必须全盘放弃自己的执着，去迁就成则。只需您在意念上作合理的修正，使之契合成功者的经验及建议，即可走上成功的轻松之道。

俗话说，拿得起，放得下；反过来理解放得下的人，才能拿得起；该扔的扔，有些无谓的坚持是没有任何意义的。放下既是一种理性的决策，也是一种豁达的心胸。当你学会了放下，你就会觉得，你的人生之路会宽广很多。

其实，生活中的我们也应该想一想，我们是否心怀执念而让自己钻入了死胡同。坚持多一点就变成了执着，执着再多一点就变成了固执。人应该执着，但不应该错误地坚持一种想法，有时候，你可能没意识到，你坚持的想法是虚妄的。因此，我们应当学会放下，找到新的出路，重新审视自己的生活。

古人云：鱼和熊掌不能兼得。如果不是我们该拥有的，那么我们就得学会放下。人生注定要经历多姿多彩的风景，唯有放下具有别致的风韵。过去常听人说，人要懂得放弃。放弃是对事物的完全释怀，是一种高妙的人生境界。而放下则更具有丝丝缕缕的难舍情怀，是一首悠扬的乐曲，在每个人的心底奏起。

总之，在我们的人生中，执着固然是可取的，但是某些执念必须放下，比如，那些已经被得知的或者求证、板上钉钉儿的不可能成为现实的

目标，你就必须果断地放弃；在现实世界中完全不能被应用的目标，你也必须理智地放弃；权衡利弊之下，得出的结论是完全没有实施的必要的目标，你也必须放下……

不被选择纠缠，拿起放下与顺其自然

园艺家说："人生是一道加法。就像一棵树，开始的时候只是一粒小小的种子，把它种在土壤中，给它浇水、施肥，就长出了苗；再开枝散叶、开花结果，就有了属于自己的一片绿荫，一份硕果累累的收获。"对此，雕塑家却有不同的看法。雕塑家说："人生是一道减法。譬如一块野外采来的天然巨石，要想让它成为一尊供世人欣赏的雕塑，就需要反复地雕琢，减掉所有多余的部分。"其实，园艺家和雕塑家所说的未免都有失偏颇，所谓凡夫俗子的我们，有的人在做着人生的加法，有的人在做着人生的减法。

对于所有的人而言，当来到人世间的时候，都是赤裸裸的，所有的东西是处于"零"的状态。随着不断地成长，我们渐渐地有了很多需求，诸如亲情、友情、爱情、恩情等。只有拥有了这些东西，我们的人生才会变得更加丰富，更加精彩，生命也会因此而变得愈发健康和充实。

人生就像一个天平，只要保持平衡，才能更加平稳。那么，这就要求我们必须学会接纳和承受。不过，需要注意的是，当人生的天平增加到一定重量的时候，我们还要学会为过于沉重的人生减负。至此，我们就需要用到人生的减法。减去什么呢？减去那些使我们不堪重负的东西，诸如欲望、烦恼、斤斤计较等。在漫长的人生道路上，只有"有所为，有所不为"，适当为自己减轻压力和负累，才能使自己的人生变得更富活力，才能使自己的生命显得更加精致，才能不断地提升自己的人生境界。如果你

真的参透了人生，你就会发现，“想开，看透；听明，做到；拿起，放下”是人生的至高境界。在这其中，尤其以拿起与放下最难得可贵。要想拥有豁达的人生，就要做到：拿起，不抱怨，心怀感恩；放下，不后悔，敢于担当。

1999年，科大讯飞公司总裁刘庆峰正在中科大攻读博士学位。那时，他就开始着手创办自己的企业——科大讯飞公司。其实，当时的刘庆峰也面临着两难的选择，到底是留在国内创业，还是选择像大多数同学那样出国留学，刘庆峰为此纠结了很长时间，因为他知道这必将成为他人生的一个转折点。

最终，刘庆峰还是选择留在国内自主创业，并且把自己的大方向定位在开发智能语音技术。那时，国内语音专业优秀的毕业生大多数都选择去国外发展，而且中文语音产业也基本上被国外公司所控制，因此，刘庆峰非常确定，智能语音技术不仅将在民族语言国际推广、军事等国家核心价值领域发挥重要的作用，而且必将拥有广阔的产业前景和发展空间。他心中有一个坚定不移的信念：“中国人必须做好中文语音技术，中文语音产业必须掌握在中国人自己的手中。”

至今为止，刘庆峰回首自己的创业历程，仍然不胜感慨。凭着脚踏实地而又充满激情的作风，科大讯飞从一个默默无闻的小企业，发展成为如今我国语音产业唯一的“国家863计划成果产业化基地”。在历次国内、国际权威评比中，科大讯飞研制的中文语音合成技术均名列第一，不仅占据了中文语音主流市场高达80%的份额，而且在中文语音核心技术上牢牢控制了制高点，此外，科大讯飞还代表国家牵头制定中文语音标准，彻底改变了中文语音产业完全由国外IT巨头控制的局面。2005年年底，科大讯飞荣获中国信息产业自主创新最高奖励“国家信息产业重大技术发明奖”，被业界公认为“语音产业国家队”。

回首刘庆峰的创业历程，他之所以能够获得成功，正是因为在作出选择的时候能够拿得起，放得下。虽然创业的历程充满艰辛，但是既然选择

了，他就不抱怨、不后悔，全心全意、坚定不移地带领自己的团队战胜艰难险阻，最终走向成功。

对于大多数人来说，生活之所以显得太琐碎，正是因为不具备拿得起，放得下的能力。从某种意义上来说，与其说放下是一种能力，还不如说放下是一种胸怀。很多时候，只有智者才拥有这种胸怀。有些人没有修炼到豁然大观的境界，因此选择无奈地“放”，放得心不甘情不愿，藕断丝连。有些人则相反，能够释然地“放”，这种放是一种发自内心的选择，是一种真正的放、彻底的放，放得毫无牵挂，无怨无悔。迫于无奈的放，通常放得很抑郁，因为内心里并没有真正放下，所以往往会成为人生苦涩的记忆。真正释然的放，就会放得很彻底，放得从容，放得洒脱，常常能够成为人生美好的留念。无论是哪种放，该放的时候都应该放下。只有放下烦恼，才能拥有快乐的人生，只有放下斤斤计较，才能拥有宽容大度的人生，只有放下欲望，才能拥有知足的人生，只有放下纠结，才能拥有淡定自如的人生。总而言之，拿不起，放不下，就会失去信息和希望，人生也将因此而变得灰暗；反之，拿得起，放得下，就能够从容自在、收放自如，人生也将变得更加豁达大度。对于人来说，大多数时间都面临着一些或大或小的选择，最大的挑战是拿得起，最大的安慰是放得下。拿得起是智慧，放得下是醒悟；拿得起是勇气，放得下是豁达；拿得起是幸福，放得下是快乐。只有顺其自然，在该拿起的时候拿起，在该放下的时候放下，人生才会更加从容淡定！

有舍有得，失去是一种新的获得

悲观的人认为生活就是一种失去，失去了时间，失去了童年，失去了幼稚，失去了天真，失去了亲人，直到失去自己的生命。细想起来，这

是一个非常恐惧的过程。面对失去，人们总是非常脆弱，不敢直视失去，检视失去，而是情绪低落颓唐地一再逃避。乐观的人认为生活就是一种获得，获得了生命，获得了成长，获得了成熟，获得了理智，获得了新的生命，直至获得彻底的解脱。这样想来，生命未免显得过于美好了，我们总是在不停地获得很多珍贵的东西，人生因此而变得充盈丰满，丰富多彩。把悲观的看法与乐观的看法结合起来，不难发现，生活其实就在得失之间。上帝在关闭一扇门的时候，必将为你打开一扇窗。这也就是人们平时所说的有失必有得。很多时候，我们在不知不觉之间扩大了失去带来的负面情绪，因此而缩小了自己的获得，甚至还有些人彻底遗忘了在失去之后的获得。倘若换一个角度看待得失，生命就会更加美好。虽然我们失去了时间，但是我们获得了生命；虽然我们失去了童年，但是我们获得了成长；虽然我们失去了天真，但是我们获得了理智；虽然我们失去了幼稚，但是我们获得了成熟；虽然我们失去了亲人，但是我们获得了新的生命；虽然我们失去了生命，但是我们获得了彻底的解脱。生命正是在这样的轮回之中流转着，既有失去，也有获得；既有痛苦，也伴随着快乐。

为了赢得匈奴和西汉的持久和平，王昭君背井离乡，远嫁匈奴。王昭君的博大情怀，博得了无数文人墨客的赞誉，更有很多人为此写下了千古流传的名篇佳作，让历史永远地记住王昭君的自我牺牲精神。在封建社会，作为一个柔弱的女子，王昭君大胆地选择了自己的命运，告别自己的亲人和故土，与无反顾地把根扎在了茫茫的高原草地之上。对于王昭君来说，千里迢迢路漫漫，一旦离开故土和亲人，几乎就意味着永别，一个柔弱的女子肩负着两国交好的使命，到一个全然陌生的环境中生活，其中的辛酸和艰难是不言而喻的。因此，对于王昭君来说，毫无疑问是是痛心的失去，但是，对于西汉来说，她的牺牲带来的却是几十年的和平和老百姓安康富足的生活。因此，从这个意义上来说，这是一种极大的收获，不仅使两国的老百姓免受征战之苦，也使两国保持了几十年的交好。可以说，两国人民之所以能够享受几十年平等友善的生活，正是因为有了王昭君的

失去和离别。因此，人们无一不赞美王昭君，给予她无限的殊荣和光环。站在历史的角度去看，王昭君用个人的失去换取了国家的获得，获取了所有老百姓的获得。

朱莉是一个多愁善感的小女孩，平时喜欢写诗，多少有一些诗人的忧郁气质。前几天她刚过完二十一岁生日，她非常伤心，并没有因为自己渐渐地走向成熟感到欣慰，而是异常沮丧，觉得自己永远地失去了二十一岁。晚上，朱莉给朋友打电话诉说自己的忧愁，还没有开口，就已经泣不成声了。朋友还以为出了什么大事，赶紧询问究竟。想不到，朱莉在自顾自地哭了半天之后才异常悲痛地说：我永远地失去了自己的二十一岁。

听到这里，朋友哑然失笑，安慰她说："每个人都要成长，从婴儿到幼儿，从幼儿到儿童，从儿童到少年，从少年到青年，从青年到中年……就这样，一直走向生命的终结。但是，在此过程中，我们一定能够享受到很多生命的美好。虽然你失去了自己的二十一岁，但是你却迎来了自己唯一的二十二岁。"过了一段时间，朱莉和朋友见面的时候，朋友提起她为了失去二十一岁打电话痛哭的事情，朱莉情不自禁地咯咯笑了起来。她告诉朋友："其实，我现在发现二十二岁也挺好的。"朋友追问她如今怎样看待当初的事，朱莉告诉朋友，其实失去也是一种获得。

在生活中，每个人都难免要经历聚散离合。自古以来，文人墨客们以离别为题材写了很多经久流传的佳话。而其中，王昭君的离别被人们赋予了最多的光辉色彩。辽阔的草原，凛冽的寒风，和王昭君柔弱的眺望故乡的身影。毫无疑问，王昭君的一生都是在思念之中度过的，思念自己的亲人，思念故土。与此同时，王昭君的一生也是在欣慰之中度过的，她欣慰自己的失去换来了国家的安宁，换回来亲人和父老乡亲的安乐生活。因此，王昭君的失去是一种极大的获得。而朱莉的二十一岁，则是一个多愁善感的小女孩子的忧郁。虽然失去了二十一岁，但是却迎来了生命中独一无二的二十二岁。生命是无可逆转的，我们无须为失去徒然悲伤，而是要好好地把握生命的每一个时刻。有人曾经说过，假如你因为错过太阳而哭

泣，那么你也将错过群星。既然如此，那就好好珍惜看星星的机会吧，也许你会发现别样的美丽。

现代社会，人们对生活的要求越来越高，对物质的追求也越来越强烈，因此，人们在利益面前迷失了自己，失去了人生的方向。很多人为了追求金钱、名誉、权利，丧失了做人的原则，贪心不足地追求个人利益最大化。一位学者说："当一个人走上了追逐名利的道路，就意味着他已经走上了一条不归之路。"想象那些走进高墙铁网的贪官们，事实的确如此。这些贪官为了追求物质的享受，失去了生命的自由，失去了国家的信任和人民的爱戴，失去了曾经拥有的一切。如果说失去是一种得到，那么，他们的得到则是一种更大的失去。但是，在进入高墙之中，在失去自由之中，他们终于有机会静下心来想一想自己的人生，想一想自己活着的意义，是失去还是获得，是获得还是失去？其实全在于自己的内心。

很多时候，人生难免会失去一些东西。要想在失去中得到收获，我们就要坦然地面对失去，保持积极乐观的生活态度，执着地追求自己想要的生活。其实，凡事都应该一分为二地看待，因为凡事都有好的一面和坏的一面，换言之，既有得到的一面，也有失去的一面。在得到一些东西的时候，我们总会付出一些代价，在失去一些东西的时候，我们或多或少会有一些收获。需要注意的是，要想在失去的时候得到收获，有一个必要的前提条件，即不要将目光总是滞留在消极的一面，而是要使自己变得积极乐观。总而言之，失去并不像我们想的那么令人恐惧，失去其实是令人愉悦的，正是因为失去，我们才会拥有更多。倘若有一天，当你面对失去时，如获得般喜悦，那么你就真正领悟了失去的意义。

在《基督山伯爵》中有这样一句话：我原本以为我赢得了整个天堂，但是，我其实是失去了整个天堂。假如把这句话反过来想想，我们完全可以这么说：我原本以为我失去了整个天堂，但是，我其实是赢得了整个天堂。

放开手，为你的感情松绑

人是感情动物，不管是谁，都免不了和感情打交道。即使是四大皆空的僧侣，也会有七情六欲、喜怒哀乐。在各种各样的感情中，尤其以爱情最为神奇。试想，彼此陌生的两个人，在完全不同的环境中生长了二三十年，然后，一个偶然的机会相遇，自此，执子之手，与子偕老。原本两个毫不相干的人，要变成世界上两个最为亲近的人，相伴走过人生的漫漫长路，不离不弃，相依相偎。想一想，就觉得很神奇，更何况亲自去做，去感受呢？当然，并非大多数人都那么好运，与一个人相识、相知、相恋、相互陪伴。虽然在这个世界上的确存在着一见钟情，但是却是可遇而不可求的。大多数人在茫茫人海中彼此找寻，也许能够找到，也许一直找不到，也许刚开始的时候认定对方是自己要找的人，后来却发现找错了人。那么，应该怎么办呢？

最近，电视上接连报道关于年轻人谈恋爱因为分手而反目成仇的事情，甚至有个年轻人因为女友和自己分手，残忍地用硫酸毁了女友的容貌。就因为一时想不开，一个原本非常漂亮的女孩子下半生注定要与痛苦为伴，一个原本有着大好前途的男孩子下半生注定要在监牢里度过。尽管毁容的性质已经很恶劣了，但是杀人者也不在少数。其实，人们常说，在这个世界上，离了谁，地球都照样转。的确，以父母为例，父母生了我们养育了我们，但是终有一天会离开我们。即使这样想一想，都会觉得心痛万分，但是如果真有那一天，即使伤心欲绝，还是要继续生活下去。更何况是男女朋友的关系呢？说到底，是因为人们的感情太脆弱了，不知道学会放手，为自己的感情松绑。很多时候，当你心里纠结于一件事情的时候，伤害的不仅仅是对方，更是自己。

亚南和李强是大学同学。大四的时候，他们开始谈恋爱，毕业三年

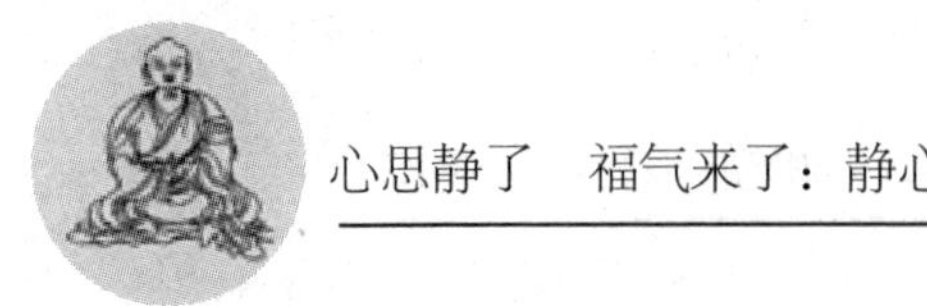

之后，他们像大多数人一样结婚生子。按理说，大学时培养的感情应该是非常稳固的，但是，结婚七年的时候，也许是因为厌倦，李强出轨了。得知这件事情的时候，亚南不相信李强居然会出轨。经历了前期的不相信之后，亚南渐渐地接受了这个事实，但是，随之而来的便是愤恨。结婚第三年，亚南生了宝宝。为了好好地养育孩子，解决李强的后顾之忧，亚南义无反顾地辞职了，专心在家相夫教子。时至今日，亚南后悔不已，为什么自己做出了那么大的牺牲，李强却毫不念及自己对这个家庭的付出。自己为了家庭牺牲了事业，李强却在事业小有成就之后冷漠无情地投入了别的女人的怀抱。一想起这一点，亚南就恨得牙根直痒。为此，亚南变了，原本那个温柔贤淑的她不见了。她抱着三岁的儿子，去李强的单位闹，闹得人尽皆知。她还发动所有的亲戚朋友都去骂那个所谓的“狐狸精”，并且还找人打了她一顿。渐渐地，连亲朋好友都劝亚南要冷静，不要为了不值得的人毁了自己的生活，毕竟，生活还要继续下去。但是，亚南仍然咽不下这口气。突然有一天，儿子用稚嫩的声音说：“妈妈，咱们把那个狐狸精杀了吧！”听到这句话，亚南不由得倒吸了一口冷气。儿子只有三岁多啊，原本在他的眼中，世界应该是美好的啊，但是，现在儿子却说出了这样的话。经过三天三夜的反思，亚南知道是自己把仇恨种在了儿子的心里。因为一个自轻自贱的女人，她失去了丈夫，迷失了自己，如果再搭上年幼的儿子，那么，她就彻底地被打败了。经过这次反思，周围的朋友惊讶地发现亚南变了，又变回了以前温柔娴淑的模样，她冷静理智地和李强离婚了。离婚之后，亚南把孩子送去了幼儿园，自己重新找到了工作，自信地生活着。

难以想象，假如亚南继续因为一个勾引别人老公的小三和冷漠无情抛弃妻子的李强而歇斯底里，那么，最终她不仅变得连自己都不认识，而且还会给儿子幼小的心灵带来恶劣的影响，甚至还会影响孩子的一生。幸运的是，亚南及时反思自己，找回了自己，也使儿子恢复了美好宁静的生活。我们必须相信，亚南解开了自己的心结，为自己的感情松了绑，虽然

成全了那对为人所不耻的男女，但是，却更大地成全了自己，保护了儿子。我们有理由相信，反思之后的亚南一定会好好地生活下去，照顾好儿子，也开始自己全新的人生。

感情就像一把双刃剑，在伤害对方的同时也伤害了自己，如果因为一时的愤怒就使用这把剑，必将两败俱伤。因此，理智的女人不会为了惩治对方而搭上自己，因为这样做根本不值得。所以，理智的女人会选择给自己的感情松绑，放手，开始自己新的生活。莎士比亚说：即使再美好的东西，也有失去的一天；即使再深刻的记忆，也有淡忘的一天；即使再深爱的人，也有走远的一天；即使再美好的梦，也有苏醒的一天。所以，该珍惜的决不放手，该放弃的决不挽留。分手后，相爱的人只能选择忘记，而不可以做朋友，因为彼此伤害过！同样的道理，也不可以做敌人，因为彼此深爱过。

不是所有人的感情都能够地久天长。很多人都是生命的过客，来了，走了，近了，远了，最终消失在视线之外。这是一种心痛，也是一种无奈。假如不快乐、不幸福，那就选择义无反顾地放手吧！假如放不下、舍不得，那就必须承受痛苦！不了解一个人，还可以爱他；不爱一个人，还可以想念他；即使不想念一个人，也可以远远地观望他，或者在无意之间淡淡地想起。在我们的生命中，很多人只是匆匆行走的过客，与你淡淡地交谈几句，彼此相望，然后一去不返。如果是这样，又何需挽留，最好的选择就是放手，放对方一条生路，也放自己一条生路！

不去强求，让心更静更自由

面对生活，人们之所以痛苦、纠结，就是因为想要的太多，或者求之而不得，或者得到了就放不下。其实，人生的很多东西都是强求不来的，

诸如感情、缘分，甚至包括很多身外之物。很多时候，人们常说，只要努力了，就一定会有回报。其实，即使努力了，也不一定会有回报，如果说有，那么，回报就是让你因为曾经努力争取过而了无遗憾。现代社会，人们奢求的越来越多。贫穷的时候，想解决温饱问题；一旦解决了温饱问题，就想拥有属于自己的房子、车子；有了自己的房子、车子，又想着换大房子、买好车子……总而言之，人的欲望是无止境的，如果成为了欲望的奴隶，被欲望驱使着无止无休地拼命往前奔，就会觉得活着很累，永远没有停歇下来的时候。遗憾的是，很多时候，即使过劳死了，也未必能够如愿。那么，我们不如及早反思，自己想要的是什么？哪些东西是通过努力能够得到的？哪些东西是永远也不可能得到的？哪些东西是即使得到了也得不偿失的？

其实，现在的人之所以觉得压力越来越大，负担越来越重，就因为不懂得舍弃。毫无疑问，每个人都喜欢住大房子、开好车，都想有一个漂亮的女朋友，还想拥有一份地久天长的爱情……总而言之，每个人都想拥有尽可能多的东西。遗憾的是，人不是万能的神，即使欲望再多，也不可能一一实现，因为人的承受能力是有限的。既然如此，为什么不减轻自己的压力，降低自己的欲望，让自己开心地生活？

也许有人会反驳，我当然想每天都无忧无虑地生活，但是现实不允许呀！在这么大的生活压力之下，怎么可能开心起来呢？其实，生活的要求很简单，复杂的是我们的内心。每个人都有权利主宰自己的生活，你完全可以决定是平平淡淡地度过一生，还是轰轰烈烈地度过一生，你可以选择一粥一饭的简单生活，也可以选择香车美女的奢华享受。你想过什么样的生活，完全取决于你的态度。人生没有统一的标准，每个人都有自主选择的权利，无论昨天你经历了什么，为了给自己减负，你都应该及时地放下，而选择关注当下。只有拿起今天，放下昨天，才能让心自由。在生活中，很多人喜欢攀比，恰恰是攀比扰乱了你的内心。假如可以过得很幸福、快乐，为什么要无谓地和别人攀比呢？除了扰乱内心、徒增烦恼之

外，攀比无任何好处。因此，要想让自己的心灵宁静自由，就应该淡定地坚守自己的幸福，不要盲目地与别人攀比。

赵岩离婚了，得知这个消息后，同事们都大吃一惊。在同事们眼中，赵岩是一个幸福的女人。赵岩的老公是医生，工作非常稳定，而且为人谦和，发表了很多学术论文，在医学领域颇有研究。去年，医院分给他们两室一厅的房子，距离单位很近，上班特别方便，步行只要15分钟就够了。他们俩有一个女儿，上小学二年级，非常乖巧，而且学习成绩也很好。赵岩为什么离婚呢？这可是打着灯笼都难找的好老公啊！

后来，同学们才渐渐地了解了赵岩离婚的原因。原来，赵岩老公所在的医院正在竞聘副院长。看到院长住着三室一厅的大房子，出入都有奥迪接送，赵岩火急火燎地撺掇老公参加竞聘。但是，赵岩老公喜欢潜心做学问，根本不喜欢涉足官场，因此很不乐意参加竞聘。拗不过赵岩的坚持，她的老公还是参加了竞聘。但是，因为没有管理方面的经验，而且自己主要想在学术方面有所建树，所以赵岩老公没有竞聘成功，反而是一个学术方面不如他的主任竞聘成功了。因为这件事情，赵岩整天和老公吵，说她的老公没有本事，连个副院长都没有当上。被赵岩逼急了，他的老公提出了离婚，并且主动把家里的所有财产都给了赵岩。

其实，赵岩并不想离婚，只是一时生气而已。离婚之后，赵岩想了很多，一旦失去了家庭，她觉得即使再大的房子、再好的车子也都失去了意义。事已至此，她才意识到自己之前的想法是多么幼稚。在离婚一年多的时间里，赵岩终于知道了自己真正需要的是什么。为此，她主动找老公承认错误，请求老公的原谅，希望老公能够和自己复婚，给女儿一个完整的家庭。赵岩的老公也不想离婚，只是觉得在赵岩的压力之下，自己生活得太累了。经过赵岩的恳请，他们又相处了一段时间，他发现赵岩真的想明白了生活中最重要的是什么。因此，他选择了和赵岩复婚。复婚之后，赵岩非常珍惜自己所拥有的生活，再也不想着让老公当官、分大房子、坐好车子了。因为彻底想开了，赵岩变得非常知足，心境平和，再也不急功近

利了。现在的她总是说只要家人健康平安，就是最大的幸福。

每个人都应该意识到，人的欲望是无止境的，因此，我们要认清生活的意义，合理地控制自己的欲望。一旦你知道自己真正想要的是什么，就不会被无休无止的欲望所驱使。就像赵岩，正是因为经历了失去，所以她才知道对自己而言最重要的是什么。在生活中，总是有一些东西是我们未曾拥有的，该争取的我们要去争取，但是，如果不是生活所必需的，真的没有必要强求，因为勉强只会让心很累。人们常说，不如意事十有八九。其实，只要我们降低自己的欲望，顺其自然，不要强求，就会发现心会变得更加安静，更加自由。因此，生活也会变得很简单，很容易就能够获得幸福的感受。

第五章 虚怀若谷，低调谦逊

中国人常说：“惟谦受福”，意思是傲慢得不到好运和幸福，只有谦虚的人才能交好运、获得幸福。的确，生活中的每一个人，都应该给自己一面全方位的镜子，看清自己，并做到虚怀若谷，才能查缺补漏，不断地超越自己！

给他人机会，就是拓展自身空间

人生在世，无论是谁，一生的活动无非有两项：一为说话。二为做事。但无论说话还是做事，都必须既有条又有理。这其中的条理，即为“度”的把握，中国人有句极具哲理的话：“话不说满，事不做绝”，这句话的含义是，为人处世要低调，要把握好分寸，很多时候，给他人留有机会，也就是给自己拓展空间；而做人太嚣张、对他人赶尽杀绝，也无疑断了自己的退路。反过来，给他人机会，就等于是在为自己拓展空间。

我们先来看下面一个民间故事：

在明朝时期，尤老翁在苏州城里开了一个典当铺。这位尤老翁平时最懂得忍耐，因此，无论是街坊邻居，还是外来客人，都喜欢跟他打交道。

有一年快到年关的时候，尤老翁正在屋里盘账，忽然听到外面有吵闹的声音，于是就匆忙地跑了出去。到了柜台，他看见穷邻居赵老头正在与自己的伙计吵架。尤老翁明白，这个赵老头是一个蛮不讲理的人，他没去问个究竟，就先将伙计们训斥了一遍，然后好言向赵老头赔不是。然而，赵老头丝毫不给尤老翁面子，还是板着脸孔，站在柜台前不说一句话。

这时，心中委屈的伙计悄悄对老板说：“老爷，他前些日子当了一些衣服，现在他不还当衣服的钱，却硬要将衣服拿回去。我要向他解释，他竟然破口大骂，我真的不知道该怎么办才好。”尤老翁也知道不是自己伙

计的过错，他先吩咐伙计去照料其他的生意，由自己决定亲自来应付这个蛮不讲理的赵老头。忽然，他头脑中想到了办法，快速走到赵老头身旁，语气恳切地说："老人家，不要再对刚才的事情耿耿于怀了，不要跟我的伙计一般见识，你就消消气吧，大家都是熟人，我不会介意这种小事的，衣服你就拿过去穿吧。"

不等赵老头回答，尤老翁就吩咐伙计将其典当的衣服拿过来。但赵老头似乎一点也不感激，拿起衣服就走。尤老翁并不在意，而是含笑拱手将老头送出大门，然而就在这天夜里，那个赵老头竟然死在了另外一家典当铺里。

原来，这位赵老头负债累累，家产早已典当一空，走投无路之下，他寻了短见。他预先服下了毒药，先来到尤老翁的当铺吵闹，想以死来敲诈钱财，没想到尤老翁一向善于忍耐，宁愿自己吃亏也不跟他计较，他觉得敲诈这样的人实在不忍心，就决定离开尤老翁的典当铺。就这样，他来到了另外一家当铺，结果毒性就发作了。后来，赵老头的亲属向官府控告这家店铺逼死了赵老头，与他打了好几年的官司。最后，那家店铺筋疲力尽，花了很多钱才将这件事摆平。

后来，人人都说尤老翁料事如神，可尤老翁说："我并没有想到赵老头会走到这条绝路上去。我只是觉得，凡事多退一步，给人留一步，也是给自己留条退路。"

这样一个普通的民间老翁，却是一个生活的智者，他的做法为自己免了一场灾难。他的这种心态可谓是能屈能伸、方圆做人的至高境界了。然而，我们不难发现，我们生活的周围，却有一些人，他们凡事逞强好胜，在得意之时嚣张跋扈，丝毫不给失意之人机会。实际上，这是被自己断送了退路。

我们再来看下面的寓言小故事。

远古时候，有群水牛，它们推举某个雄壮、德高望重的公牛作为它们的领袖。

这天，在水牛王的带领选下，众水牛出来觅食，谁知，途中，它们遇见一只顽猴挑衅，还向水牛王抛掷石块。顽猴的行为激怒了众水牛，正当它们要报复时，水牛王阻止了它们。有水牛问它为什么要这样懦弱，以众水牛的力量，完全可以惩治这只顽猴。树水牛王说了一段偈语来回答："彼轻辱贱我，又当加施人；彼人当加报，尔乃得牲患。"过了一会儿，有一伙婆罗门经过这里，那只猴子又故伎重演，打了这伙婆罗门。结果，被人抓住，痛打致死。

这则小故事中，水牛王是有远见的、聪明的，低调一点，换来的是和平。而猴子是无知的，它去招惹婆罗门，无疑是拿石头砸了自己的脚，而这更应验了水牛王的话，"彼轻辱贱我，又当加施人；彼人当加报，尔乃得牲患。"

俗话说得好"物极必反"、"满招损，谦受益，时乃天道。"水缸装满了水，再往里面添水，就会往外溢，这就是物极必反。事物发展到了极端，必然朝着相反的方向发展。我们为人也不可太狂妄，更不能欺人太甚，以强凌弱，给别人留后路也就是给自己留退路。有时受欺者貌似软弱，实际上是胸怀宽广，不与之计较。当你受欺之后，不必忿恨不已，或冲动地做出让自己后悔的憾事。

所以，生活中的人们，做事时一定要为他人留有余地，这也是给自己留条退路。比如，当你取得的位置非常显赫或者事业取得非常大的成功，你就不能再争强好斗了，而应该与别人分享，与别人合作，同舟共济，采取低调学习的态度，才不至于骄傲自满。再比如，在与人竞争的过程中，在奠定了自己必胜的战局时，要给别人留一条退路，同时也给自己留一条退路。而做得太绝，不留后路，只会急火攻心，一败涂地。说话、做事讲求弹性、把事做得更加灵活、进退得宜，无论在社交还是求取成功的过程中，你都会如虎添翼！

不卑不亢更易赢得他人信任

人们常说，人生在世，如果不能掌控自己的生活，就会被他人掌控，的确，人际交往中也是如此，只有做到不卑不亢，即为人处世在行为、态度上既不卑屈，也不高傲。一个人要想得到别人的敬重，人际交往中就一定要不卑不亢。同样，在与陌生人的交往中，不卑不亢更显得尤为重要。

诚然，很多时候，与我们打交道的人可能在某方面强过我们，或者才干超群，或是经验丰富，对对方的确要做到有礼貌、谦逊。但是，绝不要采取“低三下四”的态度。绝大多数有见识的人，对那种一味奉承，随声附和的人，是不会予以重视的，也不会予以信任的。在保持独立人格的前提下，你应采取不卑不亢的态度。

某报著名编辑，想向某位大作家约稿。听说，这位作家很高傲，于是，拜访的时候，这位编辑只字不提约稿的事，而只是与他话家常。

在双方交谈很融洽时，这位编辑很自然地说：“对了，我听说您最近写的一部长篇小说在国外很畅销，有这回事吗？我读过不少您的作品，但这部小说手法更为奇特，这本书也能翻译成其他文种吗？”

这位高傲的作家听到这句话，发现自己原来这么受欢迎，心里自然很高兴，态度马上变得好多了，他说：“是有这回事，翻译倒是可以，只是苦了翻译及编辑人员。”二人于是开始兴致勃勃地谈论起文学作品。

而几十分钟后，大作家亲口答应当天就给这位编辑一篇文章，编辑的目的达到了。

案例中，这位编辑采用的是特殊的说话策略。名人都有一定的社交范围，有高人一等的优越意识，但并不是无法与之沟通。

可见，我们与人打交道，要想取得对方的信任，都要做到不卑不亢。

孟子拜见过许多诸侯，在《孟子·尽心下》中，他记录了这样的一句话："说大人则藐之，忽视其巍巍然"。这句话的意思是说，不管对方地位多高，身世多显赫，在和他对话时，你也不要显出刻意的谦卑，不卑不亢才是最好的对话态度。

一家保健品公司，有两个员工，有两种明显不同的行事作风。一个是营销部总监李丰，一个是广告部总监郑爽。

李丰是公司的老员工，曾经和公司高层一起为公司立下了汗马功劳，因此，老总很器重他，把他从一个普通职员升到了营销总监的位置。可是，自从当上了营销总监，李丰便开始自我膨胀。他认为，自己是个营销天才，完全可以在很多事上自作主张，于是，他不再向老总汇报。另外，他还以老板自居，居然对其他员工吆五喝六，员工们背后都议论他"倚老卖老"，怨言很多。老总虽然有万般不舍，还是"挥泪斩马谡"，委婉地劝他离开。他只得黯然离去，另寻出路。

而郑爽和李丰不同，他在公司的时间短，从进公司的第一天开始，他一直保持低调的态度，在公共场合，他从来不反对老总的意见。偶尔遇到老总想法错误的时候，他则会私底下找老总沟通，阐述自己的想法，给老总决策提供一种参考。这样，老总比较容易接受，而郑爽也取得了老总的信任和支持，到公司仅一年就当上了广告部总监。

李丰和郑爽之所以有不同的职场命运，与二人的说话、行事姿态有很重要的关系，李丰虽然是公司元老，但无论对下属还是领导，都显得过于张狂，无奈之下领导只能将他开除。而郑爽的做法才是正确的，给足了领导面子，在领导作出错误决定时，又能主动站出来提建议，不卑不亢地说话，这才是一个下属应该有的说话态度，领导自然会重用。

然而，要做到不卑不亢与人交往，需要我们从两方面做到：

首先，摆正位置，以示真诚。

因此，与地位高者说话，要准确把握双方关系，给其以相应位置，充分表现出对他的尊重。比如，对于某嘉宾的到场，我们可以说："感谢您

百忙之中抽出时间来参加我们的活动。”这是合乎交际现实的，不仅不会损害自己的“身价”，而且会取得尊贵者的信任。

其次，找到自信，平等交流。

有人说：“自卑等于自杀，你给自己贴了失败者的标签，就注定自己的一生是失败的！”交际在一个人的成功路上起着至关重要的作用，因此，自卑是我们在交际中应该克服的弱点之一，否则，我们将一事无成。我们发现，人之所以自卑，是因为自身有一些缺点，然后拿自己的缺点和别人的优点相比，然后在自己心里形成一个结果，进而导致了自己的自卑。

一天，纽约一个富商路过一条街道时，看见一个穿着破旧的尺子推销员，他顿生怜悯之情，便顺手丢给他一个硬币，当他准备离开时，突然又回过头，拿走一把尺子，并对这名推销员说：“记住，你也是商人，只不过我们经营的商品不同。”

一年后，在一个商业交际场合，一位穿着整齐的年轻人走到商人面前，对他说：“你可能记不得我了，但我永远忘不了你，我就是那个和你做交易的尺子商人，是你重新给了我自尊和自信。我一直觉得自己和乞丐没什么两样，直到那天你买了我的尺子，并告诉我我是一个商人为止。”

故事中，在遇到商人以前，因为缺乏自信，推销员一直把自己当作乞丐。而这就是为什么他总是无法让客户信服，而商人的一句话，让他猛然惊醒，找到自信后，他便开始了自己新的人生。缺乏自信是我们无法取信于人的重要原因，进而导致了我们事业不成功。

总之，与人交往，内心上尊重才是真正的尊重。只有在心理上有尊重对方的想法，才可能做出尊重对方的行动。所以，你必须牢记：“每个人在人格上都是平等的。”不要因为看不起人就在沟通上使用轻蔑的口语，也不能当着对方一套，背地里又一套，那样迟早会让对方感觉出来你的诚意是有水分的，也许因此会让你失去他的信任。不卑不亢，才是赢取他人信任的最好方法。

你敬他人三分，他人敬你七分

“你敬我一尺，我敬你一丈”，这原本是在酒桌等社交场所常听到的一句话，但也是一种低调为人的行事原则。的确，尊重别人是一种美德，受到别人尊重是一种幸福。但尊重是相互的，我们若希望得到他人的尊重，首先就要尊重他人。为了个人的目的不惜损害他人的利益，是一个不道德的不可取的行为。尊重是做人最起码的准则，更是一种谦逊为人的体现。相反，不知道尊重别人的人，是不会走得很远的，逞一时之快，自私自利的人，是不会受到大家的欢迎与认可的。

在中国民间，流传着一个故事：

一天，唐伯虎到西湖游玩，又累又饿，便在西湖边某酒楼里吃了一顿午饭。当他找来店小二准备结账时，发现身上的钱袋居然丢了。吃饭没带钱，唐伯虎居然遇到这种糗事，他急得一头汗，但聪明的他很快想到一个解决问题的办法，啪，打开手中扇紧摇慢扇……看到扇子他来了主意：“就凭我的画，怎么着也得值几个金元宝。”没想到，店小二根本不识货，也不知道站在自己面前的就是唐伯虎，而老板又不在，做不了主。唐伯虎一时来了气：“我今天还就不信活人能被憋！”他吆喝起来：“谁买扇？”

这时，旁桌一个富态的中年人走过来，一把拿过唐伯虎的扇子，然后很轻蔑地说：“画的什么呀这是？现代不现代，前卫不前卫，一文不值。”随手扔在地上，唐伯虎此时相当郁闷。

看到这里，在场的一个知识分子实在忍不住了，他原本只是打算为一个沦为乞丐的食客打抱不平，但却眼前一亮：“天哪，这不是唐伯虎的墨宝吗？”再看这个食客，果然是唐寅，因为一个文人的气质是与众不同的。这位知识分子激动而又景仰地向大家宣布：“女士们先生们朋友们同志们，这位就是江南第一风流才子唐伯虎！”所有人都惊喜不已，又是抢

着与唐伯虎搭讪，又是争购伯虎之扇。

此时，得到解救的唐伯虎自然是感激涕零：“这扇子我谁都不卖，只给他！”

受宠若惊的知识分子连忙笑着说，我这兜里只有10两银子，买不起买不起！唐伯虎说：“别，别，我还只收您5两，多了还不要。”

刚刚那位嘲弄唐伯虎的富商一看这阵势，知道自己有眼无珠，没认出大名鼎鼎的唐伯虎，于是，只好赔礼道歉：“算我瞎了眼，您的画那是天下没有的精品，您喝，喝！”把唐伯虎灌了个醉意朦胧。酒酣之际，富商说：“您还是将扇子卖给我得了，我多出价钱！高他200倍！”

唐伯虎当然不会答应，于是，只说了两个字：“没门！”

富商很是不快，露出本来面目：“你吃了我的，喝了我的，就白吃白喝啦？！”唐伯虎：“这饭是你请的，酒也是你请的，又不是我要吃，吃了不就白吃？”引得众人起哄不止。

此时，人群中有人劝说唐伯虎：“给我点面子，给我点面子！此人惹不起啊，他是本地四大款之一。”

唐伯虎：“嘿。我还真不知道，既然如此，我就为您当场画一张吧。”

笔墨伺候，唐伯虎在他后背上刷刷刷写上几笔，然后拉着那位知识分子大步离去。众人看画，更加痛笑不已。富商脱衣一看立马晕倒。

那上面留着唐伯虎的笔墨：王八。

你敬他人三分，他人敬你七分。唐伯虎的故事，给了我们一些敬与互敬的启发：互相敬重要平等，弱势的人也应当被敬重人格，不知道哪天哪会儿“我敬的人”会报“我”以更有意义的“回敬”。

总之，尊重别人不代表你的懦弱，蔑视别人也不能表示你的强悍。在人与人之间的交往中，需要理解、信任与尊重。你对他人的尊重必当换来他人同样甚至更多的“回敬”。

为此，从现在起，你要努力做到以下几点：

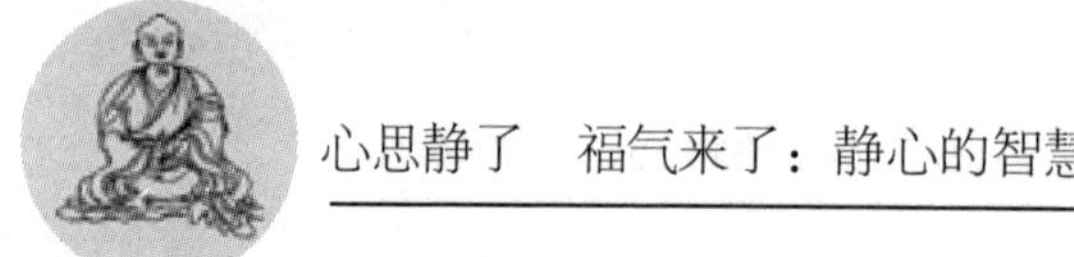

首先，多审视别人的长处和自己的短处。因为具有骄矜之气的人，大多自以为能力很强，很了不起，做事比别人强，看不起别人。由于骄傲，则往往听不进去别人的意见；由于自大，则做事专横，轻视有才能的人，看不到别人的长处。因此，待人处事，要多审视自己的短处，看到别人的长处，才能逐渐变得谦卑。

其次，学会热情待人。热情是傲慢的天敌，与人交往，形成良好印象时，热情是第一个被对方感知到的品质，这也是人际交往中的心理规则。因为人们总是有这样的感觉，那些热情的人肯定会有一些其他良好的品质，如有爱心，乐于助人，对生活保持乐观态度，容易接近等，而这些都是人们在交往中希望看到的。

当然，最重要的一点还是以诚待人。这是赢得信任的最基础条件。一个人只要真诚，总能打动人，真诚是沟通人与人之间心灵的桥梁。真诚是一种巨大的人格力量，一旦具备了真诚的人格品质，你在别人印象中就与信用、善良、美德结缘。

人们常说，人生本是一出戏，其实，人与人之间原本也是一场场游戏，游戏自有游戏的规则，想要和谐相处，闯关成功，那必定要遵循这一场场游戏的规则，如果有人最先破坏了这一规则，那么必将在这场游戏中首先出局。其实尊重别人很容易，尊重了别人，别人也会尊重你，即使那个人是你不喜欢的，那么请你尊重他的语言，把他的话当成“话”来对待，受到帮助时不妨说声“谢谢”，做了错事说声“对不起”。尊重他人，其实也是尊重自己。让我们都能拥有这种美德，让幸福之花处处开放吧！

多多请教他人，让自己羽翼更丰盈

俗话说“金无足赤，人无完人”，无论是谁，都有优点、长处，也都

有缺点、短处，我们要想进步，就必须虚心向别人学习，取人之长补己之短，如此，才会有进步。与人接触实际上就是一个人成长的过程。然而，生活中，有一些人，他们自大自负，在他们的眼里，谁都不如自己，目空一切。也许他们是有很多过人之处，但任何人都不是全才，如果停止了学习的脚步，就会故步自封，止步不前。而只有取人之长补己之短，才能不断完善自己，少走很多人生的弯路。同时，请教他人还是一种低调处事的表现，更能帮助我们赢得他人的支持。

众所周知，爱因斯坦是个家喻户晓的科学家。

一次，他的一个学生问："老师的知识都已经那么深厚和渊博了，为什么还那么好学呢？"

对于这个问题，爱因斯坦给了一个很幽默的解释："我们不妨把一个人的已学到的知识放到一个圆里，那么，他没有学到的，就是圆外的部分，那么，不难理解的是，圆越大，其周长就越长，他所接触的未知部分就越多。现在，我这个圆比你的圆大，所以，我越来越发现，自己不了解的知识还是有很多，这样的话，我怎么能不努力学习呢？"

天外有天，人外有人。很多事物的优越性都是相对的，我们所拥有的，永远都微不足道，所以我们没有理由不谦虚。

德国自然科学家洪堡曾说过："伟大只不过是谦逊的别名。""梅须逊雪三分白，雪却输梅一段香。"一个人要想真有长进，不仅需要谦逊，而且还要有雅量，要放下架子，不耻相师。

然而，实际上，现代社会，我们的周围，有这样一些人，他们很自负，他们认为自己无所不知，认为自己专业能力过硬，甚至把自己与同事们在很多问题上的归结为自己的魅力所在。他们之所以这样自负，很多是因为他们有着高学历、好背景，实际上，你的文凭只代表你过去的文化程度，你的背景也不能证明什么，你需要记住的是，你如果想在优秀的企业中站住脚，就必须从小学生做起，积极主动地向旁边的人学习。反之，你就不可能在竞争激烈的职场当中有所成就。

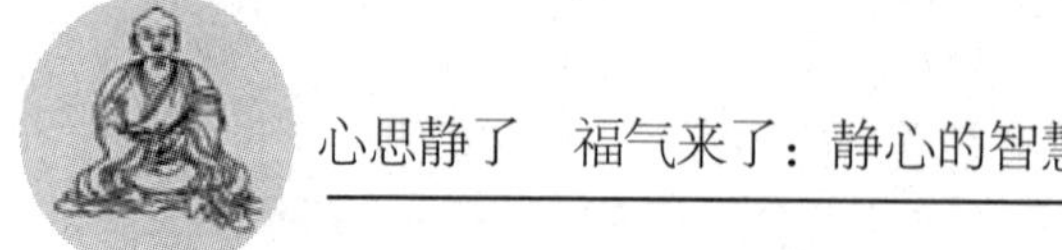

总之，人际交往中，我们一定要放低身份，表现自己的良好修养，这一点，在与比自己身份低的人说话时尤为重要。偶尔说一说“我不是很能理解”、“请您再说一遍好吗？”之类的语言，会使对方觉得你富有人情味，没有架子。相反，夸夸其谈，咄咄逼人，容易挫伤别人的自尊心，引起反感，以致他人筑起防范的城墙，从而导致自己的被动。

我们在求教他人前，需要非常了解自己的优点和缺点，同时不断地改善自己的缺点，这样成功的概率会比较大。一个人的知识和本领总是非常有限的，所以，应该谦虚一些，多向别人学习。不自夸的人会赢得成功；不自负的人会不断进步。而我们不缺乏学习，而是缺少发现，这取决于你用什么眼光、从什么角度去看待每个人。“三人行，必有我师”，要善于取人之长，补己之短，不懂、不会，要不耻下问，切忌不懂装懂，掩耳盗铃，自欺欺人，待人接物要礼让谦恭，用谦虚的态度博得他人的认可，在与人交往中不断提升自己的水平。这一点，先师孔子为我们树立了一个很好的榜样。

孔子一直被中华儿女尊称为“孔圣人”，他有弟子三千，并有《论语》传世。孔子是个学识渊博的人，但却一直很好学，并且常常“不耻下问”。

一次，他和弟子们去太庙祭祖。一进太庙，孔子就对很多问题产生了好奇心，于是，他就问这问那。

于是，有人笑道：“孔子学问出众，为什么还要问？”

孔子听了说：“每事必问，有什么不好？”

他的弟子问他：“孔圉死后，为什么叫他孔文子？”

孔子道：“聪明好学，不耻下问，才配叫‘文’。”

弟子们想：“老师常向别人求教，也并不以为耻辱呀！”

这就是孔子“不耻下问”的故事，一个学问如此渊博的人都谦逊于人，何况我们呢？

试想，有谁会喜欢高高在上的姿态，得意忘形的面孔，颐指气使的神

情，专横跋扈的气势呢？

因此，我们首先就要树立正确的观念，这样才能学得自觉，学得长久，提高自身素质。实践告诉我们，善借外智，才能思路开阔；善借外力，才能攀上高峰，一个国家和民族才能兴旺发达。否则，只能是停滞不前。

然而，要做到真正的求教，还需要你持之以恒。三天打鱼，两天晒网，见异思迁的学习是不能产生令人满意的效果的。向他人学习，必须从不自满开始，无论取得多好的成绩，也不能停顿。

另外，放低姿态，不是低声下气、奉承谄媚。说话、做事时放低姿态是一种艺术。尤其是在我们得意之时，与同事说话，要谦和有礼、虚心，这样才能显示出自己的君子风度，淡化别人对你的嫉妒心理，维持和谐良好的人际关系。

随着社会的不断发展，人人都在不断向前迈进。我们若想成长、进步，就必须放下“架子”，丢掉“面子”，虚心地向他人请教，见先进就学，见好经验就学，才能不断提高，不断进步，实现自己的人生理想与追求。

欣然地去接受批评和建议

一代明君唐太宗李世民说过：“以铜为镜，可以正衣冠；以古为镜，可以知兴替；以人为镜，可以明得失。”贞观之治乃至大唐盛世的出现，可以说是太宗听得进去宰相魏征的逆耳忠言的结果。然而，中国历史上，能虚心接受批评的帝王将相并不多，他们常亲小人远贤臣，最终被小人推进火坑，落得凄惨悲凉的下场。可见，“批评是一门艺术，然而接受批评更是一种气魄”这句话的正确性，人无完人，任何人能力、品质都需要不断地完善，而通常情况下，人们对自己的缺点和不足都没有清醒、正确的认识，如果我们能虚心接纳别人的批评，我们便能不断地完善自己。

陈怡是一名工程估价员，五年来，她出色的表现很快让她升为了这家公司的工程估价部主任，专门估算各项工程所需的价款。当了小领导后的陈怡似乎没有了当年在基层工作时的热情。

有一次，一个核算员发现她的结算出了问题，算错了好几万的账，老板便找她过来，指出问题，并提出了一些批评，让她以后注意，谁知道，陈怡不但不愿接受批评，反而大发雷霆，甚至责怪那个核算员没有权利复核她的估算，没有权利越级报告。

老板看到她的这种态度，本想发作一番，但因念她平时工作成绩不错，便和蔼地对她说："这次就算了，以后要注意了。"老板说这句话的时候，脸色已经变得阴沉了。

过了一段时间以后，陈怡又有一个估算项目被那名核算员查出错误，这次她又像上次那样态度恶劣得很，并且还说是那名核算员有意跟她过不去，故意找她的岔子。等她请别的专家重新核算了一下，才发现自己确实错了。

这时老板已经忍无可忍了："你现在就另谋高就吧。我不能让一个永远都不知承认自己错误的人损害公司的利益。"

这则职场故事中，陈怡为什么会被老板炒鱿鱼？原因很简单，正如这位老板所说"我不能让一个永远都不知承认自己错误的人损害公司的利益"。任何一个领导，都希望自己的下属能把公司利益放在第一位，当工作中出现失误的时候，能主动承认，为自己的失职负责。而实际上，即使我们真的为公司带来了某些利益的损失，只要我们认错态度良好，一般情况下，领导是不会为难我们的，相反，他们会主动协助我们尽量将失误带来的负面影响降到最低程度。

生活中，那些听不进去他人意见的人，他们的弱点就在于，他们认为一旦接受了别人的批评就等于服从他人，就没了面子。而实际上，这不仅

能帮助我们成长、弥补自身不足，更能树立我们在他人心中谦逊的形象，从而拉近人与人之间的关系。

我们每个人，在生活、工作、学习中，有时难免遇到挫折、失败乃至磨难。有些人会怨天哀地，牢骚满腹。但很少有人能找到自己的主观原因。因为人们通常会被自己的双眼蒙蔽。而当有人对我们指出错误，提出批评的时候，我们会有这样的想法：他怎么老是看我不顺眼？这个人真是讨厌，处处跟我作对；更有甚者，会对其进行攻击甚至报复。如此，我们自身的缺点不仅得不到完善，错误得不到改正，还会理所当然地被肯定，在身上肆无忌惮地发酵，最后一发不可收拾，后悔莫及。

其实，不妨反过来想想，此人对你有意见，毫不留情地指出你的失误和不足的地方，那说明什么问题呢？可能是你真的存在需要改进和完善的地方，你还做得不够好以至于不被别人认可和赞赏，你还需要自我检讨和反省。而这些东西不是我们随随便便就能意识到的，也就不会随随便便地成功。比如，如果你的领导对你的工作问题提出了批评，那么，你首先要有一个良好的认错态度，并能认识到自己的过错，在此基础上，我们能虚心接受他们的"调教"。因为我们的工作中出现了失误，证明我们在处理问题上确实存在某些问题，而领导毕竟是过来人，富有我们所缺乏的很多工作上的经验。欣然接受领导的调教，不仅能提高我们的工作能力，还能获得领导的好感。

相反，如果你能听进去别人的批评，然后从自身找问题，发现自己的不足之处，积极地虚心接受和改正，并不断地完善自己，这将是你一生中宝贵的财富，其价值远远超过对方批评你时直接的说话方式，或者说伤害你的感受或自尊的程度。

总之，我们需要认识到的是，在我们的成长过程中，有人批评甚至咒骂并非坏事，有人这样对你，至少说明你是个有价值的人。所以，当别人批评你时，你千万不要为此不悦，反而应该欣然接受，他无偿地告诉了你现在正处于什么样的位置，你应该怎么做才能更好。很多人都不愿意接受

别人的批评，或者不敢面对别人的批评。其实，有了这些批评，你的进步会更快，你更能认识了解自己。对于这样的一个收获，我们应该向批评我们的人表示感谢！从这个角度想，你会意识到是他让你从迷中醒悟，然后你便可以重新认识自我、审视自我。那么对方也会对你刮目相看，你的人际关系也会和谐融洽！

第六章 过滤浮躁，净心逍遥

人生就像一条河，很多时候，我们需要像奔腾的河流那样充满激情，澎湃昂扬。但是一直奔腾不息，水流就会夹杂着水底的沙石、淤泥，负重前行。因此，有的时候，我们也会羡慕小溪的清静。试想，假如可以像潺潺流淌的小溪那样从容自在地欣赏着两岸的鸟语花香，不也是一种别样的境界吗？要想成为小溪，就要让奔腾的河流放缓脚步，只要静下心来，那些沙石、淤泥自然就会沉淀下来，水流自然就会变得清澈见底。因为速度慢了，你当然可以淡定自若地欣赏沿途的美景。

净心——让一切不再混浊

现代高速运转的社会节奏让我们变得浮躁起来，在灯红酒绿的都市生活中，到处充满着诱惑，能静下心来的有几人？在充斥着各种颜色的生活中，偶尔放下浮躁的心，而人本性中的单纯、朴实早已被我们甩在了身后。也许在这个快节奏的时代，我们真的走得太快了，是该停下脚步的时候了，等一等被我们丢远的灵魂。这样，才能让自己的心静下来，思索我们的人生。让心静下来，放下心中的浮躁。我们先来看下面一个故事：

曾经有一位总统，他远离公务和烦琐的生活，来到一间寺庙，他每天的工作只剩下两件事，拜佛和念经。

一天，寺庙的住持来探望他，他很疑惑地问住持："师父，庙里的桂花为什么这样香？"

住持说："哪儿的桂花不香呢？"

他说："总统府的桂花就没有香味！"

住持有些奇怪，问："总统府的桂花全是从雪岳山移过去的，怎会没有香味呢？"言毕，唤一童子进来，说："冬天快来了，送一盆夜来香，伴总统念佛。"说完，住持便离去了。

一年以后，住持又来看这位总统，总统指着小茶桌上的夜来香，说："这盆夜来香想必是名贵品种吧？"住持不解其意，问："何以见得？"总统说："它不仅夜里香，白天也香！"住持说："这是从房前随便挖来

的一棵，它不是名品，是不能再普通的一种。”总统说：“过去我家也有一盆夜来香，可是，白天从没有人闻到过香味。这盆不同。”

住持说：“过去一位禅师说过：‘夜来香其实白天也很香，人们之所以闻不着，是因为白天，心太躁了！’现在你能闻到香味，可能是心境不一样了。”

后来，谈起百潭寺的经历和如今的生活，他坦诚自然。总统回去后，写了一篇题为《宁静安详，始知花香》的文章，最后有这么一段感慨：假如你现在感觉到吃什么都不香了；看再美的景致都不激动了；住再大的房子，坐再好的车，都没有幸福感了。一定是你变了，变得离真实的生活越来越远了。

两年后，总统离开寺庙前往首都服刑。这位总统的名字叫全斗焕，1980年至1988年任韩国总统。现在他住在陕川老家，过着平民的日子，品味着桂花的芳香。

这位住持的话让我们深有感悟，的确，当我们心情浮躁的时候，又怎能感受到那份宁静的幸福呢？曾经有一个百岁老人谈起他的长寿秘诀：“我每活一天，就是赚一天，我一直在赚”，这就是生命的真谛：豁达，坦然。

尘世中的我们，又是否有这样一颗安然、宁静的心呢？你是否深思过自己已被这纷乱的世界扰乱了思绪呢？你还是原本的那个自己吗？

的确，当今社会，我们的心态总是不断地接受着来自物质引诱的考验。很多时候，我们在追求目标的过程中，可能并没有意识到自己的心灵已经被那些虚幻的美好理想束缚了。生活远没有理想那么简单，理想的存在固然可佳，可我们要做的是如何让理想接受现实的催化。就像一件被打造的利器，不经过熟火的炙烤，重锤的锻造怎么能固握在战士的手中？清空你的心灵，你就会接受失败的馈赠，成功的赏赐。

那么，心灵里可能会有什么垃圾呢？对曾经的成功的、过时的褒奖、短暂的胜利，过期的佳绩的迷恋，当然，还有失望、痛苦、猜忌、纷争……净心就是把自己当人看，既然是人就有人的样式，有自己的优点更要正视自己的缺点。你的优点可以促使你成功，缺点又何尝不会让你在平淡乏味的生活中体会意外的精彩？每个人的生活都可以丰富多彩，不要让生活因为你的缺点有所欠缺。或许你不知道清空之后心灵会有什么改变？

对此，我们要懂得调节：

第一，静下心来。要学会独处，然后去思考，把自己的心放空，这样，你每天都会以全新的心态和精神面貌去生活、工作。同时，你需要降低对事物的欲望，淡然一点，你会获得更多的机会。

第二，学会关爱自己，爱自己才能爱他人。多帮助他人，善待自己，也是让自己宁静下来的一种方式。

第三，心情烦躁时，多做一些安静的事，比如，喝一杯白开水，放一曲舒缓的轻音乐，闭眼，回味身边的人与事，对未来可以慢慢地梳理，既是一种休息，也是一种冷静的思考。

第四，和自己比较，不和别人争。你没有必要嫉妒别人，也没必要羡慕别人。你要相信，只要你去做，你也是可以的。为自己的每一次进步而开心。

第五，多读书。阅读实际就是一个吸收养料的过程，你的求知欲在呼喊你，要活着就需要这样的养分。

第六，珍惜身边的人。无论你喜不喜欢对方，都不要用语言伤害对方，而应该尽量迂回表达。

第七，热爱生命，每天吸收新的养料，每天要有不同的思维，多学会换位思考，尽量找新的事物满足对世界的新奇感、神秘感。

第八，只有用真心，用爱，用人格去面对你的生活，你的人生才会更精彩！

总之，我们发现，只有定期给自己复位归零，清除心灵的污染，才能更好地享受工作与生活。

充盈安全感，幸福的心不浮躁

安全感本是人的基本需求之一。在马斯洛的需求层次理论中，安全感的重要性仅次于呼吸、喝水、睡眠、食物和性等最基本的生理需求。倘若没有安全感，人就会惶惶不可终日，无法像真正的人一样生存。现代社会，很多人都在强调幸福感，其实，安全感应该是幸福感的最低层次。假如没有安全感，幸福也就无从谈起。从本质上来说，安全感说是一种心理感受，在很大程度上取决于人的内心。虽然安全感的获得受到很多客观因素的影响，但是，安全感首先需要我们反求诸己。很有可能，通过自我反思和学习的方式，我们能够重新找回安全感。

现代社会，竞争日趋激烈，人们之所以普遍缺乏安全感，归根结底是因为无法预知和掌控未来将会发生什么事情，因此难免会有“不怕一万，就怕万一”的想法。总体来说，现代人缺乏安全感主要有六个原因：第一，竞争日趋激烈。每一个现代人都在保持积极进取的状态，随时准备着抓住时机努力超越别人，也每时每刻都在恐惧着被别人超越。现代职场，只看结果，不见过程，只以成败论英雄，所以职场人士根本不可能有绝对的安全感。每一个都在不遗余力地努力着，获得各种各样的成就，伴随而来的是，成就越大，就越担心，一旦失败，既得的一切就将不复存在。第二，生活成本太高。最近几年，大蒜、绿豆、大葱的价格接连飙升，“算你狠”“逗你玩”带给人们巨大的心理压力和经济负担。除此之外，大多数人终其一生也难以买一套属于自己的房子，如果父母有幸能够在经济上给予一些支持，在费劲艰难筹集了首付买了房子车子之后，贷款带来的经济压力同样使人产生强烈的不安全感。第三，缺乏信念。在一切都市场经济化的今天，赚钱似乎成了大多数人的生活目标，除了赚钱，他们没有人生信念，没有理想，没有想象，不知道人生究竟应该追求什么，因而很难

找到内心的平衡，变得越来越迷茫、彷徨，没有安全感。第四，爱攀比，不知足。随着社会的发展，人们的欲望也在飞速膨胀着。在温饱都成问题的年代，人们最大的愿望就是能够吃饱穿暖，如今，有工作的想换更好的工作，有房子的想换更大的房子，有车子的想换更好的车子……总之，所有都向条件比自己好的人看齐，于是总处于不满足的状态之中。第五，没有归属感。为了找到更好的工作，很多人都离开了自己的家乡，涌向了大城市，在夹缝中求生存。因为远离亲人，远离故土，所以一旦生活中遇到挫折和困难，就很容易感到孤独，从而引发不安全感。第六，内心孤独。虽然现在社会人口的流动性越来越大了，而且先进的通信工具使人们之间的沟通与交流变得越来越方便了，但是人与人之间的情谊却变浅了，莫逆之交越来越罕见了。

既然找到了问题的症结所在，我们就应该及时地解决问题，然而，有些社会问题是我们所无法解决的，因此，我们首先要做的是解决自己有能力解决的问题。我们应该充实自己的内心，坚定自己的信念，在生活中不要与别人攀比，尽量结交一些好朋友，这样一来，我们就会变得有安全感，自然就会变得越来越幸福。

正月十五的郑州，一名流浪汉手捧着捡来的红茶，凝视着天空，脸上绽放出静静的笑容。就在此时，一名敏锐的摄影师捕捉到了他的笑容，并且将之瞬间定格。后来，这张照片在网上疯传，很多网友都被这个流浪汉的笑容感动了，亲切地称之为“微笑哥”。为了帮助微笑哥获得一份安稳的生活，有网友提出要为“微笑哥”找一份工作，但是出了名的“微笑哥”只是淡然一笑，回答说：流浪比工作好，最穷的时候，我还捡钱去了趟西藏呢！

近些年，人们的幸福指数越来越低。在北京，即使月收入七八千元的白领，也没有安全感。有报道称，据近期发布的《第6次中国城市女性生活质量调查报告》显示，2010年，“家庭收入低”“物价上涨”和“买不起房”是城市女性最焦虑的三件事情，选择这三件事情的人数比例分别是29.

4%、78.2%和39.9%。

从“微笑哥”的身上我们不难发现，在某种程度上，幸福其实取决于心态。即使风餐露宿，衣不蔽体，只要心中容易满足，就会感觉到快乐和幸福。有很多相爱的夫妻，因为有爱，即使租房住也可以生活得很幸福，他们常说的一句话是：他（她）在哪里，哪里就是家；孩子在哪里，哪里就是家。实际上，只要一家人在一起，就可以四海为家。但是，很多人意识不到这个道理，因此总是奢望生活能够变得更加富足美满。殊不知，人在物质方面是永远都无法得到满足的，因为人对物质的追求是无止境的。

很多时候，人们之所以生活得快乐，是因为心思简单；之所以内心平静，心态平和，是因为心胸开阔，豁达大度；之所以从容自如、气定神闲，是因为内心宁静、淡定。人们常说，世上本无事，庸人自扰之。总而言之，只要我们降低自己的欲望，就会觉得很容易满足，从而得到安全感，获得幸福的生活。

浮躁是因为你追求得太多

余秋雨曾经说：“因为我们的历史太长，权谋太深，兵法太多，黑箱太大，内幕太厚，口舌太贪，眼光太杂，预计太险。所以，我们习惯对一切事物‘构思过度’。”其实，这个世界非常简单，并不像人们想的那么复杂，复杂的只是人心而已。实际上，假如能够丢掉对生活无限的“构思”，人心也可以变得很简单。在生活中，越来越多的人在欲望的驱使下疲于奔命，直到不堪重负的时候才发现自己变得越来越浮躁，越来越累。其实，这只是因为人们的心太贪，希望得到太多的东西，所以才会在不知不觉中迷失了自己。

要想获得心灵的宁静，不再迷失在对物质的追求之中，我们可以从

简化生活开始，降低自己对物质生活的要求，削减不必要的开支；淡化自己对名利等身外之物的追求，充分享受内心的安全体验。只要能够持之以恒，就一定会取得很大的效果。其实，每个人都有属于自己的幸福。例如，你很健康，比起身患疾病的人来说，你有足够的时间享受阳光雨露；你四肢健全，比起残疾的人来说，你能跑能跳，能歌善舞；你拥有爱人，比起形只影单的人来说，你心有所属，找到了自己灵魂的归宿；你有自己视为生命的孩子，你可以全心全意地照顾他，抚养他长大成人，看着他一天天茁壮成长。

连谏：我们生活的这个时代姓快，快节奏，快消耗，什么都来得快去得快，真正能留下来供内心品味幸福的东西少之又少。通常，衡量男人的标准是事业有成，衡量女人的标准是年轻貌美，结果，不管是男人还是女人，都行色匆匆，承受着巨大的压力，身心俱疲，大多数人都觉得自己离幸福越来越远。一般，女人的幸福与情感相关，现代社会诱惑多，人心浮躁，所以，情感的稳定与持续越来越难，因此，女人更加强烈地感受到很难得到真正的幸福。但是，即使再难，女人也应该用心去追求幸福。假如没有幸福，人生还有什么意义？

张娓：现代社会，大家都有的一个感觉就是幸福越来越难。其实，这既是个人的问题，也是时代的问题。回忆外婆生活的时代，那是一个简单纯朴的慢时代，再加上外婆本身就乐于享受简单纯朴的慢生活，因此，她觉得非常幸福。相比之下，妈妈的生活的时代动荡不安，但是她有一颗足够强大的内心，自信乐观，因此她同样感到自己非常幸福。但是，咱们这一代人却生活在一个充满竞争和速度的快时代，虽然行色匆匆，每天忙忙碌碌，却不知道自己到底想要什么。虽然知道自己迷失了方向，但是却不愿节制和舍弃，只知道一味打拼，因而内心并不曾因为这些打拼与获得感到满足和快乐，所以根本没有幸福感可言。

米兰·昆德拉曾经说过：“欲望是一种美！”的确，人生就是由很多欲望组成的，人们通过不断地满足自己的欲望，走完了人生的一大半路

程。正是因为有了欲望，人们才有了成功的动力。但是，欲望不能过度，一旦过度，人们就会迷失在欲望之中，忘记了自己最初的目的。有个名人曾经说过，人之所以活得很累，就是因为欲望太多了。不过，人生也不能没有任何欲望，否则，就会浑浑噩噩地度过每一天，没有任何追求。由此可见，适当的欲望是成功的原动力。其实，人生幸福必须具备的条件包括健康的身体、美满的家庭、维持生计的钱财等，也是保障幸福的必要条件。但是，在追求这些的过程中，我们应该时刻牢记自己的最终目标是幸福。假如为了追求金钱而没日没夜地劳作，不仅损害了身体健康，而且使妻儿因为受到冷落而心生抱怨，那么这种追求就失去了意义。在生活中，很多男人为了给家人创造更好的生活条件，为了事业打拼，不但得了脂肪肝、酒精肝、高血压、高血脂等慢性疾病，而且因为忙碌根本没有时间陪伴妻子儿女，导致妻子儿女满肚子意见。试想，这种追求还有什么意义呢？显然，他已经忘记了自己追求金钱的目的。对于孩子来说，假如陪伴他一起玩耍一天就能够使他感受到莫大的幸福，那么，你又何必非要挣很多钱给孩子买玩具呢？对于妻子而言，假如只是希望你能在晚饭后陪她散散步，你又何必为了多挣点儿加班费去加班呢？总而言之，要记住自己的目的，不要让欲望把自己的心装得太满。那么，究竟应该怎样把握好这个度呢？生活最大的智慧就是了解自己的需求，因为大凡正当的欲望都是合理的。相反，假如为了追求太多的东西，就相当于为自己的生活套上了沉重的枷锁。众所周知，人最宝贵的是自由，假如失去了自由，还谈何快乐？由此可见，只有抛弃不必要的欲望枷锁，才能找回幸福简单的生活！

现代社会，人们越来越浮躁，什么都讲究快，即使爱情，也进入了“方便面”时代。在这种情况下，人们又如何恢复内心的平静呢？只能一个比一个更浮躁地匆匆往前赶。的确，在这个凡事讲求速度和效率的时代，要求一个人像在慢时代一样温吞地生活确实有些强人所难，但是，在行色匆匆的同时，我们应该留给自己一些安静的时间，审视自己的内心，看看自己是否已经在对物质的追求中迷失了自己。如果是，那请给自己时间和机会沉淀下来。即使你再怎么着急奔向自己的目标，也要保持内心的宁静祥和。要想获得幸福，就应该想清楚自己究竟要过怎样的生活。一定要记住的是，不管什么时候，欲望越多，离幸福越远，心态越浮躁；欲望越少，离幸福越近，心态越平和。

工作的忙碌不能干扰心的清静

现代社会，生活节奏越来越快，现代人生活的写照不外乎忙、盲。每天，大多数人都是在这种快节奏的生活中度过的，大家就像急于赶路的人，忙得甚至没有时间停下来看看自己所选择的道路是否正确。因为忙于工作，大多数人天不亮就起床，披星戴月才回家，盲目地重复着昨天的生活，根本没有时间静下心来听听自己内心的声音。

有人曾经说过，人们最大的矛盾就是每天过着自己不想过的生活，重复地做着自己不想做的事，虽然满心抱怨，但是却没有勇气在此刻作出改变的决定。试想，假如我们今天像昨天那样活着，那么，今天最好的结果就是和昨天一样。同样的道理，假如我们明天还是按照今天活着，那么，明天最好的结果就是和今天一样。这样想来，假如昨天等于今天，今天等于明天，那么昨天就会直接等于明天，而今天就会凭空消失，仿佛从来不存在一样。在这样日复一日、年如一年的枯燥重复之中，生命还有何意义呢？相信没有人愿意过这种生活。假如意识到了这个问题，我们就应该立即停下匆忙的脚步，静下心来认真地思考自己究竟要过一种怎样的生活。只有想明白了这个问题，我们才能在纷乱之中保持内心的清静，从而淡定从容地生活。

林先生是做销售的，几年来，他的太太很少看到他笑过。众所周知，做销售的压力很大，必须完成一定数目的销售量，而且，每一个周期的业

绩都会随着下一个周期的到来清零，一切重头开始。

林先生和太太结婚五年了。前几年，他们的宝宝比较小，很少与爸爸互动。不过，现在，宝宝已经三岁了，总是缠着爸爸和自己玩。每天晚上回到家，林先生都像是从战场上退下来似的，满身疲惫，满面沧桑。吃完妻子准备好的饭菜，他唯一想做的事情就是上床好好地睡一觉，即使不睡觉，他也不想说话，只想坐在那里漫不经心地看看电视节目。平时宝宝都很乖，看到爸爸睡觉或者看电视就会自己到一边玩，但是这次，宝宝似乎犯了倔脾气，坚持要爸爸陪他一起玩。林先生耐住性子和宝宝玩了十分钟，然后就要去休息。但是宝宝却不依不饶，抱着爸爸的腿不放手，而且号啕大哭，一边哭一边让爸爸和他玩。在劝说无果的情况下，林先生生气了，对着宝宝的屁股狠狠地打了几巴掌，瞬间，宝宝白白嫩嫩的屁股上就出现了好几个手指印。正在刷碗的妻子听到声音跑过来，发现宝宝的屁股红肿起来，她的眼泪噼里啪啦地往下掉。她气得指着林先生嚷道："你有什么资格打孩子？他只有三岁，想和爸爸玩玩，这个要求很过分吗？"林先生自知理亏，嘟囔着说道："他太闹了，不让我休息……"听到这句话，妻子更生气了："休息？这个家对于你而言算什么？饭店和宾馆吗？每天回来吃完晚饭睡一觉。不知道的人会以为我没有老公，孩子没有父亲？！孩子三岁了，你陪他玩过几次？结婚这几年，你有没有刷过一次碗，扫过一次地？"林先生似乎想为自己辩解，说："我这不是因为工作忙嘛……"想不到的是，这句话使妻子更加歇斯底里，她一边哭一边喊道："别跟我提你的工作，我早就受够了！我不是嫁给你，而是嫁给你的工作，我的职责就是为我丈夫的行尸走肉做饭、料理家务、养育孩子！我的丈夫是什么？是一个不会陪我聊天、从来不和我一起逛街、从来不陪孩子玩耍的机器！结婚几年了，没有一天我能感受到来自我所谓的丈夫的温暖，我只能感受到冷漠和无情，你就是一个没有笑容的机器！"

这个晚上，林先生彻夜未眠。近几年，他一直因为忙于工作而忽视了妻子的感受，他从来不知道妻子的心里居然有这么多的怨言。原本他以为自己只要多多挣钱就可以了，销售行业的巨大压力使他身心俱疲，根本无暇顾及家人的感受。之后的三天，林先生休了从来没有休过的年假，他认真地思索，终于知道自己努力工作的目的就是让家人感到幸福和快乐。但是，现在却事与愿违。三天之后，他向公司递交了辞职报告，他改行了，找了一份不那么忙碌的、有时间让他静下心来享受家庭温暖的工作。他发现，妻子变得爱笑了，孩子也变得更加快乐了。

即使工作再忙，也不能让自己的心跟着工作一起忙得无暇顾及身边的人，更不能因为工作置家人于不顾。如果心也跟着忙碌的工作一起忙得失去方向，那么，你的忙碌就失去了意义。在这个世界上，很少有人纯粹地喜欢忙碌，大多数之所以选择任劳任怨地工作，或者是为了满足自己的某个愿望，或者是为了让家人过上更好的生活。无论出于什么目的，我们都要牢记自己的初衷，不要在忙碌的工作中迷失自己。让我们卸下心中的这份负累，去寻找属于自己的空闲和快乐吧！不妨给自己放个假，寻找生命的意义。很多时候，只要你能从心底里放下工作，静下心来和家人一起走走，或者什么也不做，静静地坐在一起，也能够感受到生命的美好以及生命的意义。安祥，是真正的生命。一个人如果心里没有祥和之气，就注定永远无法得到幸福。要想得到幸福，心里必须有“安祥”二字。而要想保持一颗祥和之心，就必须学会“放下”。即使工作再忙，压力再大，该放下的时候也要彻底放下。一个人，不管属于哪个社会阶层，拥有怎样的地位，只有内心安祥，才能够享受幸福的生活。

沉淀，过滤出那些扰乱心神的世事

在生活中，每个人都会有一些烦心事，这些事情盘亘在我们的心头，挥之不去，扰乱我们的心神。面对这些烦心事，有些人心胸狭隘，迈不过

去这个坎，做了傻事；有些人刻意逃避，借酒消愁，但是结果往往是酒入愁肠愁更愁。其实，这两种方法都不太高明，因为根本不能彻底地解决问题，反而徒增烦恼。此外，还有的人会选择找人倾诉，向自己的家人、朋友等倾诉自己的烦心事。不过，倾诉的方式虽然不像前两种方式那样有很大的副作用，但也是有风险的。假如你倾诉的对象是忠诚可靠的，那么你倾诉完之后自然可以高枕无忧，但是，假如你的倾诉对象是个大嘴巴、长舌妇，那么，过不了多久，你所倾诉的事情就会传入大街小巷的每一个人的耳朵中。由此可见，要想倾诉，前提是一定要找到一个可靠的倾诉对象。还有些人在遇到烦心事的时候会选择在网上叨唠叨唠，但是，如果别人给了你一个好的建议自然皆大欢喜，万一别人有意或无意地给了一个不好的建议，那么，受到伤害的必定是你自己。所以，陌生人的话不可尽听。其实，最好的方式是一个人静下心来捋顺思路，只要思路理清了，很多如一团乱麻的事情自然就会理清了。就像一杯浑浊的水，你越搅和它越混，最好的方式就是把它静置在那里，时间长了，杂质自然就会沉淀下来，水也就变清了。人的心灵就和一杯水一样，因为各种各样的烦琐事情，我们的心乱了，七上八下的，那么，不妨也将之静置一旁，时间长了，冷静下来，捋顺思路，很多问题自然迎刃而解。

很多时候，我们之所以感觉累了，身心疲惫，就是因为内心承受了太大的压力、太多的负累。这个时候，不要再急于找到答案了，停下来歇歇吧！深深地松一口气，毅然决然地放下，闭目养神，平心静气，修心养性，释放心情，调整心态，摆脱烦恼。这样一来，就能够放下所承受的负担，减轻内心的压力，使自己变得轻松起来。生活是很神奇的，能够在无形之中将一个人的灵魂清理干净，同样，时间也非常神奇，不但能够覆盖所有的痕迹，还可以帮助你疗伤，淡化那些留在你心灵上的累累伤痕。如果累了、伤了，就请停下来，沉淀、过滤出那些扰乱心神的世事。

有一位女信徒，她有一个独生子，已经十一岁了。因为患了绝症，她的独生子夭折了。女信徒伤心欲绝，她简直活不下去了。为了获得解脱，

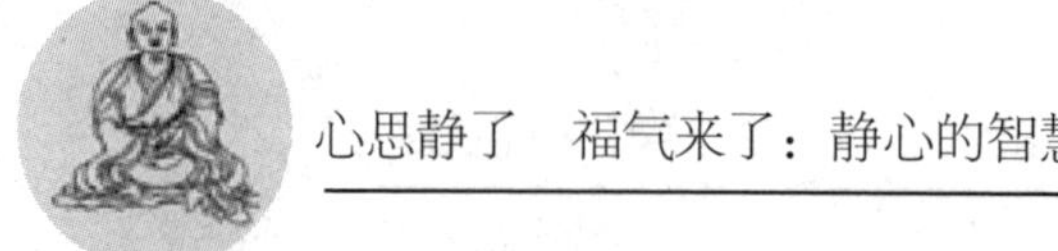

她来到大师的面前，她泣不成声，哭了很长时间才问大师："师父！我到底应该怎么办？我活不下去了。"

大师说："放下！"

女信徒说："我放不下，不管是睁眼还是闭眼，看到的都是孩子的模样。这个孩子实在太乖巧了，我根本不可能忘记他。"

大师仍然说："放下。"

女信徒反驳道："师父，这样岂不是太无情了吗？这可是我的亲生儿子，我怎么能忘记他呢？"

大师因此问她："倘若不放下，你准备怎么办？即使你再哭上三个月甚至三年，这个孩子也还是不能复活。你除了放下之外，难道还有其他的选择吗？"

女信徒听了大师的话，回家之后，她不再一味地哭泣，开始尝试着做一些事情，转移自己的注意力。时间长了，虽然她还是会思念自己曾经的孩子，每每想起仍然心痛不已，但是她已经有了活下去的勇气。

生活是一剂良药，在时间的配合下，它能够帮助人们治愈很多伤痛。人生就像一条长河，时而奔腾，时而舒缓，在舒缓的地段，只要你能够沉淀下来，生活就会过滤那些伤心的往事，帮助你疗伤。换言之，面对灾祸的时候，我们要学会"认命"。"认命"是什么意思？通俗地说，认命就是勇敢地接受那些已然没有办法改变的事实。要想了解真理，获得幸福，就要从本性上去悟。我们只有沉淀下来，生活才能过滤出那些扰乱心神的世事。

那么，怎样调整自己的心态，使自己沉淀下来呢？不妨参考以下几个方面：首先，自我反思。不管遇到什么样的问题和矛盾，都要先反思自己的行为是否有问题。在这个世界上，没有十全十美的人，每个人都有长处和短处。如果能够反思自己，认识到自己的不足，问题和矛盾就会迎刃而解。其次，要学会换位思考。换位思考是一种效果非常好的方法，每当遇到想不开的事情，就可以站在别人的角度和立场上去思考问题。这个角

度和立场，既可以是与事情有关的另外一方的，也可以是与事情无关的第三方的。人们常说，旁观者清，假如你能够很好地站在旁观者的角度看待问题，就能够更加冷静理智。此外，假如你能够站在另一个当事人的角度去考虑问题，就能够感同身受，更好地理解对方的感受。再次，转移注意力。很多人都发现，在遇到烦心事的时候，假如总是对它念念不忘，那么，就会越想越生气。反之，在生气的时候找些其他的事情做，或者想些开心的事情，就能够在无形之中淡化自己的愤怒情绪。最后，豁达的心胸。无论遇到什么打击，都不要太在意，更不要耿耿于怀，因为不管是生气还是忧愁，除了给你带来更多的烦恼和痛苦之外，都无济于事。古人云："宠物不惊，闲看庭前花开花落；去留无意，漫随天外云卷云舒。"这种心胸，正是沉淀的必要条件。当然，如果拥有这种心胸，就能够做到不以物喜，不以己悲，自然不会为那些扰乱心神的俗世所烦扰。只要能够做到以上这四点，你就能够很好地沉淀自己，过滤出那些扰乱自己心神的世事，使自己的人生淡定自若，从容洒脱。

第七章 豁达为人，胸怀宽广

有人说，生命是一段无可替代的旅程。在生命的旅程中，我们每一个人都不会是唯一的旅人。但如果我们能以宽广的胸怀处世，豁达地面对人生的种种，那么，我们就能和心灵相约，去拥抱生命，即使饱经风霜，我们依然能对生命充满热情，更能感受到生命之旅中，那些沉重的雨点击大地时所带来的震撼和激情。

欣然接受生活所赐予你的一切

人生在世，几乎每个人都期望一帆风顺。人们希望的是，哪怕没有鲜花和掌声，也不要荆棘密布，也不要狂风暴雨。其实，这是不可能的。人生，本身就是一场旅途，这场旅途中，既有平坦的大道，也有荆棘密布的小路；既有迷人的风景，也有惨淡的时光。无论是疾病、贫穷还是天灾人祸，我们都必须学会承受。事业失败，你要承受挫折；被朋友背叛，你要承受非议的磨难；为爱人付出很多，对方却离你而去，你必须承受失意的磨难……

每当这时，你也许会无比惶惑，你也许会绝望，想过轻生，想过放弃，想过破罐破摔、得过且过……

其是，我们的一生正是因为磨难的出现才显出精彩。许多时候，人们在百无聊赖的人生中，感受不到成功的喜悦，最终得到的是冰冷的失落。不曾遭遇失意和痛苦，那欢乐和幸福，只能是表面的，脆弱的；经历磨难，而不能泰然处之，也就永远不会真正地、深沉地铸就辉煌的人生。只因此，我们应该学会笑着接受生活所赐予的一切。当我们困于这种“不如意”之中，终日惴惴不安，那生活就会索然无味；与之相反，如果我们能以平和的心态面对，把那些磨难当成人生中的小插曲，那么，灿烂的主旋律必定会为你响起。

古人说：“哀莫大于心死”。一个人最可怕的莫过于心存放弃。这种灵魂的死亡比起躯体的死亡更为可怕。而唯有激励自我，方可焕发青春，

扬起生命的希望之帆。

要是你想知道怎样将在厨房水池边洗碗变成一次难得的人生经历，那么请你读一读波姬·戴尔的《我希望能看见》：

在长达五十年的时间里，这个人都是失明的。她只有一只眼睛，而就是这只眼睛还是长满疮疤的，她只能靠眼睛左边的小洞来观察周围的世界。她曾经这样陈述道："我看书的时候，必须把书贴近脸，然后努力把眼睛往左边斜。"

然而，就是这样一个不幸的人，却不愿意接受别人的怜悯，也从不认为自己与别人有什么不同。在她很小的时候，她也希望自己能和其他小朋友跳房子，但她却看不清地上的线，于是，她不得不在她们回家后趴在地上，将眼睛贴到线上看来看去，牢牢记住玩的地方，不久她就成了跳房子的高手。

读书后，她因为看不见，学起来很吃力，她常常把书贴在自己脸上，甚至有时候，眉毛都碰到了书。然而，正是因为这种不放弃的精神，她得到了常人所不能的两个学位：明尼苏达州州立大学学士学位和哥伦比亚大学硕士学位。

后来，她选择了一种不寻常的职业：在明尼苏达州双谷的一个小村子里，开始了自己的教书生涯。通过不断的努力，她成为了南达科他州奥格塔那学院新闻学和文学教授。在那里，她教了13年的书。另外，工作之余，她还参加了一些妇女俱乐部组织的演说，还在一家电台主持读书节目。

后来，她写道："我脑海深处，常常怀着完全失明的恐惧。为了打消这种恐惧，我采取了一种快活而近乎游戏的生活态度。"

然而，奇迹发生了，就在她52岁的时候，通过手术，她的视力提高了40倍。于是，展现在她眼前的是一个全新的世界，这个世界是那么的可爱，她为此感到兴奋。她觉得只要自己能看到这个世界，哪怕永远让她洗碟子，她也愿意。她为此写道："我会玩洗碗盆里的肥皂泡。伸手进去，

抓起一把泡泡，迎着光举起来，每个肥皂泡泡里，我都能看见小小的彩虹散发出灿烂的色彩。”

这个失明了将近五十年的女人的故事告诉我们，要想得到快乐，请记住：“每天一早想想你得意的事情，不要将注意力集中在磨难上。”她的世界为什么会出现奇迹？她的视力为什么能提高40倍？因为她始终积极地看待世界，看待只有一丝光明的世界，哪怕只有一点点光明，也照亮了她的心灵，因此，她得到了自己所想要的幸福结果。

“天将降大任于斯人也，必先苦其心志，劳其筋骨，饿其体肤……”磨难，是人生乐曲中一个不可缺少的插曲。一个人要想有所作为就必须经历一翻磨难，而且是比正常人更多的磨难。磨难，能启迪人的智慧，锻造出成功。没有了磨难的人生是枯燥的，是不完整的。然而，并不是所有人都能正视磨难的作用，也就不能真正从磨难中有所收获。有的人更坚强，更富有战斗力，而有的人则会因此消沉，甚至堕落，变得麻木不仁。正如一位哲人说过的：磨难对强者是垫脚石，对弱者却是万丈深渊。那么，你的态度呢？

首先，你要选择你的态度。

当逆境到来之时，你可以选择两种截然不同的态度，消极被动地害怕和逃避，或者积极主动地面对和接受。

若心存消极态度，那么，你将被局面控制；而积极主动，则能控制局面。如果你希望能够通过自己的努力使自己的能量一点点变得强大，同时让自己变得更完美，就必须选择积极主动的态度，那么，逆境这朵“浮云”自然会被你驱赶出心灵的天空。

其次，反省自己。

事实已经如此，你无法控制，但你可以控制自己的内心。让自己内心变得强大的方法就是反省自己。你需要问自己的是，为什么这件事不发生在别人身上，而发生在自己身上？我有哪些做得不足的地方？我应该怎样从自己出发，找到一个适当的、合理的方法去改进，从而去影响

事件本身？

怀着反省和觉悟以及积极的心态看回自己，你就能带着耐心和勇气，一点点地拆开这包裹严实的包装纸，发现里面珍藏的真正的生命礼物。

说到底，决定人心态的是人的理想、人生观、世界观。一个大气的人要具有远大的目标，正确的人生观，要胸怀宽广，执着进取，挑战自我，不屈命运，坚信自己，积极思想。这样，我们一定能保持良好的心态，即使生活给予我们挫折，我们也会怀着理解的心态给它一个微笑！

放下得失心，赢得广阔心境

我们都知道，得与失是一个对立面，人们都希望得到而害怕失去，这是人们常有的心态。而正是因为人们的这种心态，而导致了他们患得患失。有人说，生命本身就不是一场完美的戏剧，它始终有缺憾，它给你带来些什么，也会带走些什么，但无论怎样，你都应该潇洒一点，那场无可挽留的爱，你就当作生命中出现的一道美丽的彩虹，你要学会在自己的情绪里寻求解脱，只要你愿意，你可以勇敢地对已经逝去的彩虹说声“再见”，也可以潇洒把一切恩怨化作岁月的云烟，于前行中轻松地追逐梦想和信念，只要能坦然面对人生的得失，还有什么让我们畏惧呢？

有个老人，他有个爱好，就是喜欢摆弄盆景，他每天的的大部分时间都会花在这上面。

有一天，老人去外地看亲戚，出门前，他告诉儿子一定要细心照看好那些他视若珍宝的盆景。

父亲的话，儿子不敢怠慢，于是，在老人外出期间，儿子很静心地照看这些盆景，但尽管这样，不幸的事还是发生了，在他为花草浇水时不小心碰到了花架上的一盆花，打碎了。儿子因此非常害怕，准备着等父亲回来后接受处罚。

然而，当老人知道这件事后并没有生气，反而说："我栽种盆景是用来欣赏和美化家里环境的，不是为了生气的。"

老人说得好，他种植盆景，并不是为了生气。因此，他的心情也不会因盆景的得失而受到影响。如果无欲无求，了无牵挂，则气无处生。

可见，无论得失，我们要调整自己的心态，要超越时间和空间去观察问题，要考虑到事物有可能出现的极端变化。这样，无论福事变祸事，还是祸事变福事，都有足够的心理承受能力。

然而，"宠辱不惊，看庭前花开花落；去留无意，望天外云卷云舒"，这份闲散与安逸，对于现代社会的人们来说，或许真的是一种奢望。当然，要放下人生路途得失成败的压力，还需要我们保持一颗平常心。对"花花绿绿""流光溢彩"不生非分之心，不做越轨之事，不做虚幻之梦。面对外界种种变化与诱惑，心不痒，嘴不馋，手不伸，脚不动，荣辱不惊，去留淡然，白天知足常乐，夜晚睡眠安宁，走路步步稳健。总之，拥有一颗平常的心，能让我们拿捏好尺寸，把握住幸福。

陶渊明之所以归隐田园，就是因为他看淡了人生所谓的输赢和得失，宁愿清静一生，也不愿意与人争斗。

公元405年秋天，为了养家糊口，陶渊明不得不来到离家不远的彭泽县当县令。

这年冬天，他得知，有一位官位高于他的上司要来彭泽县视察，此人极为傲慢，还未到彭泽县地界，就派人吩咐县令来拜见他。

陶渊明虽然心里很看不惯这样的上司，但不得不马上动身，谁知出门前，他的师爷却拦住他说："参见这位官员要十分注意小节，衣服要穿得整齐，态度要谦恭，不然的话，他会在上司面前说你的坏话。"此时，陶渊明再也忍不住了，他长叹一声说："我宁肯饿死，也不能因为五斗米的官饷向这样差劲的人折腰。"他马上写了一封辞职信，离开了只当了八十

多天的县令职位，从此再也没有做过官。

陶渊明能不为五斗米折腰，脱离官场，归隐田园，就是一种洒脱，一种放得下的气度！古代，和陶渊明一样，不愿伪装自己而曲意逢迎的人着实不少，李白的“仰天大笑出门去，我辈岂是蓬蒿人”就是一种生动写照。然而，也不乏那些以为伪装就能保全自己而最终玩火自焚的人。

所以，我们应该正视人生的得失，世间万事万物，来来去去，本就没有一个定数，我们不能左右世事，但可以左右自己的心。当我们拥有时，我们要懂得珍惜，失去时，也不可过分执着。人有悲欢离合，月有阴晴圆缺，以一颗淡然的心面对，我们的心会释然很多。

的确，人世间的一切，无论成败得失，花开花落，荣辱功过……无数人为了这些前赴后继而呕心沥血、殚精竭虑、机关算尽，但到最后，他们才发现，原来一切都是过眼云烟，最终都化为尘土，随风飘去了，留下的还能有什么呢？似乎都没有发生过。放下束缚心灵的负担，轻松愉快地走过这短短几十年的人生光阴，才是我们生命最本质和简单的诠释！

越放下，越自在。放下看似消极，实质却是积极的生活态度。在人生的旅途中，我们需要放弃的东西太多，有欲望、伤心、痛苦等，也有飘渺的追求，当你放下这一切时，你就能够感受到生活的美好，心灵的愉悦，还会避免很多尘世中的纷争。

总之，人生之路，不会总是阳光灿烂，不会总是枝繁叶茂，不会总是掌声不断，也会有阻挡在前的高山和荒凉的沙漠，也会有阴天时的迷雾重重，也会有他人的冷落，任谁也无法轻松地跨越。只要拥有平淡的真实，才会真正懂得品味人生，抒发人生，才会拥有自我，心存淡泊。拥有平淡，那才是人生的至高境界，就是你坦坦荡荡，自自然然的快乐。生活中的点滴愉悦，都是生活中的原汁原味。

福祸自便，强大内心福运则致

生活中，世事难料，因为任何事情都有一个变化发展的过程，此刻你不如意并不代表你一生不幸，人生充满得失，此时你满面春风并不代表你一生顺利，虽然我们不能掌握变化无常的事态，但我们可以掌控自己的心态。“不以物喜，不以己悲”这种淡定通达的心态，正是现代人要追求的。正如《老子》五十八章：“祸兮福之所倚，福兮祸之所伏。孰知其极，其无正。正复为奇，善复为妖。人之迷，其日固久。”中描述，无论遇到什么事，都不要迷于单向度的追求，而要了解相依转换的道理，然后调整心态，过上自立自足的生活。祸福本身就是相互转换的，因此，不管你现在得到了什么，失去了什么，都不要纠结于一时，心态是自己选择的，祸会转化为福，福也会转化为祸，何不敞开心扉，坦荡地面对呢？

“塞翁失马，焉知非福”的故事，我们已经了熟于心：

从前，在中国的边塞，有个智者，大家都叫他塞翁。

有一天，塞翁的马从马厩逃出去了，并跑到了胡人境内，很明显，这匹马就是别人的了。邻居们纷纷过来，向塞翁表达悲哀之情，但塞翁一点都不难过，反而笑笑说：“我的马虽然走失了，但这说不定是件好事呢？”

又过了几个月，这匹马居然自己跑回来了，而且还跟来了一匹胡地的骏马，这不是意外之财吗？大家都过来向他道贺，塞翁这回反而皱起眉头对大家说：“白白得来这匹骏马恐怕不是什么好事喔！”

塞翁有个儿子很喜欢骑马，有一天，他心血来潮，要骑这匹“外来马”，结果一不小心从马背上摔下来跌断了腿，邻居们知道了这件意外又赶来塞翁家，慰问塞翁，劝他不要太伤心，没想到塞翁并不怎么太难过、

伤心，反而淡淡地对大家说："我的儿子虽然摔断了腿，但是说不定是件好事呢！"

儿子摔断了腿，塞翁居然觉得是好事，邻居每个人都感到莫名其妙，他们认为塞翁肯定是伤心过头，脑筋都糊涂了。过了不久，胡人大举入侵，所有的青年男子都被征调去当兵，但是胡人非常剽悍，所以大部分的年轻男子都战死沙场，塞翁的儿子因为摔断了腿不用当兵，反而因此保全了性命，这个时候邻居们才体悟到，当初塞翁所说的那些话里头所隐含的智慧。

塞翁的确是个智慧的老人，他就懂得"福祸相倚"的道理，因此他既不以福喜，也不以祸忧。后来这个故事在人间流传了千百年，成为人们经常规劝他人的一个成语：比喻一时虽然受到损失，也许因此能得到好处。也指坏事在一定条件下可变为好事。

但在生活中，我们是否能做到这点呢？答案是否定的，人都是情绪化的动物，一些人一遇到悲伤之事，便萎靡不振；在竞争中获胜，便高兴不已，甚至得意忘形。显然，大喜大悲并不是一种好的处事心态。

有这样一个老太太，无论天气怎么样，她都要痛哭流涕，人们问她为什么要这样，她的回答是："我有两个孩子，一儿一女，儿子是卖冰棍的，所以，一到阴天，我就担心他的冰棍卖不出去，我就痛苦；而女儿是卖伞的，所以一到晴天我就害怕没人买我女儿的伞，也会悲伤地大哭起来。"

人们听了，哭笑不得，就对她说："其实解决的方法很简单，以后，晴天，你就想，人们都去买你儿子的冰棍了，阴天的时候就想人们都去你女儿那里买伞了，不就可以了吗？"

其实，生活中，有很多像这位老太太一样患得患失的人，对于取舍，他们犹豫不决。原本，他们已经拥有了一些自己并不需要的东西，但他们还想方设法继续追求一些无谓的东西，为此平添烦恼，长此下去有损身心健康。与其担忧会失去，倒不如让它失去好了，换来了心情轻松和愉快，

不是更好吗？

生活中，当我们需要抉择时，决不能因为害怕失去而不敢舍去；当你失去时，也要调整好心态，应随时随地、恰如其分地选择适合自己的位置，既不以福喜，也不以祸忧，才能控制好事情的起承转合！

《孔子家语》里记载：

一天，在众随从的陪同下，楚王出游，半路，他丢了弓，随从说要去找，但楚王却说："不必了，我掉的弓，我的人民会捡到，反正都是楚国人得到，又何必去找呢？"

后来，孔子听说此事，很感慨地说："可惜楚王的心还是不够大啊！为什么不讲人掉了弓，自然有人捡得，又何必计较是不是楚国人呢？"

"人遗弓，人得之"应该是对得失最豁达的看法了。就常情而言，人们都是有喜怒哀乐的，在得到一些利益或者遇到愉悦之事时，他们大都会喜不自胜，甚至得意洋洋；而遇到失意之时，却表现出懊恼、痛苦的情绪。而那些内心豁达的人却能看淡得失、功过荣辱，无论遇到什么，他们都能做到心平气和、冷静对待。

总之，生活中的人们，对于得失，要学会用超越时间和空间的眼光去观察问题，要考虑到事物有可能出现的极端变化。这样，无论福事变祸事，还是祸事变福事，都有足够的心理准备。

昨日东逝水，不必强挽留

人生如同一杯泡好的清茶，有浮有沉，有高有低，既有高高在上的显赫与辉煌，也有不高不低的平凡，甚至还有在人生低谷时受到的打击，感觉前途灰暗时的自卑与放弃；人生也如同一幅色彩斑斓的画卷，有令人舒心的鲜亮颜色，也有让人心情黯淡的灰暗；有快乐，也有悲伤……但这就

是人生，完整的人生。无论如何，昨日毕竟是昨日，无论昨日如何，我们都要学会为它画上一个句号，强留只会让你无法自拔。

他和她是大学同学，大一那年，他们就恋爱了，他很会照顾她，她像一只小鸟儿一样偎依在他的身旁，毕业后，看着周围的同学都劳燕分飞，为了巩固他们的爱情，他们决定马上结婚。这件事一直成为同学和朋友们广传的佳话。

毕业后，他们在父母的资助下，办起了自己的工厂，两人小日子过得越来越好。有了孩子后，他使让她专心在家照顾孩子，她做起了全职太太。她的生活从此变得单调起来，她开始胡思乱想，有时候，只要他一天不回家，她就开始担心他是不是和别的女人在一起，而只要他一回家，她就翻看他的电话记录，他的神经也被她弄得紧张起来。最可气的是，经常在开重要的会议时，他的电话响个不停。长此以往，他觉得她变了，他和她在一起，也累了。于是，他准备离婚。当他向她提出离婚时，她什么都没说。而第二天，当他回家的时候，却发现，她已经吞食了一大瓶安眠药。

我们不免为故事中的女主人公而感到惋惜。事实上，我们生活的周围，像这样为爱放弃生命的案例并不鲜见，他们把全部的精力都投入到了爱情中，以至于迷失了自己。

人们常说，缘分不可强留，缘来了，缘散了，留下一些美好也留下一些遗憾，正如生命中的每一个故事，是你的就是你的，不是你的强求不来。凡事让缘分来决定，留下的，就好好珍惜，错过的，就随风而去。凡事顺其自然，才会获是平静的快乐。你会发现，无意中，原本属于你的快乐就悄悄来到了你的身边。

当然，对于昨天，我们需要放手的不仅仅是爱情，还有太多我们未曾释怀的点点滴滴。要学会放手，我们就要学会忘却，忘却昨天的烦恼、痛苦、忧伤、黑与白、是与非。

曾经听过这样一个故事：

伟大的所罗门王曾经做过一个梦：

梦境中，他隐隐约约听到有个智者告诉他一句话，这句话能治疗人们在各种情况下的种种疾病，但就在所罗门王醒来后，却不记得这句话是什么了。于是，他召集群臣，并且给了他们一枚戒指，告诉他们，如果想出这句梦中的话，就把它刻在这枚戒指上。几天后，戒指被送还给所罗门王，上面刻着："一切都会过去！"

是啊，无论过去发生了什么，一切都会过去的，新的一天也会来临，请你相信它！

无论我们的昨天怎么样，我们都应该先接受它，我们越是抗拒，越是无法平和地面对。因此，切忌不断地反问自己："我怎么会这样呢？""我怎么会遇到这种事情？"这样，只会让你的痛苦加剧。如果你能减少抗拒的时间，那么，你就能较早地走出来。比如，当你的亲人去世了，你肯定会伤心、痛苦，但如果你能告诉自己："斯人已逝"，那么，你会逐渐变得平和起来。相反，你越抗拒，你痛苦的时间就越长。当然，不抗拒并不意味着消极待世，而是告诉自己"我不可能再发展了，就接受这种状态吧。"接受状态同样要求我们积极进取，要求我们采取行动，以取得自己想要的结果。

其次，我们要对自己有信心，要相信自己能走出来，虽然现在你正在处于困境，但是要相信自己一定能迈过这个坎，而且通过这些你会变得更成熟更强壮。

最后，我们应该从昨天的经历中重建自己，因为你应该重新审视自己，调整自己。这是一种对现实的接纳，对于既成事实，我们切忌沉溺于后悔的情绪之中，也不要诿过于他人，而应该把精力放到如何挽回过失上，最大可能减少损失，否则过多的后悔、不休的责备，不仅于事无补，而且还会扩大事端，增加烦恼。

人生如同一场游戏，没有一个定数，又何必处处计较？但如果我们总是把眼光停在昨天，沉溺于过去，那么，我们只会无法自拔。或许你认为

你根本无法忘记昨天，昨天对于你来说是很难跨过的门槛，其实当事情过去以后，你会发现，这在你人生路上是多么不显眼的一件事情，根本无须惊怕，所以，你应该重新扬起自信的风帆，鼓起劲儿摇桨，向明天出发。

吃亏是福，计较只会失去更多

在一些人眼里，吃亏的老实人成了“傻瓜”、“无能者”的代名词，似乎吃亏是理所应当的。但我们似乎也注意到，那些愿意吃亏、让朋友占便宜的人总是有更好的人际关系，无论是工作还是生活中，他们也得到更多人的信任，有更多的升迁机会，也总是有更多的人愿意成为他们的朋友。其实，这句话应证了人们常说的“吃亏是福”这个道理，不计较得失、主动让步，让朋友多占点便宜，可能会带来利益上的损失，但却可能给你带来友谊、带来信任，而最主要的是我们获得了心灵上的充实感。

齐国有一对很要好的朋友，一个叫管仲，另外一个叫鲍叔牙。

在一次战斗中，鲍叔牙受了伤，管仲急忙为他包扎伤口。管仲看到流血的伤口，难过地说：“你是为了我才受的伤啊！”鲍叔牙笑了笑，说：“没关系！没关系！”

有人问鲍叔牙：“对朋友，你可真是做到家了。这样做是为了什么呀？”鲍叔牙说：“我不这样做，管仲也会这样做的。我总以为，他比我有本领，有胆量，总有一天，他会干出更大的事业。”

后来，他们在齐国做了官，都是很有才华的政治家。

管仲在鲍叔牙的支持下成功地进行了改革，使齐国成为当时最强大的国家。不久，管仲的官职超过了鲍叔牙。这时，一些大臣议论纷纷，替鲍叔牙抱不平。

鲍叔牙知道自己如果继续做官，可能对管仲不利，于是毅然决定向齐

桓公辞官回乡。齐桓公挽留他，说：“你是一位品德高尚的人呀！管仲就是您推荐给我的。现在为了他，你要辞官了。我要管仲，也需要你。请你留下吧。”管仲也劝鲍叔牙：“你不要走。别人议论什么，我不在乎。”但第二天，鲍叔牙还是悄悄地离去了。

管仲逢人就说：“生我的是父母，而真心待我的是鲍叔牙！”

后来，大家在称赞朋友之间有很好的友谊时，就会说他们是“管鲍之交”。

鲍叔牙不计较管仲的自私，也能理解管仲的贪生怕死，还向齐桓公推荐管仲做自己的上司。最终，鲍叔牙也赢得了管仲的友谊，正所谓“生我的是父母，了解我的人可是鲍叔牙呀！”可能现实生活中的人们很难做到这一点，但如果每个人都能做到不为小利小益争来夺去，我们便能化敌为友，壮大自己的力量，成全别人，也能给自己带来心灵的充盈。

生活中，很多时候，人与人之间常为一些小利小益计较，得失心太重，反而舍本逐末。的确，人性里都有自私的成分，都希望能占点小便宜，但正是因为这一点，如果你能满足对方的这些小心思，那么，他是能感受到你的大度和豁达的，自然愿意把你当朋友，久而久之，对方也会自知理亏，也不会再事事占便宜了。

古时候，有两个叫王黎和陈昆的人，他们是邻居，祖祖辈辈住在一起。一天夜里，王黎偷偷地将隔开两家的竹篱笆向陈家移了一点，以便让自己的院子宽一点，恰好被陈昆看到了。王黎走后，陈昆不但没有追上去大骂一顿，反倒将篱巴又往自己这边移了一丈，使王黎的院子更宽敞了。王黎发现后，很是愧疚，不但还了侵占陈家的地方，而且还将篱笆往自己这边移了 丈。

陈昆的主动吃亏，让王黎感到相当内疚，他产生了“以小人之心度君子之腹”的感觉，这就欠下了陈昆的一个人情，即使他还了这个人情，每当他想起时，他还会内疚，还会想办法报答陈昆。

这个故事中，陈昆在看到邻居王黎的行为后，不但没有抓住机会“讨

回公道”，反倒给对方更大的空间，表面上是陈昆吃了点小亏，但实际上因为他会吃亏，反而赢得了王黎的友谊和尊重。

与人打交道的过程中，那些做事太过认真，爱较真，或者说死心眼子的人，在人际交往中，总是吃不开。这就再次证明，“吃亏是福”，确实是一剂人生“良药”。

说起来简单，但现实中又有多少人能真正做到？在面对利益争端时，谁又能真正退一步？那些礼貌用语，比如，“对不起”，“没关系”，“没什么”，又有多少人真的把它们记在心中了？世间有多少人为公车上的磕磕碰碰争得面红耳赤？为了一点蝇头小利，多少生意人争得你死我活？为了一点学术见地，又有多少人弃斯文于不顾？在那一刻这些人有没有想到“退一步海阔天空”的道理呢？

我们的世界那么绚烂，每个人都是独立的个体，任何人都不能把自己的思想强加于人，而我们又必须生活在一定的社会和集体中，这就需要我们学会包容和宽容，展开胸襟，绽开笑脸，接纳天下事，这时，心灵便比大地更厚重，比天空更广阔。

那么，我们该如何做到退一步呢？这需要我们站在他人的角度来思考问题，或者多想想这件事情所带来的好处，凡事都有两面性。

其实，生活中有很多事都是我们所无法掌控的。大家都想占便宜，又那里有那么多的便宜让人来占呢？保持一颗平常心，吃得起亏，也许真的会成为人生的一大幸事。在现代交际中，我们也要学会忍耐和包容，即使自己吃点亏，也是一个很好的交际方法，这会让我们在对方眼里变得豁达、宽厚，让我们获得更深的友谊。这当然会使对方更心甘情愿帮助我们，为我们做事。

第八章 抵制诱惑，淡泊清心

在生活中，处处皆有诱惑。面对诱惑，有的人心神不宁，最终被诱惑俘虏，放弃了做人的底线，有的人坚守自我，坚持自己的原则，不为诱惑所动。大千世界，闪烁的霓红灯， 各种各样的诱惑在向你招手，你，准备好面对诱惑了吗？只有淡泊明志，宁静致远，才能坦然地面对诱惑，固守自己的内心。

清心——淡泊明志，宁静致远

当今社会，竞争之激烈早已不言而喻，为了生存，为了发展，大家不得不参与竞争。优胜者就会有一种荣誉感，会得意洋洋、傲气十足；而失败者则会有一种羞耻感，自以为在众人面前抬不起头来，这样无疑加重了自己的心理负担。事实上，真正快乐的人是内心淡定的，他们以“淡泊明志，宁静致远”为人生信条，他们崇尚简单的生活，极少抛头露面，换来的是对人生，对社会的宽容、不苛求和心灵的清净；他们像秋叶一样静美，淡淡地来，淡淡地去，活得简单而有韵味。

美国街头有一名男子，背着吉他，为过路的人弹唱。有一个中国姑娘路过，感到很吃惊，问这男子，你这么年轻为什么在这街头卖唱？这男子也很吃惊，说道，我觉得这样很好呀！这样能给大家带来幸福！我每天过得很充实，不觉得低贱。难道金钱就可以决定幸福与否吗！

从这件事可以看出。价值不是用金钱与物质衡量的！幸福不是金钱带来的。只有放下对物质的追求，注重精神世界的充盈，人们才能真正活出自我，会得到幸福！

我们不难发现，内心淡定的人，即使再忙碌，也会偷出空闲，滋养自己。他们会在灯下读点书，修复日渐粗粝的灵魂，使自己依然温婉和悦。朱自清先生在散文《荷塘月色》中写过这样一段话：“我爱热闹，也爱冷静；我爱群居，也爱独处。”人在独处之时可以想许多事情，可以不受他物的牵绊，让自己的思想尽情遨游，在深思熟虑中获得生命的体验与感

悟。这便是孤独的妙处吧。

你是否有过这样的经历：紧张的忙碌工作之余，你离开办公桌，沏一杯咖啡，来到窗前，静静俯瞰这城市中匆匆行走的人们，是否觉得自己累了太久，寂寞好难得？在万籁俱寂的子夜时分，你沉沉地睡去，但一想到次日依旧要面临繁杂的工作、生活，你是否觉得心力交瘁？你听够了上司的训导，同事的唠叨，孩子的哭闹，家人间的争吵，你是否渴望独处？

的确，在人的一生当中，寂寞、独处的时间实在太少了，尤其是在这喧哗的世界里，难得寂寞一回！在大都市里，寂寞真的是一种少有的平静，没有压力，没有喧哗，只有安静，只有自己的呼吸，只有平平淡淡。在万物沉睡的凌晨，在肃静的内室之中，或是在空旷的郊野，凡尘琐事离我们远去了，忧虑与烦忧也不再侵害我们，我们的内心自然会生出许多平安欢喜的感激之情。此时思绪静止，内心安详而淳朴，你会感到一种与天地同在的醉意。

刘女士的儿子刚上小学，孩子所在的小学离刘女士原先的单位有一个多小时的车程，为此，她辞了职，在儿子学校附近的一个公司找了份工作。

“自从到这边来上班，几乎就没有了独处的时间，办公室是三个人公用的，似乎什么都是大家的领地，幸好大家相处是愉快的，事情也做得够漂亮，总有忙不完的事情。工作之余，多是给了孩子，给了家庭，偶尔的独处，也是在阅读中掩藏自己。“寂寞”这个奢侈的词已经远离了自己。

今天下午开会然后放假，我是带着提前放假的孩子来开会的。会后，大家都回家，我一个人在办公室，继续上次未完成的一段视频编辑。孩子和陈先生的儿子一起玩，而我一直坐在计算机前，同事门都走了，后来孩子也被她爸爸接回去了，只有我一个人坐在空空的办公室，等待着文件的生成、刻录。寂寞中，有了整理心情的想法，于是诞生了连续几篇的散乱文字。

本来还是正好的夕阳，不觉间夜色肆意蔓延开来，偌大的校园已经寂静一片。站在窗前，视线是极好的，不远处已是灯火阑珊，围墙外的道路上，街灯安静而闲适，总是让我回想起10多年前的一些黄昏，高中时一个走在上晚自习的路上，冬日的黄昏，橘黄色的街灯点缀着深蓝色的天幕，有时飘雨有时落雪，更多的时候无风雨也无情，一如自己的大脑，疲惫后的宁静与超然；还有的黄昏，站在大学七楼的寝室窗前，眺望不远的山上忽明忽暗的灯光，嘉陵江的水声仿佛也能穿透夜色低语着。思绪飘渺，似乎总也不知道家在何方，总有着无限的希冀，当然也有过彻底的绝望，那时候彻底地明白了一句话：热闹的是他们，而我什么都没有。

寂寞的、超脱的，一种很微妙的感觉似乎成了自己对黄昏最热切的期盼。毕竟我们都是红尘俗世中纠缠着的众生，谁也超脱不了。

文件制作完成，我于是关上窗户，收拾心情，踏上回家的路。明天，又是一个不短的放假天。真好。”

故事中的刘女士是个懂得让自己内心平静的人。然而，在浮世中行走了太久的人们，又有多少人懂得如何静心呢？许多人参与群体生活的缘由乃是他们不能够独居，不能够忍受寂寞，他们需要借助外界的喧闹来驱除内心的空虚。而群体生活永远也不能治愈空虚，它只是经由精神的麻醉而暂忘了寂寞与空虚的存在，结果更加重了这种空虚。

尘世中的我们，又是否有这样一颗安然、宁静的心呢？你是否深思过自己已被这纷繁的世界扰乱了思绪呢？

的确，人世间有太多会扰乱我们心绪的因素，对此，我们要懂得调节：

首先，学会让自己安静，把思维沉浸下来，慢慢降低对事物的欲望。经常自我归零，每天都是新的起点，没有年龄的限制，只要你对事物的欲望适当地降低，会赢得更多的求胜机会。所谓退一步自然宽。

假如你遇到心情烦躁的事情，可以喝一杯白水，放一曲舒缓的轻音乐，闭眼，回味身边的人与事，对未来可以慢慢地梳理，既是一种休息，也是一种冷静的思考。

再者，阅读也是让我们凝神静气的方法，广泛阅读，阅读实际就是一个吸收养料的过程，你的求知欲在呼喊你，要活着就需要这样的养分。

处处皆有诱惑，贪念的人心神不宁

在世界的每一个角落里，都充满了诱惑。各种各样的诱惑像空气一样，无处不在，无孔不入。有的人秉持自己的内心，面对诱惑不为所动；有的人充满贪念，面对诱惑心神不宁。面对着繁华的大千世界，有太多的物质诱惑使我们眼花缭乱，在金钱、名利的诱惑下，又有多少人丧失了最初的善良、生活的目标、做人的底线。在诱惑面前，人们的欲望在急速膨胀着，渐渐地迷失了自我，走向了无底的深渊。在诱惑面前，多少灵魂摇曳不定，失去了人生的方向和目标。

很多年轻人失去了生活的方向，找不到自己的位置，徘徊在闪烁不定的霓虹灯下，为了开上名车、住上好房，不惜铤而走险，走上了犯罪的道路；还有很多官员，为了拥有更多的金钱，放弃了做人的原则，成为了国家的“蛀虫”；行走在大街上，老夫少妻屡见不鲜，现在的很多年轻女孩已经没有耐心和自己的爱人一起创造美好的生活了，她们为了享受现成的好房子、好车子，义无反顾地扑进了老男人的怀里；很多男人也不再满足于家里的半老徐娘，他们被满大街穿着暴露、浓妆艳抹的年轻姑娘吸引着，心向往之……总而言之，世界充满了诱惑，不管你走到哪里，诱惑都会像细雨一般洒落在你的身上，沁湿你的心灵。

2006年，章华从某名牌大学的金融系毕业，应聘到一家期货经纪公

司工作。章华的专业知识非常扎实，能力很强，再加上他在工作中积极肯干，任劳任怨，因此，进公司没有多长时间，就因为业绩出色被提拔为公司副经理，负责主持某营业部的工作。上任之后，章华志得意满，想在公司里大展宏图。不过，这个时期期市很低迷，所以，章华决定另辟捷径。一个偶然的机会，章华得知大豆的行情不断看涨，因此他跃跃欲试。刚开始，章华只是用自己的积蓄进行了投资，不过，收获很大，这使他觉得自己的聪明才智在期市里得到了充分发挥。因为他的积蓄有限，所以，他就萌生了用公款炒大豆的想法。章华天真地以为，用公司的资金炒大豆，赚来的钱上缴公司一部分，作为公司的创收，另外的一部分则可以据为己有。2008年2月到8月间，章华打着经营需要的旗号，先后两次以公司的名义在银行贷款500万元，私下里却用于炒作大豆，并且从中获利68万元。2008年9月至10月，章华又陆续挪用公司客户的200万保证资金，仍然用于炒作大豆，并且获利12万元。没多长时间，他把资金返回客户的账户，只将所赚全部收入的30万元上缴公司，自己独吞了剩下的50万元。法网恢恢，疏而不漏。不久，章华违法犯罪的事实就被公司高层发现了，因为靠不正当手段攫取利益，章华最终被判处有期徒刑六年，缓期三年执行。

一个顾客走进一家汽车维修店，说自己是某家运输公司的司机。他径直找到店主，对店主说："有件天上掉馅饼的好事，我想你一定愿意干。"老板不明所以，问道："这个世界上，真的有天上掉馅饼的好事？我可不相信。"这个顾客神秘兮兮地说："其实很简单，只要你把我账单上的金额多写一些，我报销完，肯定会分一些好处给你。"出乎他意料的是，店主断然拒绝了这样的要求。顾客纠缠不休，继续诱惑店主说："我可是你们的大客户，只要使我满意，我以后会把公司所有的修车业务都拉到你这里来的，你肯定能从我这里赚到很多钱！"店主还是坚持自己的原则，告诉顾客，即使有再大好处，他也不会这么做。顾客见说服不了店主，生气地说："你可真傻，这种好事谁都会干的！"听到这句话，店主

火冒三丈，他还不客气地让那个顾客赶紧离开，到其他地方谈这种见不得人的生意去。此时，顾客却一反常态地露出笑容，并且满怀敬佩地握住店主的手："哈哈，你就是我要找的人！实话告诉你吧，我就是那家运输公司的老板。这么长时间，我始终在寻找一个固定的、值得信赖的维修店。显然，你就是最佳人选。看来，我以后不用再为此发愁了。"

面对诱惑，章华和维修店老板采取了截然不同的态度，因此，他们的人生也走上了不同的方向。章华收获的是良心的谴责和法律的制裁，维修店老板收获的是良心的安宁和正当渠道的获益。如果是你，你会选择哪一种？相信大多数都会毫不犹豫地选择第二种。但是，真正面对诱惑的时候呢？你还能坚定自己的内心，像维修店老板一样毫不动摇吗？面对小利益我们也许能够坦然拒绝，而当面对巨大的利益时，你还能坚持自己的原则吗？毫无疑问，在众多的诱惑中，金钱的诱惑是最大的，因为每个人要想生存或者更好地生活，就必然离不开金钱的支撑。尤其是现代社会，物质很丰富，香车、美女、别墅等，都需要大量的金钱才能得到。

上帝说："富人要想进天堂，简直比骆驼穿过针眼还难。"这是为什么呢？富人那么有钱，可以为自己创造最优厚的物质条件，他们的生活简直就像在天堂一样舒适惬意，不进天堂也象在天堂似的幸福，此言何出呢？其实，事情并不像人们所想的那么简单。很多时候，富人的心中全是财富，所以根本没有天堂的位置。此外，他们总是为了聚敛财富而费尽心思、绞尽脑汁，甚至不惜坑蒙拐骗，尔虞我诈。在历尽千辛万苦终于拥有了财富之后，他们的内心依然得不到宁静，开始担心怎样才能守住财富，不被别人抢走、偷走。这样一来，他们每天肯定心神不宁，愁眉不展……由此可见，贪婪的程度不但决定了财富的厚度，也决定了地狱的深度。

一般情况下，人们认为拥有的财富越多，人们就越幸福。对于每一个人来说，这个问题都具有重要的意义。其实，这种观点是错误的。现代社会，虽然实现了经济的巨大增长，但是人们的幸福指数却丝毫没有提高，甚至还在不断降低。究其原因，是人们的贪念越来越大，越来越难以满足，因此安全感和幸福感都随着下降。假如财富未必能给我们带来幸福，那么我们为什么还要放纵内心的欲望呢？古人云，无欲则刚。假如我们能够降低自己的欲望，控制自己的贪念，只争取自己应该得到的东西，我们就能够更轻松地获得满足。这样一来，既避免了心神不宁的痛苦，也使自己的幸福感得以增强。

繁华世界，别在虚荣中沉沦

所谓虚荣，从字面上来理解，指的是表面上的荣耀，或者虚假的荣名。往更深层次理解，虚荣指的是本身不存在的好的事物，也指对自身的学识、外表、作用、财产或者成就所表现出来的妄自尊大。从心理学的角度来说，虚荣心是自尊心的过分表现，是一种被扭曲了的自尊心，是一种追求虚表的性格缺陷。很多时候，人们为了取得荣誉和引起普遍注意，表现出这种不正常的社会情感。通俗地说，很多时候，人们并非因为确实需要一件物品去努力拥有它，而是为了获得人们对自己的羡慕，为了获得自己表面上的荣耀，所以才竭力地想要拥有一件并不切实需要的东西。这就是大多数人的虚荣心在作祟。通常情况下，虚荣的人都很爱面子，希望得到别人的肯定和赞扬，希望每一个人都羡慕自己。

现代社会，物质极大丰富，有无数的好东西值得我们拥有。但是，并非每一个人都能如愿以偿地拥有自己心仪已久的东西。例如一克拉的大钻戒，几乎每个女人都梦想着能够拥有，但是却很少有人有机会拥有。难道我们就要把自己一生的目标都定位于拥有一克拉的钻戒吗？毫无疑问，大多数女人都没有这么做，她们把它当成一个美好的梦，而淡

然地过着平凡的生活。同样的道理，谁都想住别墅，开好车，但是大多数人只能租房或者买个小房，挤地铁、公交，或者开着几万块钱的车，照样生活得很幸福。然而，也有一些人在虚荣面前失去了理智，走上了犯罪的道路。

小张高中毕业后因为没考上大学，就在父亲的饭店帮忙，一直以来，小张都有个梦想，那就是拥有一辆自己的车。

一天中午，小张没有去店里帮忙，而是一个人在家喝酒，喝了一瓶多白酒后，他就有点晕乎乎了，他心想，喝多了壮壮胆，也许能抢到一部车呢。

于是，下午三点多的时候，他拿了一把菜刀上街了，在看到一辆出租车后，他假意打车，和女司机谈妥了价格后，便坐上了车。行驶了没多长时间，他就叫女司机拐弯上了偏僻的乡间小道。

慢慢地，车子行驶到了一段没有行人的路段，此时，小张掏出藏在身上的刀子向女司机的脖子右侧前后各划了一刀。女司机猝然受到攻击，就一边喊“救命”一边打开车门往外跑。谁知道，小张居然还用刀子朝她的脖子连续划了三四刀。女司机只跑了四五十米的路程，就因为失血过多而当场死亡。

慌乱不堪的小张赶紧弃尸荒野，然后驾着车逃逸了，谁知道，因为紧张和驾车技术不熟练，他还没开出多远，车子就撞上了路边停着的一辆农用三轮车，之后，又在慌乱之中撞到路边石坝上。为此，小张弃车逃跑。

后来，小张逃到了一个偏僻的乡村，实际上，这个村子的很多人已经看过电视，知道了附近有人被杀的事情。看到外乡人，他们很快通知了警察。

很快，民警赶过来，将小张抓获。

在审问的过程中，小张说自己之所以抢车，就是因为想弄辆车开开，让大家都羡慕自己。

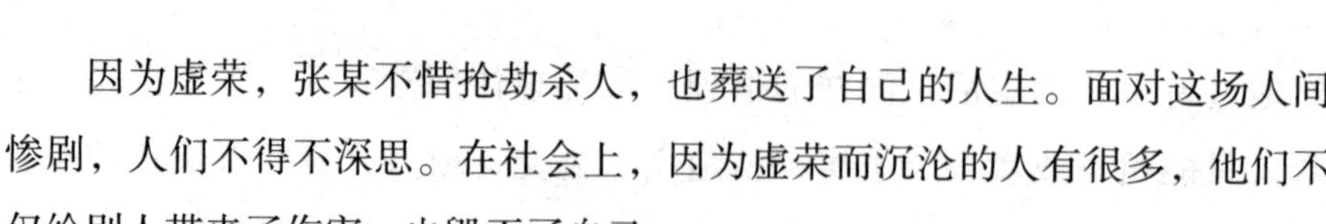

因为虚荣，张某不惜抢劫杀人，也葬送了自己的人生。面对这场人间惨剧，人们不得不深思。在社会上，因为虚荣而沉沦的人有很多，他们不仅给别人带来了伤害，也毁灭了自己。

很多人都读过法国作家福楼拜的代表作《包法利夫人》。主人公爱玛是一个富裕的农民的女儿，曾经在专门训练贵族子女的修道院读过书，尤其喜欢读一些浪漫派的文学作品。虽然现实生活很残酷，但是艾玛却经常沉浸在自己虚构的奢华生活中无法自拔。现实和虚幻世界的强烈反差，使她非常苦闷。成年之后，艾玛嫁给了包法利医生，但是，医生微薄的收入根本无法供她挥霍。而且，艾玛非常讨厌其貌不扬的夏尔·包法利极其满足现状的个性。即使在有了孩子之后，艾玛的母爱也没有苏醒。她执迷不悟地贪图享乐，爱慕虚荣，竭尽全力地满足自己的私欲，梦想着能够过上贵妇的生活。为了追求浪漫的爱情，寻求她心目中的英雄，艾玛先是受到罗多尔夫的勾引，结果被欺骗了，后来，她又与莱昂暗中私通，中了商人勒乐的圈套，最终导致负债累累，不得不服毒自尽。在这篇小说中，福楼拜批判了艾玛爱慕虚荣的本性，也深刻地批判了社会的畸形。这种批判引人深思，让人警醒。虽然如此，时至今日，人们还在犯着同样的错误，并且有愈演愈烈之势。现代社会，有那么多年轻漂亮、高学历的女孩子拜倒于金钱而心甘情愿地当有钱人的情妇，甚至还有大学生公开求包养。君子爱财，取之有道。如果一个女人依靠自己的年轻貌美来换取安逸的生活，不得不说这是社会的悲哀。在某种程度上，这些现代的拜金女甚至不如艾玛。在十九世纪，女子必须依赖男子而生存，因此，爱玛曾经叹息自己没有生一个男孩。但是，随着社会的发展，女人的地位不断提高。现代社会，女人完全可以凭借自己的实力独立于世。在这种社会环境中，贪图享受，企图不劳而获，岂不是莫大的悲哀？沙翁说："弱者啊，你的名字叫女人。"女人虽然在生理上有弱势，但是女人柔弱而坚韧。在社会上，很多女人坚强而柔韧，巾帼不让须眉。

总而言之，不管是男人还是女人，都要坚定自己的信念，明确自己的

人生目标，不要在虚荣面前失去人生的方向。

 寡欲方能清心，清心才能静心

站在喧闹的街头，看着熙熙攘攘、川流不息的人潮，你是否有一种身处闹市却莫名失落、驻足人群却无处倾诉的感觉？很多时候，这个世界很热闹，热闹得让人无处容身；很多时候，这个世界很冷漠，冷漠得只剩下你自己。假如你不能调节自己的心态，让自己平静地面对所有不平静的人和事，那么，就请试着清心寡欲，心静如水。

《论语别裁》中说："有求皆苦，无欲则刚"。其实，欲是人的一种生理本能，每一个人都有形形色色的"欲"，有的时候，合理的欲望是人们生存的原动力。不过，凡事都不可过度。假如对欲望不加以合理地控制，人们就会有越来越多的贪念，最终导致欲壑难填。在生活中，越来越多的贪求欲者被物欲、财欲、权欲、色欲等迷住心窍，攫求无度，终至纵欲成灾。然而，一个人活着就无法摆脱各种各样的欲望，只要有欲望，就会有所求，而有所求又必然导致人们与痛苦纠缠。其实，总体来说，人活在世界上有所为有所求包括以下三件事情，即权力、真爱、知己。相比之下，权力是最容易得到的，可遇亦可求。但是，真爱难寻，可遇而不可求。那么，知己呢？古人早已给出了答案，人生得一知己足矣，夫复何求！正因为如此，佛家才说：有求皆苦，无欲则刚。民族英雄林则徐在查禁鸦片期间也曾写了一副自勉的对联，"海纳百川，有容乃大；壁立千仞，无欲则刚"。毫无疑问，这是林则徐一生的信条和写照。圣贤之言，需要我们一生仰视，而圣贤之教，更需要我们一生品悟。

有位出租车司机早晨出家门的时候随手带下来一袋垃圾，因为着急，他把这袋垃圾放在后车座上，忘丢掉了。

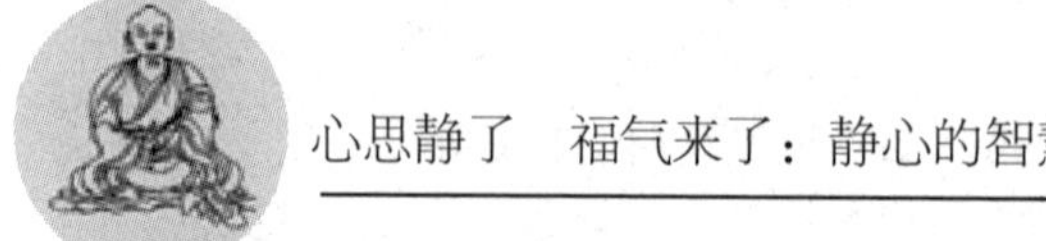

巧的是，这部出租车后来载了一位中年女士。这位女士刚刚上车，就眼明手快地发现了那袋鼓鼓囊囊的东西。瞬间，她的心像奔跑的小鹿一样突突地跳开了。她死死地盯着那袋东西，心里想："这袋东西是什么呢？肯定是前面的那位乘客不小心忘在车上的。"她趁司机不注意偷偷地随手摸了摸那袋东西，感觉里面塞得满满的。因此，她小心地防范着司机，生怕被司机看到。终于，她找到了一个司机专心开车的机会，人不知鬼不觉地把那袋满满的东西塞进了自己随身携带的包里。

有一只狐狸对一座葡萄园垂涎已久，但是因为葡萄园中有一只恶狗看门，因此它一直不敢靠近。有一段时间，恶狗消失了，所以狐狸迫不及待地想溜进葡萄园中大饱口福。但是，它遗憾地发现栅栏的空隙太狭窄了，它根本挤不进去。为此，它忍住饥饿，整整节食三天，终于能够钻进去了。然而，当它酣畅淋漓地吃完，却发现自己又变胖了，肚子鼓鼓的，根本钻不出来。无奈之下，它不得不故技重施，在里面又饿了三天，才顺利地出来。这只狐狸感慨万千地说："忙来忙去，还是一场空。"

也许很多人看过诸如此类的小故事，但是，又有几人能够真正理解故事中的含义呢？反观自己的生活，我们不由得扪心自问：我整日忙忙碌碌是为了什么？古人云："万里长城今犹在，不见当年秦始皇。"时间就像流水一样，一去不返，生命也没有重新来过的机会，因此，我们一定要认清楚自己的内心，知道自己想要什么样的结果，而不要为了一时的诱惑，就迷失了人生的方向。在生活中，我们是不是曾随手拿过一些自认为很珍贵的东西？其实，那只不过是一些毫无用处的垃圾而已。

必须认识到，欲望是思想的热病，它不能使我们变得坚强，而只能使我们愈发衰弱。试问有几人能够做到清心寡欲，静心修身？有求皆苦，无欲则刚，是一种修养、一种人格，更是一种理想的人生状态。作为凡夫俗子，我们很难真正达到如此超然豁达的境界，但是，我们可以追求一种与之相近的境界。所谓无欲，在现实社会中，并非指纯粹意义上的四大皆

空、六根清净，而是要求我们应该严于律己，控制自己的邪恶私欲，禁制它们滋生膨胀。每个人的内心世界都是各不相同的，因而世界也处于万千变化之中。要想让自己的内心恢复清静，就要减少自己的欲望，只有这样，才能以平常心处世，才能用平静的心情面对纷繁复杂的生活，才能以平和的心理面对世态的炎凉，才能以安静的心态应对嘈杂的大千世界。总而言之，只有保持不变的“无欲”，清心静心，才能从容应对瞬息万变的世界。

 淡然对待名利，任凭风浪依旧稳坐

自古以来，文人墨客们就写下了很多诗句来表达自己淡泊名利的豁达心胸，诸如“宠辱不惊，闲看庭前花开花落；去留无意，漫随天外云卷云舒。”“不以物喜，不以己悲。”“非淡泊无以明志，非宁静无以致远。”……在生活中，有的人追求金钱权势，有的人追求名利，这两样东西无疑是最吸引人们的。然而，很多时候，假如我们过于在乎名利，就很容易使自己随波逐流，无法坚守自己的原则，甚至迷失人生的方向。邹韬奋曾经说过：“一个人赤条条地到这个世界上来，最后赤条条地离开这个世界，最终醒悟，名利是身外之物，只有尽一个人的心力，使社会上的人多得他工作的裨益，才是人生最愉快的事。”然而，大千世界，五彩斑斓，充溢着形形色色使人们难以抵制的名利诱惑，只有拥有达观的人生态度、淡然的处事风格，才能够修养到淡泊名利的人生境界。生活在这个物欲横流的社会中，大多数人都无法彻底地摆脱名利的诱惑。因此，只有一个有道德的、睿智的、有勇气的人，才能做到不为名利所累，脱离低级的人生趣味。在大多数情况下，这样的人都能以理智和从容的态度对待名利，对生活怀着美好的向往，维持自己的人格和尊严。

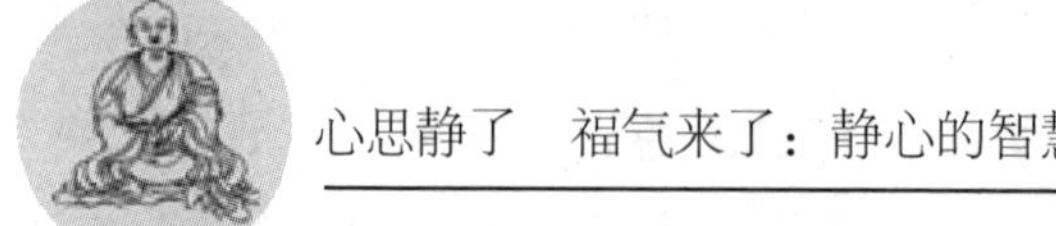

生命的过程不可能重新来过，因此，我们必须珍惜这仅有的一次生命。面对生活中各种各样的取舍和诱惑，我们必须充实自己的内心，坚守自己的心灵，以清醒理智的态度步履从容地走过人生的岁月。只有这样，我们的生活才会更加轻松自在，我们的人生才会丰富多彩，豁然开朗！其实，很多人都想修炼自己的心性，使自己淡泊从容。但是，淡泊是一种很高的人生境界，你必须有宠辱不惊、得失不计的人生态度，才有可能拥有这种极高的思想境界。淡泊是一种品质，一种德行，一种修养，值得你用自己的一生去追寻。当然，所谓的淡泊并不是指无欲无求。众所周知，人生就是由一个个欲望组成的，合理的欲望是人生的原动力。所以，淡泊指的是正确地取舍，属于我的，当仁不让，不属于我的，千金难动其心，这才是真正的淡泊。

焦裕禄同志于1922年8月16日出生在山东省淄博市北崮山村的一个贫农的家庭。1946年1月，他因为表现突出在本村加入中国共产党，同年参加本县区武装部工作。解放战争后期，焦裕禄随着军队离开自己的家乡，到河南尉氏县工作。1953年至1962年期间，焦裕禄担任洛阳矿山机器制造厂的科长，兼任车间主任。1962年12月，在党组织的安排下，焦裕禄到兰考县先后任县委第二书记、书记。上任之后，他马上带领全县人民进行封沙、治水、改地的斗争。在工作中，焦裕禄一直以身作则、身先士卒；顶着倾盆大雨，他带头踏着齐腰深的洪水观察洪水的流势，抗洪救灾；迎着肆虐的风沙，他带头去查风口，探流沙；冬天，风雪铺天盖地而来，他率领干部访贫问苦，登门为群众送救济粮款。在任期间，他经常与劳动人民同吃同住同劳动，困了就钻进农民的草庵、牛棚之中睡一觉，饿了就喝凉水，饿了就吃冷窝头。在工作过程中，焦裕禄同志积累了很多群众与自然灾害斗争的宝贵经验，这些经验成为了他带领全县人民战胜灾害的有力武器，成为了全县人民的共同财富。

王进喜 ，祖籍甘肃，是新中国第一批石油钻探工人。因为工作出色，被评为全国劳动模范。15岁那年，王进喜成为了玉门石油公司的一名普通

工人。新中国成立后，王进喜历任玉门石油管理局钻井队长、大庆油田1205钻井队队长、大庆油田钻井指挥部副指挥。1956年，33岁的王进喜成为了一名光荣的中国共产党员。入党以后，他更加刻苦地工作着，日夜奋战在工作的第一线。他率领1205钻井队艰苦创业，打出了大庆第一口油井，并且创造了年进尺10万米的世界钻井纪录，为我国石油事业立下了很大的功劳。他不仅充分表现了大庆石油工人的英勇气概，而且成为了中国工业战线一面火红的旗帜。在王进喜的心里，始终有一个坚定的信念，即“宁可少活二十年，拼命也要拿下大油田”。在这个信念的支撑下，他干劲冲天，勇往直前，被人们誉为“油田铁人”。1959年，在全国“群英会”上，36岁的王进喜被授予全国先进生产者称号，成为了全国劳动楷模。

不管是焦裕禄还是王进喜，他们之所以能够成为全国人民竞相学习的楷模，就是因为他们淡然地对待名利，一心一意地为人民做实事，做好事。毫无疑问，社会需要更多的淡泊名利、为国家和人民贡献一己之力的人才。要想复兴中华宏图伟业，大力发展社会经济，就需要每一位公民淡然地对待名利，远离浮躁。虽然大部分党员干部都能静下心来任劳任怨地为人民服务，但还是有一部分党员干部心浮气躁，一心只想往上爬，根本不顾及老百姓的生活疾苦。他们为了功成名就，做足了面子工程，根本不顾及老百姓的感受。甚至还有些人以公谋私，大肆挪用、挥霍公款，追求物质生活的享受。为了国家的繁荣和富强，必须杜绝这些脱离党的宗旨、与群众离心离德的现象发生，否则，社会就很难发展，人民的生活也不会真正幸福。

社会是由众多个体组成的，要想形成良好的社会风气，每个人首先应该达到这种淡泊的境界和气度。当然，未必每个人都能达到这种思想境界，但是每个人都应该努力追求这种境界。因为，要想淡然地对待名利，宠辱不惊，就必须拥有这种境界。一旦拥有了这种淡泊的境界，我们就能够净化自己的心灵，陶冶自己的情操，做到“宠辱不惊，闲看庭

前花开花落；去留无意，漫随天上云卷云舒”。要想追求淡泊的境界，我们就要学颜回“一箪食，一瓢饮，不改其乐”；学郑板桥“扫来竹叶烹茶叶，劈碎松根煮菜根”，让自己淡然自若地对生活与世间的一切馈赠报以呼声。只要你拥有淡泊的心境，就能够不为外物所动，乐享清贫、笑对人生。

第九章　戒掉抱怨，珍惜生活

可能很多人都会产生这样的疑问：什么才是我要的幸福，是拥有无尽的财富，是衣食无忧的生活，还是受人瞩目的地位，如果这些都不是，那么什么是幸福呢？幸福是属于你自己的，是一种内心的感受。不管你现在的生活如何，你都要学会珍惜，因为幸福是简单的，越是简单的生活，越是幸福的；我们需求的越少，得到的自由就越多。珍惜简单的生活，就会多一分舒畅，少一分焦虑；多一分真实，少一分虚假；多一分快乐，少一分悲苦，这就是简单生活所追求的终极目标！

珍惜——抱怨的世界没有快乐

生活中，我们常常听到身边的人抱怨道：“哎！工作太累，天天都有干不完的活，连喘口气的时间都没有！”“看看我们公司的那伙人，那是什么素质简直没法说！”“我们家那位一天只知道挣钱，连结婚纪念日都忘记了。”“我怎么就生了这么笨的一个儿子，学习上好像从来不动脑子。”……抱怨就像瘟疫一样在我们周围蔓延，愈演愈烈。在他们看来，他们似乎从没有遇到顺心的事，无论何时，你都能听到他们抱怨的声音，因为抱怨，就连他们周围的人都感到很烦躁。因此，我们不难发现，抱怨的世界是没有快乐的，我们每一个人都应该学会珍惜，珍惜现在，幸福就会常伴我们左右。

有这样一个故事：

有一个著名的画家叫列宾，一天下雪后，他和他的朋友在雪地里散步。

他的朋友看到了洁白的路边有一片污渍，显然，这是猪留下来的尿迹，于是，他就用旁边干净的雪将它覆盖了，谁知道，列宾发现后生气地说，“这几天我总是到这来欣赏这一片美丽的琥珀色，而你现在却把它涂抹了。”

在生活中，很多人总是抱怨生活不如意或者埋怨别人给自己带来麻烦，总是只看到那片尿迹，而实际上，它是“污渍”还是“美丽的琥珀”，都取决于你的心态。

为什么抱怨的人会说话得这么累，因为他只看到了自己的付出，而没有看到自己的所得；而不抱怨的人即使真的很累，也不会埋怨生活，因为他知道，失与得总是同在的，一想到自己所得，他就会感到高兴。

的确，抱怨只会让我们浪费大把的时间，因为它会破坏我们原本积极的潜意识。你可能有过这样的体会，只要我们的头脑中有一丝抱怨的意识，那么，我们手中的工作就会不由自主地慢起来，然后为自己鸣不平、讨公道，甚至是抱怨老天不公，在这种坏心情的影响下，不仅我们的工作和生活都受到了影响，我们的心态也会发生改变，而真正的勇者，从不抱怨，总是淡定、冷静地看待世界，审视自己，最终成就自己。

其实，没有一种生活是完美的，也没有一种真正让人满意的生活，如果我们能做到不抱怨，而是以一种积极的心态去努力进取，那么，我们收获的将会更多，而如果我们养成抱怨的习惯，那就像搬起石头砸自己的脚，于人无益，于己不利，于事无补，生活就成了牢笼一般，处处不顺时时不满。所以，每个人都应该认识到：自由地生活着，其实本身就是最大的幸福，哪有那么多抱怨呢?

因此，无论你的情况如何，都不要抱怨，不要抱怨你的家境不好，不要抱怨你的专业不好，不要抱怨你的爱人不体贴，不要抱怨你的工资少，不要抱怨你的老板不近人情……生活是你的朋友，不是你的敌人。生活总是有那么多的不尽人意，就算生活给你的是垃圾，你同样能把垃圾踩在脚底下，登上世界的巅峰。

卡耐基曾经遇到过这样一个女士：

这位女士一见到卡耐基，就开始抱怨，她先抱怨她的丈夫不好好工作，又开始抱怨她的孩子，说她的孩子不好好学习。总之，她有很多不满意的地方。等她抱怨完了，卡耐基对她说：“这位女士，您太追求完美了。”当她听到这句话后，非常吃惊地看着卡耐基，过了好一会儿才说：“卡耐基先生，您认为我非常追求完美吗？可我并不这样认为啊！而且像我这样相貌不好、学历也不高的女人，根本不会去追求完美的。”

卡耐基说："您刚才跟我介绍过你的情况，你想想看，你的丈夫现在才三十几岁，但却有了自己的公司，这已经是成功人士了，你为什么还认为不够好呢？而您的儿子，他才上小学四年级，每次也能考个不错的成绩，您又为什么不满足呢？不也是在追求完美吗？"听了卡耐基的话，那位女士很长时间都没有说话，最后接受了卡耐基的说法。

其实，生活中有很多这样的人，他们总是对生活现状不满，总是不断追求完美，有的人表现为对自己要求特别严格，而另外一些人则对别人非常严格，但总体表现，就是看不到生活中美的一面，他们的脸上总是愁云密布，其实，如果他们能换个角度，那么，生活中便处处充满美好。就如上文中那位女士一样，在卡耐基的点拨下，她看到了"儿子学习成绩不错"，"丈夫事业有成"这两点。

认为自己可以获得更多，总是苛求生活，是导致人们不快乐的主要原因之一，他们总要按照一个不切实际的计划生活，总是跟自己过不去，总认为自己时机未到，所以整天闷闷不乐，而快乐的人则能看到生活中美好的一面，他们拥有一颗知足的心，工作生活起来很开心、满足、有滋有味。因为他们懂得生活的艺术，知道适时进退，取舍得当。快乐把握在今天，而不是等待将来。事实上，我们每天都可以做自己喜欢的事情，不在乎表面上的虚荣，凡事淡然，不苛求，那么，快乐、幸福就离我们不远了。

顺应本性，成就不同人生

作为一个平凡的人，我们都生活在一定的社会集体中，我们的思想难免受到他人的影响，于是，一些人便学会了抱怨，学会了比较，总认为自己的生活不如他人的幸福，比如，买衣服时，他们会抱怨自己没有钱买

更好的；恋爱时，他们会抱怨自己的恋人不够帅、不够漂亮；结婚后，他们会抱怨孩子不听话……没买房子，会比谁第一个买房；买了房子，会比谁的房子大；没钱的时候；会比谁有钱，有钱的时候，会比谁的钱多……似乎他们永远看不到自己生活的美好，看不到爱人的细心，看不到孩子的可爱，看不到……他们往往对自己的幸福看不到，而感觉别人的幸福很耀眼。想不到别人的幸福也许对自己不适合，更想不到别人的幸福也许正是自己的坟墓。事实上，幸福是自己的，顺应自己的本性，不去抱怨，不去攀比，你会活出一个别样的、精彩的人生。

张岚今年三十五岁了，和丈夫的婚姻走到了七年之痒的阶段，这年，命运给她安排了一场突如其来的灾难，她后来常常想，如果没有这场灾难，也许她和丈夫早已劳燕分飞，因为我们已经没有任何在一起的理由——丈夫马上要出国，可以拿到几倍的薪水，而自己也可以像时尚杂志中的单身贵妇一样再寻寻觅觅，找一个配得上自己身份和收入的男人。但命运不是这样安排的：

在丈夫即将出国时，她发现，她身边的任何一个女性朋友，无不是住着豪华别墅，丈夫或者情人也无不是行业内的精英或者大老板，而自己的丈夫只不过是个技术人员，他的收入让自己过着不痛不痒的日子，这样的日子她已经过够了，同是名牌大学毕业，为什么自己和姐妹们的命运如此不同？

于是，她和丈夫不断争吵，但正如人们说的“家和万事兴”，不兴，则祸事而至。一天，她在上班的路上，出了车祸，当她从医院醒来时，发现身边那个男人已经泣不成声，那一刻，她发现了这个男人的好，她想起了她们恋爱的那些日子。

那时候，她是个害羞、胆小的姑娘，因为担心自己不够优秀，所以不敢去爱优秀的男孩；因为害怕将来失去，所以索性现在拒绝；但真的拒绝了，又怅然若失。直到有一天，她恍然大悟——她遇到一个男人，他们一起收养了一只小狗，再后来，他们相爱了。一次闲聊时，她问他：“如果

哪天出现了比我更好的女孩……”他说：“如果有一天，你遇到了比现在这只小狗更可爱的……”她说：“我不会的，这小狗跟了我那么长时间，我们有感情了”；他说：“哦，原来你懂得感情。我还以为你不懂呢。”于是，尽管遭到了很多人的反对，但他们还是结婚了。

直到那一刻，付出沉重得不能再沉重的代价，张岚才知道真爱是不可以算计的，因为人算不如天算——如果一个人爱你，他必须爱你的生命，必须肯与你患难与共，必须在你危难的时候留在你的身边而不是转过脸去，否则，那就不叫爱，那叫“醒时同交欢，醉后各分散”，那种爱，虽然时尚，虽然轻快，但是没什么价值。

这场车祸后，张岚在丈夫的照料下，很快康复了，他们之间的婚姻也康复了。

这个故事中，我们看到了一个结婚女人的心路历程。她应该感谢这场车祸，让她看到了自己的幸福，抛开了那些世俗的想法。

现实生活中，可能我们的周围有很多像张岚这样的人，她们攀比后的结论就是抱怨：生活为什么如此艰辛？孩子为什么这么不听话？老板为什么这么吝啬……好好的一天，好好的心情，就因为抱怨而蒙上阴影，这样的你幸福吗？当然不，那这种不幸福是谁造成的呢？是你自己！

其实，要想获得幸福并不难，只要我们看到自己真正的本性，这样你会发现，我是个淳朴的人，我有着可爱的孩子，我的爱人对我很忠贞，这样，你还会羡慕那些浮华的生活吗？还会抱怨吗？

如果你留心一下周围形形色色的人，就会发现，少数人活得快乐、惬意并不是因为他们有很多钱，也不是因为他们有更好的房子、工作，他们只不过是懂得过自己的生活。

德国精神治疗专家麦克·蒂兹说：“我们似乎创造了这样一个社会：人人都在拼命地表现自己，都渴望成功，达不到这些标准心里便不痛快，便产生耻辱感。”其实，这主要是因为他们的欲望太强烈了——太热衷于金钱、财富、地位、名声，这些所谓“成功”的标准。达不到，就苦恼，

就会抱怨、攀比，什么程度算达到，自己也搞不清，因此只有永远苦恼下去……而学会以淡泊之心看待权力地位，这是免遭厄运和痛苦的良方，也是超然于世外的智慧。

的确，我们周围的世界总是发生着变化，和外在行为的动静相比，内心的动静才是根本，精神才是人类生活的本原。不抱怨，关乎自己的内心，这样内心才能宁静而不浮躁，要随遇而安，适可而止，知足常乐。

羡慕自己，不妄自菲薄

生活中，我们常说：“人无完人”，的确，人都是不完美的。但这并不代表我们一无是处，因此，我们大可不必因为别人比自己优秀而妄自菲薄，做自己，才能活得精彩。心理学家认为：一个女人如果自惭形秽，那她就不会成为一个美人；如果他不相信自己的能力，那他就永远不会是事业上的成功者。从这个意义上说，如果你是个自卑的人，那么，树立自信心是战胜自卑感的最好方法。

小蕾是个很勤奋的姑娘，但有个缺点，就是有点自卑，甚至做事扭捏。她在现在这家广告公司已经工作五六年了，但这么长时间里，她好像就是个可有可无的人，因为她几乎没接过什么重要的任务，尽管在大家看来，小蕾是个人品好、工作认真的女孩。

最近，她似乎转运了，在公司的选举大会上，她被同事们选举为公司新部门的副主管，她总算进入了中层管理人员的行列。她好运连连，公司还给她安排了去法国总部进修的机会。

一直业绩平平的小蕾居然获此机会让很多人都急红了眼，他们都争相向老总争取这个机会。

这天上午，小蕾正在整理资料，她接到电话，经理让她去一趟，她坐

下后，经理笑着说："这次你被老总点名派去法国进修，说明公司对你寄予了厚望，你的工作能力和态度也是被公司肯定的，但这几天，一些资历老的同事不断来找我，让我十分为难，你也知道，说实话，他们的资历真的比你老，工作能力也不比你差，如果你能让步，下次我一定给你争取更好的机会。"

小蕾听完这些话，傻站了半天，她不知道该怎么办。接着，经理让她回去好好想想。

小蕾实在不知道怎么办，最后，她决定给自己的好朋友万云打个电话，让她为自己支个招。万云从来都是个很有主见的人。

万云听她说了个大概，马上就笑着说："如果你让出这次机会，你觉得别人在背后会怎么议论你？"

小蕾没明白过来，说："我怎么知道啊？"

万云叹了口气，说："你以为别人会说你善解人意、先人后己吗？别傻了，他们会说你傻、缺心眼、没脑子。已经到手的学习、升职的机会你拱手于人，他们不但不会感激你，还认为你是个白痴呢。而你的领导，也可能认为你缺乏干练的工作能力，你认为他下次真会把机会留给你吗？"

小蕾急了："可是，经理还等着我回复呢，我要是不答应，那以后我还怎么在公司混啊？"

万云说："我劝你还是直接说自己需要这次机会，否则，你们经理可能会认为你扭捏作态呢。再说，万一这是他故意试探你呢？如果你真的退让了，让别人抢走本该属于你的机会，以后他会稳稳当当地继续当领导，或者升职调去其他部门，那么你能剩下什么、得到什么？下次说不定又有人跟你抢呢。"

小蕾觉得万云的话很有道理，于是，就采纳了她的意见，回复人事部经理说："我很感激公司和经理对自己的栽培，很珍惜这次出国进修的机会。"

进修回来后的小蕾果然干练、大方多了，少了过去的很多稚气。

这则案例中，我们看到了一个自卑害羞女孩的成长过程，刚开始的小蕾显得很不自信，庆幸的是，她得到了好朋友的指点，大胆表达了自己的想法，获得了历练的机会。

可见，只有大方为事，只有自信，才能让别人相信你。生活中，我们可能更在意别人对我们的评价，我们无时无刻不在展现我们的心态，无时无刻不在表现希望或担忧。但如果别人不相信我们，如果别人因为我们的思想经常表现出消极软弱而认为我们无能和胆小，那么，我们将永远不可能担当大任。

哲人说得好，你听到的并不一定完全正确，也不要因为他人的议论而妄自菲薄，否则就会陷入自卑的“心灵监狱”。的确，我们发现，总是有一些人，他们除了拿自己的缺点与别人的优点相比外，还习惯听别人的话，于是，他们便看不清真正的自己、埋藏了自己的潜力，最终，他们变得自卑不堪。

心理学家认为，内控的人认为自己可以掌握一切，外控的人认为自己事事受制于人。如果你内心自卑、妄自菲薄，并且不愿意去克服，那么谁都无能为力。

以下是克服这一错误意识的几种方法，你不妨尝试一下：

首先，客观地认识自己，意思就是不仅要看到自己的优点，也要看到自己的缺点，并客观地给予评价。要做到这一点，除了自己对自己的评价，还要注意从周围人身上获取关于自己的信息。这些人可以是我们的父母，也可以是我们的朋友，也可以是我们的同事，只有这样，我们才能够逐步形成对自我的全面客观的认识。

其次，全面地接纳自己。接纳自己的优点，而容不下自己的缺点，是很多女人容易犯的错误。一个人首先应该自我接纳，才能为他人所接纳。

因此，真正的自我接纳，就是要接受所有的好的与坏的、成功的与失败的。不妄自菲薄，也不妄自尊大，不卑不亢，才能健康地发展自己，逐步走向成功。

你还需要积极地完善自己的不足。这些不足，指的是某些“内在”上的，比如，学识、技能、素质等。

另外，对于别人对你的批评，你需要理性地看待。因为别人批评你是免不了的，尤其中国人很喜欢议论别人。如果你对别人的批评很在意，心里就会很难过，愈辩就愈黑；如果你以理性的态度、开放的心情去接受，反而会很坦然。

适合自己的才是最好的

我们可能都有过这样的体会：你的一个朋友买了一件很漂亮的衣服，她穿起来很好看，于是，你也想买一件，但你在试穿后，却发现，这件衣服尽管好看，却不适合自己的气质，你只能放弃……这只是生活中的一个简单的道理，但从这件小事中，我们不难得出一点：适合自己的才是最好的。我们都是在集体中生活的人，我们也都有自己的圈子，于是，我们常常不经意地用周围人的眼光来审视自己的生活，认为别人比自己过得好，比如，一些人会感叹：如果我的爱人也这么漂亮，带出去该多有面子；如果我的老公也这么有钱，我就不用这么辛苦了……许多时候，女人们往往对自己的幸福看不到，而是觉得，只有别人觉得自己是幸福的，才是真的幸福，实际上，幸福是属于自己的，他人只能旁观，却不能真正感悟，按照别人的期望经营生活，很可能让自己离幸福越来越远。

莉莉是个都市白领，有着迷人的相貌、令人羡慕的工作，但处于适婚年龄的她也开始着急了，家里长辈们也开始催促她了。她最近很是苦恼，这天，她向闺蜜诉苦，她说有个不错的男人喜欢她，是大学同学介绍的，对她很不错，每天下班后都在楼下等她。但就是有个不足的地方，这个男人家境不好，而且，刚毕业不久，看他现在的情况，近期也不可能发财。

听到莉莉这么说，朋友倒说，这有什么可烦的？有人爱就是一种幸福。要是怕看走了眼，就先处着看看，不行再分也不迟。

后来，莉莉又支支吾吾地说，其实，还有个男人也在追自己，只不过年纪稍大，但经济基础好。朋友对莉莉说，这有什么好纠结的，又没人把刀架在你脖子上，接下来，莉莉说，这个年纪大的男人已经暗示自己，想赶紧成家。

看到莉莉迟疑的样子，朋友问她，那么你到底更爱谁多一点呢？

她答，其实，女人自然是想嫁一个自己爱的男人，但爱能当饭吃吗？然后，她说，她更喜欢第一个人，但一旦和这个人恋爱，恐怕要遭到周围很多异样的眼光，因为无论是周围的朋友还是亲人，他们都认为，以我的条件，是完全可以找到更好的。

于是这位朋友弄明白了她的苦恼——原来她更在乎周围人的眼光而忽视了自己的内心。

几个星期后，这位朋友就收到了莉莉的结婚请柬，而新郎则是这个年龄稍大的有钱人。

这个故事中，我们不能嘲笑丽丽势利，女人嘛，谁不想嫁得好一点？但幸福是自己的，我们不必太过在意周围人的眼光。这就如同人们常说的："如人饮水，冷暖自知。"我们不能把自己的意识形态强加于别人，当然也不会轻易接受别人的思维。人是群居动物，不是特立独行的，那些"标新立异"的，最后成功的只可能是极少数，且这样的成功都是用很大的代价换取的。与其这样，我们还不如享受自己的那些简单的幸福。

古今中外，关于幸福，人们有很多的理解：对一门心思敛财的葛朗台，拥有如山的金币大概就是他最大的幸福吧。但当他年老力衰，甚至生命垂危之时，他仍念念不忘他的金子，这样的幸福是多么的可悲。当中国的封建学子们以"洞房花烛夜，金榜提名时"为人生的最大幸福，并且为之奋斗终身时，我们亲眼看到了无数个吴敬梓笔下的范进中举之后喜极而疯的场面，幸福就是如此吗？其实，幸福只是一种内心的感受，只要我们

懂得发现，懂得珍惜，幸福就很简单。所谓珍惜并不是要去珍惜最好的，那不叫珍惜。珍惜的真谛恰恰在于敝帚自珍——正因为不够完美，所以才需要我们去珍惜。唯有珍惜，才能使寻常的日子，寻常的人，寻常的感情历久弥新，变得珍贵。

总之，请不要用别人的眼光去审视自己的幸福，幸福是属于你自己的，任何人都有话语权，但却没有决策权。新时代的人们，都应该有一颗独立自主的心，都能更明智地选择自己的生活，更加理智地去看待身边的人或事情，从而让我们的生活更加和谐，更加美好！

今天成他人之美，明天他人成你之美

古往今来，人们都强调竞争的重要性，敢于争取，勇于竞争，才能为自己赢得一席之地。尤其是在当前的社会转型期，市场经济条件下的竞争已呈现在社会的每个角落，人际间的竞争结果往往与人们的生存质量息息相关。然而，我们也看到了一味地竞争给人际关系带来的一些负面影响，此处充满杀机，着实使人草木皆兵。如果我们能做到“淡泊名利”，不与人争抢，并加强合作，进而弱化竞争，今天你成他人之美，那么，明天他人也会成你之美，多一份信任和友爱，才会多一份友谊。

美国第三任总统杰斐逊与第二任总统亚当斯从交恶到宽恕也是这个道理的显现。

杰斐逊曾是美国总统，在就职前夕，他来到白宫，是想表明自己的立场，也就是想告诉亚当斯他希望针锋相对的竞选活动并没有破坏他们之间的友谊。

然而，就在杰斐逊准备开口前，亚当斯居然暴跳如雷，说：“是你把我赶走的！是你把我赶走的！”此件事后，他们好多年都没有往来。

某一天，杰斐逊的几个邻居和亚当斯聊天时，还提到这件事，亚当斯脱口说出：“我一直都喜欢杰斐逊，现在仍然喜欢他。”

这些邻居把这话传给了杰斐逊，杰斐逊便请了一个彼此皆熟悉的朋友传话，让亚当斯也知道他的深重友情。后来，亚当斯回了一封信给他，两人从此开始了美国历史上最伟大的书信往来。

这个例子告诉那些还在为鸡毛蒜皮和朋友老死不相往来的人，那些为了不值一提的小事与人大打出手的人，懂得退让是一种多么可贵的精神！

然而，现实中，我们却常常见到某些人为了一些小事而争论不休，最后不争个面红耳赤、不可开交决不罢休，人之患在好为人师，与人交往，退后一步，反而更有利于前进，正验证了“无欲则刚，有容乃大”这个道理。

与人交往，凡事争第一，很容易成为众矢之的；而只有低调行事、懂得隐藏自己，即使吃点亏，你也赢得了人心，那么你自然就是别人眼中的“好人”，拥有了好人缘，荣誉和信任必将接踵而至。

那么，我们该如何退一步呢？这需要我们站在他人的角度来思考问题，或者多想想这件事情所带来的好处，凡事都有它的两面性。

其实，生活中有很多事都是我们所无法掌控的。大家都想占便宜，又哪里有那么多的便宜让人来占呢？保持一颗平常心，吃得起亏，也许真的会成为人生的一大幸事。在现代交际中，我们也要学会忍耐和包容，即使自己吃点亏，也是一个很好的交际方法，这会让我们在对方眼里变得豁达、宽厚，让我们获得更深的友谊。这当然会使对方更心甘情愿帮助我们，为我们做事。

可能你会发出这样的疑问，万一对方有意与自己较量，又该如何？此时，你不妨装装傻，选择沉默！因为聋哑之人是不会和人起争斗的，因为他听不到也说不出。对方也不会找这种人斗，因为斗了也是白斗。对方如果一再挑衅，只会凸显他的好斗与无理取闹，因此面对你的沉默，这种人多半会在几句话之后就仓皇地且骂且退，离开现场，如果你还装出一副听

不懂的样子，那么更能让对方败走！

当然，这并不代表默默承受别人的侮辱，而是一种大智若愚。对所遇到的事情，多用眼睛去看，多用耳朵去听，多用脑袋去思考；也不是没有自己的意见。而是谨慎的作出结论，用不着把所有的都展示在大众的眼前。总之，与人交往，遵循“闭上嘴巴，默默地充实自己”的原则，才会多一份深度，少一些冲动。多一些涵养，少一些抱怨！

总之，我们不能为了竞争而竞争，有些竞争是必需的，有些竞争是可以放弃的，该放手的时候就放手。放弃是一种智慧，是一种豪气，是更深层面的进取。学会放弃，才能卸下人生的种种包袱，轻装上阵，迎接生活的转机，度过风风雨雨；懂得放弃，才能拥有一份成熟，才会更加充实、坦然和轻松。今天我们成他人之美，明天他人就会成我们之美。这是一个和谐的世界，成人之美是这个和谐世界的最美乐章。

第十章 投入自然，拥抱阳光

大自然是神奇的，充满着人类所未知的力量。古人讲究天人合一，也正是想从大自然中汲取万物之精华。现代社会，生活节奏越来越快，人际关系越来越复杂，处处充满了诱惑，使人心神不宁，那么，怎样才能静心呢？其实答案很简单，假如你能够全身心地投入自然，拥抱阳光，就能够汲取自然的力量，坚定不移地追求人生至真至善至美的至高境界。记住，自然，是最好的静心空间。

自然——最好的静心空间

现代社会中，任何一个人都承受着来自各方面的压力，高强度的工作、烦琐的生活、家人的健康以及人际交往中的问题都无时无刻不让人们产生不良情绪，于是，越来越多的人渴望能自我减压和放松。而“回归自然”、“亲近自然”的魅力正在被这些混迹于钢筋混凝土之间的城市人发觉，他们逐渐投身到大自然的怀抱，呼吸新鲜的空气、寄情于山水之间，就连我们喜爱的演员张静初也是个有特殊的旅游情结的人。

张静初酒庄醉意：她喜欢旅行，喜欢陌生的地方带给自己的那种新鲜感，这样，才能彻底地放松自己。

她曾经说：“旅行有时候是最好的平衡剂，平衡你的欲望、平衡你的心态，找回你对幸福的感知能力。”对于旅行放松来说，她更喜欢和朋友自驾游。她快乐的旅行经历是有一次去叙利亚，回来买了足足一箱子当地的银饰、烛台、金粉画等。她三十岁之前最想去的地方有印度、埃及、南非、北极。

相对于其他领域来说，演艺圈明星的工作压力更大，所以在闲暇之余十分需要自我放松、调整情绪。他们会依据个人爱好，选择各种不同的方式来给自己减压。而作为普通人的我们，同样也可以选择亲近自然的方式来宣泄我们的压力和不良情绪，一般来说，亲近自然的方式有很多，比如：

1. 登山

登山的过程，是一个不断征服的过程，当我们跨过一个个山头，就会

发现呈现在自己面前的，是另外一片风景，我们的眼界也逐渐开阔起来。另外，爬山还有一个好处，那就是锻炼身体。

因此，无论是周末，还是闲暇时间，我们都可以约上几个朋友，去大山里走走，去感受另外一个远离尘嚣的世界。当然，登山的过程中，我们要注意安全，最好不要一人登山。

孙女士是一位医生，今年，她所在的医院开始实行末位淘汰制，这给她造成了很大的心理压力，为此，她常感到头脑发胀、四肢乏力，脾气也越来越不好。就这样，过了半年，她整个人瘦了一圈，有人说她得了抑郁症。

最近几个月，同事们普遍反映：以前那个心浮气躁、总感不适的她摇身变成了稳重大度、耐心敬业的人。是什么让她放下压力、乐观地去工作与生活？孙女士说，她的老公每周末都会陪她去爬山，虽然爬完后她会大汗淋漓，但站在山顶那一刻，她感到了前所未有的放松。

生活中，像孙女士一样存在心理问题的人并不少见。生活中的种种问题让他们情绪不佳，却又不知如何宣泄。其实，爬山不失为一种很好的减压方法。因为让身体动起来可以增加身体能量、减少疲累感。

2. 野营、露营

野营，顾名思义就是在野外露营、野炊，这是一种锻炼生活技能的很好方法，并且，在相互合作的过程中，人与人之间的关系也会变得亲密起来。除此之外，还有另外一种活动——露营，这是种休闲活动，通常露营者携带帐篷，离开城市在野外扎营，度过一个或者多个夜晚。露营通常和其他活动相联系，如徒步、钓鱼或者游泳等。

3. 钓鱼

这个活动，我们并不陌生，钓鱼的主要工具有钓杆、鱼饵。

钓鱼的工具其实制作起来很简单，钓杆的材质可以是竹子，也可以是塑料，而鱼饵的种类也很多，可以是蚯蚓，也可以是米饭，甚至是苍蝇、蚊虫。现代有专门制作好的鱼饵出售。鱼饵可以直接挂在丝线上，但有个鱼钩会更好，对不同的鱼有特殊的专制鱼钩。另外一个漂更有帮助。在周围水面撒一些豆糠会引来更多的鱼。

4. 徒步

亦称作远足、行山或健行，它和通常意义上的散步不同，也不是体育活动中的竞走，而是指有目的地在城市的郊区、不需要登上山顶，但是登山和穿越密切相关，两种活动经常结合在一起。

总之，生活于城市中的人，我们应懂得适可而止，再忙，也要在这美好的时节呼吸一下大自然的新鲜空气，晒晒太阳，你可以找个最喜欢的地方去旅行，也可以在周末爬爬山、游游泳，没有计划，没有进度表，只有和阳光、绿意、清澈的河水一样丰沛的时间。结伴，或者一个人，像阳光一样徜徉。

 呼吸自然的空气，聆听自然的声音

在中国的古代传说中，盘古是一个开天辟地的神。传说中，他的精灵魂魄变成了人类，他的身体则变成了三山五岳、日月星辰、草木、雨露。尽管这只是传说，但是却一代一代口耳相传至今。从某种意义上来说，这个神话故事充分说明了人类与世间万物是密不可分的。早在农耕社会，人们与大自然之间亲密无间、互相包容。那时，既没有轰隆隆的机器，也没有吞云吐雾的汽车，更没有褒贬不一、味同嚼蜡的转基因食物。那个年代，人类非常信赖自然，就像生命依赖空气一样。春天的时候，万物复苏，孩子们可以去田野里挖野菜、摘野果；夏天的时候，孩子们能够去池塘边听蛙声阵阵；秋天的时候，孩子们可以去树林里采摘野果；冬天的时候，孩子们可以去田野里抓田鼠……这一切的一切，都是大自然的馈赠。所有的生灵都在和谐共处，其乐融融地生活在地球之上。很多时候，人们无限地眷恋山水，因为这是大自然的身躯。在大自然里，人们就像回到了

母亲的怀抱一样自由自在，既可以“采菊东蓠下，悠然见南山”，也可以“水心如镜面，千里无纤毫”。的确，大自然就是人类的母亲，山水是母亲给子女最好的馈赠，纯粹而洁净，是精神的释放地、涤荡心灵之所。

如今，越来越多的人涌入城市，飞速发展的城市更是标志着人类走向文明和成熟。但是，凡事都有两面性，在走进城市的同时，我们无疑失去了大自然。大多数人身处闹市，整日面对着鳞次栉比的高楼，在闪烁的霓虹灯之下，我们已经遗忘了大自然的味道。猛然惊醒的时候，我们才发现自己更需要的是一轮满月的天空、一份清新纯净的空气、一汪清澈流淌的河水……绿是生命的颜色，代表着无限的希望。很多人都听说过绿色覆盖率这个名词，其实，一个城市的绿色覆盖率指的是一个城市的氧气指标值以及空气净化度的最快提升因素。有人去过高原，一定知道高原上氧气稀薄，这主要是因为恶劣的高原环境使植被无法存活下去，而植物的光合作用则是可以迅速生成人类所需的氧气。为此，有植物的地方才更适合人类的生存。其实，人们应该为自己生活在平原地区而感到幸运，假如生活在一个植被丰富的城市里，则更是一种莫大的幸福。如今，很多楼盘以“森林城市”命名，其实就是为了说明这座城市正在被森林所环抱。

最近，夏米的心情很烦躁，一则是工作上始终不顺利，二则是她和老公的感情也似乎出了问题，频频亮起红灯。上个周末，他们夫妻俩好不容易都在家休息，但是却因为孩子的吃饭问题而大吵了一顿。事后想起来，孩子吃饭简直是一件不值一提的小事情，但是却惹得他们俩发生矛盾。这是为什么呢？夏米不禁深思起来。最近两年，因为家里添了个孩子，所以夏米和老公的生活都陡然忙碌了起来。一方面经济压力更大了，因为他们已经成了典型的孩奴，另一个方面时间变得越来越不够用了。每天，夏米从早晨6点钟起床开始就像是拧足了发条的闹钟，一刻不停地走着，直到将近午夜睡觉，夏米每天都觉得自己快要散架了一样。为此，夏米的心情越来越糟糕，她每时每刻都想歇斯底里地发作一番。而夏米的老公则承担了家庭的大部分经济负担，每个月，夏米老公不仅要挣出房子的月供，还要

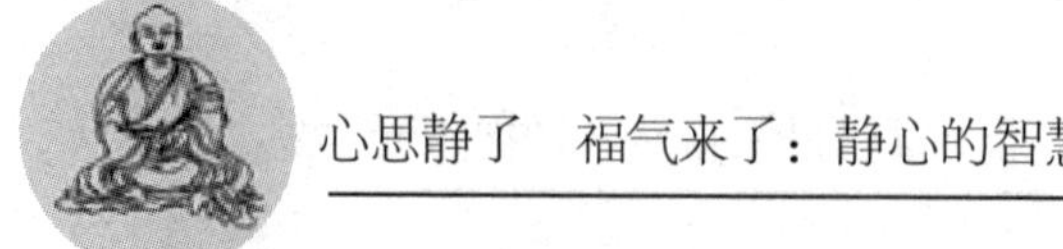

挣出孩子的学费以及各种各样的生活开销。因此，夏米老公也像是个充满了火药味的爆竹一样，一点就着。就像上个周末，他们不就莫名其妙地因为孩子的吃饭问题而大吵了一架吗?

眼看着又要到周末了，夏米的心不禁提了起来。从心底里来说，老公经常加班，难得休息一次，所以她也不想和老公闹得不愉快，还把孩子吓得哇哇哭。因此，夏米从周三就开始在网上找周边的旅游景点，计划周末的时候一家人出去放松一下。原本计划去游乐场，但是因为周五下雨了，周六也是雾蒙蒙的，所以他们临时决定去离家很近的森林公园。进了森林公园后，孩子高兴极了，在一棵棵参天大树下，开满了紫色的二月兰，特别漂亮。雨后的森林公园，空气非常清新，吸一口，沁人心脾，甚至连呼出来的气也充满了花香。因为刚刚下完雨，很多孩子在河边抓蝌蚪。阵阵蛙声传来，使人不由得感觉仿佛回到了童年。空气中，弥漫着桂花香甜的味道，还有小鸟叽叽喳喳的叫声，宛若天籁之音。刚刚冒出来的树叶一片新绿，经过春雨的洗涤，显得更加清新。即使空气，也像是过滤过似的，连一丝灰尘的味道都没有。水面上，不时地有鱼儿冒出来透气，调皮地吐出一个又一个的泡泡。漫步在林间小道上，脚步声沙沙作响，使人的心里暖暖的，痒痒的。

在这样一个鸟语花香的大自然的怀抱中，夏米和老公不仅没有吵架，而且还敞开心扉地谈了谈他们最近一段时间的生活。在倾心的交谈中，正如夏米所预料的那样，他们一家三口度过了一个愉快的周末，平静而温馨。

其实，大自然有神奇的魔力，不仅赋予人们新鲜的空气，而且大自然中的声音也是天籁之音。随着生活节奏的加快，现代人的心态也越来越浮躁，假如能够抽出时间来融入大自然，呼吸新鲜的空气，静下心来聆听大自然的天籁之音，那么，人们的内心自然就会平静很多，心态也会慢慢地平稳下来。

在中国，人们尊奉儒、道、佛三种学派的思想。现在，虽然那些圣贤之人早已与我们相隔千年，但是他们所传达的观点仍然对现代社会、现实

生存方式有着深远的影响和现实的指导意义。儒家说："天人合一、仁德爱物"；道家说："道法自然、返璞归真"；佛家说："众生平等、前世轮回"！其实，这些都是在用一种朴素的语言来描述人类和自然的紧密关系。大自然蕴含着天地精华，诞生了世间万物。追本溯源，作为万物灵长的人类与万物是平等的，没有谁能够凌驾于万物之上。因此，我们应该尊重自然、尊重生命，要相信草木皆有情，发自内心地保护人类的大自然。在享受自然带给我们的惬意时，我们还应该时刻牢记以感恩之心回报自然。放缓脚步，融入大自然，聆听大自然的天籁之音，呼吸沁人心脾的新鲜空气，你就能够静下心来，好好地享受生命。

制造一个花鸟鱼虫的惬意空间

随着社会的发展，城市不断扩张，因此，人们离自然越来越远。然而，生活节奏日益加快，每逢节假日，大人要加班，孩子要补课，有几个人能够闲情逸致奔赴遥远的大自然。每日困在钢筋水泥之中，人们的心渐渐地变得麻木，孩子失去了纯真的笑容。的确，我们已经离开大自然太远、太久了。那么，当你觉得心情烦闷的时候，应该怎么办呢？有人选择去电影院，俗话说，人生如戏，在这个戏里累了，再进入另一场戏中，岂不是更累？有人选择去游乐场，在惊声尖呼的那一刻，也许你的确释放了自己，但是随之而来的不是心灵的宁静，而是更加浮躁。有人选择和三五个朋友一起喝茶、聊天，然而，每个人都有自己的生活，不一定人人都喜欢倾诉，人人都喜欢当别人情绪的垃圾桶。但是，又没有足够的时间奔赴遥远的大自然中寻求心灵的宁静，怎么办？答案其实很简单，给自己制造一个花鸟鱼虫的微自然空间。

假如你在生活中是一个有心人，那么，你不难发现，很多老人喜欢养

花，而喜欢养花的老人大多慈眉善目、心态平和，这是为什么呢？其实，原因很简单。因为花是自然的精灵，在养花的过程中，这些老人无形中亲近了自然。同样的道理，喜欢养动植物的人，大都非常善良，心平气和。

那么，怎样为自己制造一个花鸟虫鱼的惬意空间呢？怎样使自己每天都能在营造的微自然环境中平静心情，更加热爱生活呢？实际上，这些事情只是举手之劳就能做到的。例如，你可以在家中的阳台上种一些自己喜欢的盆栽，例如，海棠、茉莉、玫瑰、马蹄莲等。假如你的技术不好，也可以选择种一些比较好成活的绿植，例如水竹、绿萝等。大家都知道，绿色代表着生命和希望，能够使人心情平静，充满希望。所以，即使是不开花的绿植，也同样能够起到平复心情的作用。此外，你还可以养一些金鱼，或者是小宠物，例如蜥蜴、乌龟等。在精心照顾它们的过程中，你能够充分体现自己的价值，找到自信。在家中，你可以为这些绿植和金鱼开辟一个小小的角落，布置得高低错落，疏密有致。每当心情烦躁的时候，你就仿佛置身于大森林中一般，神游一番，别有趣味。

张雅琪的家布置得很有特色，每个来她家里的朋友都不喜欢坐在温暖舒适的沙发上，而喜欢席地坐在她家阳台的一角上。这一角究竟有何魔力呢？吸引得朋友们宁可坐在硬邦邦的地上，也不愿意坐在松软的沙发上。让我们去看一看吧！

张雅琪的家不大，是六十几平的大一居。不过，客厅挺大的，阳台也很宽敞，当然，卧室相对小一些。张雅琪把阳台的一角布置得别具匠心，使人难以抗拒这一角散发出的独特魅力。张雅琪在阳台的一角摆放了一张1.2米高的书架，还在书架旁边呈几十度角摆放了一张90公分的双层花架。在书架的每一层上都放满了一些张雅琪喜欢看的书，在书架的最上面，张雅琪摆放了一盆长得郁郁葱葱的蕨类植物和一盆文竹。蕨类植物喜欢阴凉，因此绿得很浅，是那种刚刚冒出来的新绿色，看得人心头凉凉的。文竹也是很纤弱的样子，与嫩绿的蕨类植物一样，都使人觉得心中充满了绿色，使人的心变得软软的。在一旁的花架上，下层摆放着海棠、马蹄莲、

茉莉等七八盆盆栽，上层摆放着一个精致的鱼缸，里面养着六条自由自在的小金鱼。在靠近书桌的一角，有一簇长得郁郁葱葱的水竹，叶子黄绿相间，正午，这盆水竹可以给蕨类植物和金鱼遮挡阳光。在鱼缸的另一侧，还摆放着一盆水仙花。因为这个布置，这个阳台的一角显得春意盎然，而且弥漫着书香的气息。为了使坐在这里的朋友更好地融入其中，张雅琪没有在这个角落里安置座椅，而是在地上放了六个藤编的地垫。平日里，地垫可以叠放起来，节省空间，若来了朋友，他们就可以各自拿着地垫席地而坐。在这个角落的中间位置，摆放着一个精致的树根茶几，与这个微自然的环境融为一体，非常协调。此外，也不要忽视了头顶，头顶的空间除了垂钓着两盆绿萝之外，还有一只声音清脆的黄鹂鸟，不时高歌一曲。

现在，大家都知道为什么每个人都喜欢这个空间了吧！

虽然大城市寸土寸金，但是，只要用心，还是能够为自己制造一个惬意的微自然空间的。在这个空间里，足不出户，我们就可以神游其中，使自己宛如在原始森林中畅游一般酣畅淋漓。这样一来，每天，只要回到家中，我们就可以抽出或长或短的时间舒缓自己的紧张情绪，心情自然就会放松。近年来，很多饭店都采取这种方式，在室内种植一些绿植，甚至还有些饭店弄一些小桥流水，让人们在江南水乡之中心情愉悦地用餐。总而言之，我们要尽力为自己营造一个充满自然气息的空间，亲近自然。只有这样，才能使我们那颗在钢筋水泥中变得逐渐僵硬的心柔软起来，更加热爱生活。

大自然的关怀，用阳光温暖心灵

在空旷的原野，很多人都曾经仰面躺在大地母亲的怀抱中，闭上眼睛，静静地感受阳光在自己身上的尽情流淌。闭上眼睛对着太阳，阳光就没有那么刺眼了，变成了红彤彤的颜色，使人的心里觉得异常温暖。而当全身都沐浴在阳光下的时候，你会觉得像婴儿在妈妈的子宫中那么温暖和美好。阳光，有神奇的作用！

的确，阳光是大自然对人类的馈赠，不管是人，还是植物、动物，都离不开阳光的滋养。一年四季，我们都生活在阳光之中，享受着美好：春天，万物复苏，此时的阳气最足，正是因为阳光的普照，所以万物生发。似乎，在一夜之间，原本光秃秃的树木全都披上了绿色的衣裳，白玉兰更是笑颜如花地在枝头绽放。沐浴在多情的春光之中，每个人的内心都骚动着一股生命的热流，它们左冲右撞，喷薄欲出。夏天，一切都郁郁葱葱。树叶是浓重的绿色，鲜花尽情地绽放，就连人们，也挥汗如雨地发泄着自己旺盛的生命力。这时的阳光就仿佛热恋中的情侣，滚烫滚烫的，洋溢着不尽的热情。它疯狂地亲吻着大地母亲以及世间万物，恨不得把自己的所有热量都释放出来。秋天的阳光澄澈透明。在阳光的照射下，天空碧蓝如洗，万里无云，似乎撤去了天空中的屏障，但是，阳光含蓄地照耀着大地。面对着自己和大地母亲的累累硕果，阳光似乎有些害羞了，眼神中多了一些少女的纯情，亦或成熟母亲的淡然。冬天的阳光是最温暖的，虽然寒风凛冽，但是，阳光还是尽力地送给万物温暖，它不遗余力地发光发热，帮助世间万物共度寒冬。在冬日的暖阳中，抬眼看看太阳，人们不禁觉得恍如隔世。虽然树木凋零，冰雪覆盖，但是，只要有阳光，心里就觉得暖暖的。

有一首关于阳光的小诗，读起来淡淡的，品味起来心里暖暖的：

有多久没有注意阳光照在身上的感受了
温暖那最最单纯的温暖
我们都有的

有多久没有注意枝条初绿瞬间的喜悦了
欣喜那最最感动的欣喜

我们都有的

不是只有华丽的衣服穿在身上才会温暖的
纯朴那毫不在意的纯朴
自由自在的

不是只有惊天动地的方式才能得到满足的
生活那平平安安的生活
才是珍贵的

多好啊
可以自由地去往想去的地方
在天黑之前抵达自己的梦想
点燃一堆堆篝火促膝欢唱

多好啊
可以陪着你一起度过那漫长
在漫长的路上因为有我而幸福
于是我 我们 多好啊

很多时候，幸福其实没有那么复杂，就是这么简单。因为拥有阳光，因为拥有健康，因为拥有亲人，因为拥有朋友，只要有一颗感恩的心，即使你拥有的东西很少，你也会感觉到幸福。换言之，幸福就是一种内心的感受，而不在于拥有的多少。只要怀着一颗感恩的心，你就拥有了发现美的眼睛。不开心的时候，不妨想想自己拥有的一切；沐浴着清晨的第一缕阳光，因为大自然的慷慨馈赠而欣喜；善待亲情友情，在失意落魄的时候感受亲情友情的温暖；珍惜得来不易的爱情，风雨同舟、相濡以沫。怀着感恩的心，呼吸清新的空气，享受温暖的阳光，感受生活的美好，只要心怀感恩，你的内心就会充满幸福！

融入清新的状态，静心就这么容易

巴金在《海上的日出》一文中，描写了日出的景色，真是字字珠玑：天空变成了浅蓝色，很浅很浅的；转眼间，天边出现了一道红霞，慢慢儿扩大了它的范围，加强了它的光亮。我知道太阳要从那天际升起来了，便目不转睛地望着那里。果然，过了一会儿，在那里就出现了太阳的一小半，红是红得很，却没有光亮。这太阳像负着什么重担似的，慢慢儿一步一步地、努力向上面升起来，到了最后，终于冲破了云霞完全跳出了海面。那颜色真红得可爱。一刹那间，这深红的东西，忽然发出了夺目的光亮，射得人眼睛发痛，同时附近的云也着了光彩。其实，不仅是日出的景色如此美丽，日落的景色也别有情趣。在远处的地平线上，一轮太阳即将落下，西天的晚霞挥动着绚丽的纱巾，把地球变成了金黄色。放眼望去，遍地的小草都镀上了一层金黄色，晚风吹来，一枝枝狗尾草在风中摇曳，摇响了一曲黄昏的抒情曲。远处，出现了一排排白色的小木屋，使人觉得恍若置身于童话世界中，如梦似幻，既精致，又美丽。很多时候，不管是在电影中，还是在电视节目中，我们经常看到有得道的高人在日出或者日落的时候迎着太阳练功，或者坐禅，仿佛以这种形式更能够天人合一。的确，很多时候，人与自然之间有一种神秘的关系，能够产生一种巨大的能量。其实，不仅仅是日出和日落，自然界还有很多积聚万物精气的现象。只要我们能够全身心地融入自然界的清新状态，就很容易静下心来。

所谓静心，顾名思义，就是要把心静下来，不为万物所动，完全沉浸在自己的内心世界，全然专注自己的身心。说到静心，很多人会联想到坐

禅、法门、祈祷、静想之类的形式。其实，静心与打坐的目的是一样的，不过，静心有许多种方式，而打坐只是静心的方式之一。在生活中，每个人都忙忙碌碌，而静心能够帮助人们洗涤、沉淀压力的灰尘，放松人们紧张的情绪，舒缓自己匆忙的步履。当工作压力巨大的时候，当事情堆积如山的时候，要想在生活和工作之间保持平衡，使自己充满快乐，我们就需要清明透彻的智慧，而静心则能够帮助人们获得这种智慧。其实，即使工作的压力不大，静心对于生活的平衡也是极有好处的。静心能够协助你开发更深层的自我疗愈功能，在沉淀而安稳的空间中，使你的身心彻底放松、脱离束缚，使你的生命秩序井然、淡定自若，从而使你的人生变得更加健康、清醒、舒适、自然。

很多时候，静心的状态就宛如自然界的很多情景，因此，倘若你能够融入自然界的清新之中，就能够更快、更好地达到静心的目的。这份静，就像是夏日午后的草原上，微风摩娑着如茵的绿草，树叶在微风中沙沙作响，鸟儿在枝头清脆地吟唱，自由自在地飞来飞去，一弯小溪浅浅地流淌着，清澈见底，鱼儿摇曳着尾巴欢快游玩，人的心也浸润着清凉，舒爽而宁静。静心，也像是在天空中布满繁星的夜晚，一轮皎洁的明月高高悬挂，无声地倒映在平静的湖水上，清凉的透明的黑暗，无垠的空间；在这种情境之中，人的心也像一轮明月似的，澄澈清明地体现这份宁静。假如在静心的时候需要一个目标来推动我们前进，那么，这种可贵的境界就是静心的最终目的——一种极致的喜悦和安然。只有一个人能够达到这种境界，就不再被身外之物所困扰，不管是金钱权势，还是房子汽车，统统都是浮云。

有一段时间，张敏的内心非常困惑，看着身边的女同事一个个都买了房子、车子，而自己和老公、女儿还挤在狭小的出租屋里，张敏心急如焚。尽管老公多次劝说她稍安勿躁，要慢慢地改善经济条件，但是张敏仍然因为这个问题经常和老公争执不休。结婚的时候，张敏丝毫没有嫌弃老公很贫穷，反而义无反顾地嫁给了老公，希望两个人能够用双手创造美好的生活。然而现在女儿三岁了，张敏反而沉不住气了，每天，她最害怕听到的就是同事们说谁谁买房了、谁谁买车了诸如此类的问题。就这样，张敏心中的怨气越来越大，她总是抱怨老公没有能力，因此总是和老公吵架。时间长了，他们的女儿的情绪也变得很不安，以前经常挂在脸上的笑容不见了，取而代之的是与年纪不相符的忧思。

一个偶然的机会，张敏接触了一个练习瑜伽的朋友，知道了静想静心的方法。想到自己的情绪越来越暴躁，听说静想静心可以改善情绪，张敏真心诚意地请教朋友。正好，张敏一家租住的房子旁边有一个国家森林公园，学习了静想静心的方法以后，张敏经常早起去公园中静坐一会儿。在森林公园里，远离了闹市的喧嚣，空气特别清新，尤其是早晨，花花草草都羞涩地探出了小脑袋，连小鸟的叫声都显得尤其清脆。张敏喜欢在对着湖水的草地上静坐，依偎着大树，还能听到池塘中小鱼儿吐泡泡的声音，心中很安静，很踏实，那种感觉堪比住着依山傍水的别墅。如此坚持了一段时间以后，张敏的心境变得越来越平和，她又变回了恋爱时的那个她，坚信只要一家人在一起，再苦的日子也是甜的。渐渐地，她的家里又充满了欢声笑语，老公和女儿的脸上也绽开了笑颜。

从张敏的身上，我们看到了静心的强大力量。即使我们不专业，但是，它也可以使我们的内心恢复平静，安然地享受美好的生活。假如有一天，我们的内心能够像蔚蓝的海洋一样博大而宽广，那么，不管身在何处、面对怎样的情况，我们的心中都会留有一片碧海青天。无论有怎样的愤怒、怨恨、恐惧，都将溶解在这一片蔚蓝汪洋中，使我们的内心变得清净、澄澈，心底里油然生出愉悦之感。这是人生最纯净、最独特、最幸福的快乐。

第十一章 淡定于心，宠辱不惊

我们都知道，任何人的一生，都不可能事事顺心，总会有这样或那样的烦恼，有失意，有得意；有开心，有忧伤；有成功，有失败……然而，由于每个人对待外在世界的纷扰的态度不同，所以它们对人的影响也不同。那些内心浮躁、多愁善感的人喜欢自找烦恼，一旦有了烦恼，忧愁万千，牵肠挂肚，离不开，扔不掉，就会活得窝囊。而内心淡定的人一般都能做到荣辱不惊，所以活得轻松，活得潇洒。因此，很多时候，想要拥抱幸福并不难，只要我们学会静心，做到内心淡定，又何惧外在世界的干扰？

淡定——最难得的心境

生活中，我们常祝愿他人“万事如意”，但这只是我们美好的愿望，事实上，世事多变，雨雪风霜，人生中有许许多多我们始料不及的事情，但如果我们想获得真正的快乐和幸福，或者希望成就一番事业，都必须做到内心淡定，那些成功者在种种经历后，回望身后的辛酸血泪之路，都会发现，真正内心淡定的人才是最后的赢家。那些生活幸福的人也是把“淡定”当成人生的座右铭。因此，我们可以说，淡定是一种难得的心境。

陈飞和邹伟都是刚毕业的大学生，他们进了同一家企业。新人新气象，在工作半年后，公司决定在新员工中提拔一批干部，以激发公司员工的活力。这些新手都知道这是一次难得的机会，也知道人情世故的重要性。于是，在得知公司要提拔新人的消息后，所有人都各自“出动”了。

陈飞是一个精明的人，接下来，他花了半年的薪水买了一些烟酒，亲自送到主管家，果然，这个爱好烟酒的主管很乐意地接受了陈飞的礼物，陈飞以为自己会成为新干部的候选人，于是，他在家敬候佳音，但实际上，送礼的人远不止他一个；而邹伟是个憨厚的年轻人，这件事似乎和他一点关系也没有，家人都劝他去活动活动关系，而他还是和以前一样，朝九晚五地上班，对待同事也是笑脸相迎。所以，那段时间，整个办公室的年轻人，似乎只有他一个人真正地在忙工作。

主管在接受了众多礼物后，无法抉择，而上级领导一直催促他要本着“公平公正”的原则为公司选拔人才，经过左思右想，这位主管作出了“英明”的决策：提拔邹伟为领导干部。很多人感到不解，他的理由是：一个不争抢名利的人，才是真正把精力放在工作上的人，也才是倾心倾力为公司负责的人。

案例中的主管为什么没有选择为自己送礼的下属，反而选择毫无动静的邹伟呢？正如他所想的，一个内心淡定的人，不热衷于名利的争夺，才会全身心地把精力投入到工作中，这样的人，才是真正有担当的人。

然而，生活中，我们周围有很多内心浮躁的人，他们凡事都想争个胜负，而最终结果却事与愿违，其实，在这种情况下，淡定一点才是最明智的生存之法。少说话、多做事、充实内在，你自然能脱颖而出。

当然，内心淡定的定义并不仅仅限于不争不抢，淡定是一种心态，是一种面对世事不急不躁、饱经世事后的坦然。那些内定淡定的人，即使遭受了他人的恶意攻击、辱骂，他们也能保持快乐的心境。

很久以前，佛祖在行走的过程中，遇到了一个讨厌他的人，此人跟着佛祖连续走了几天，并用各种话辱骂佛祖，但奇怪的是，佛祖似乎没听到这些，从不跟他计较。此人很纳闷，便问佛祖是怎么做到的。

佛祖反问道：“若有人送你一份礼物，但你拒绝接受，那么这份礼物是属于谁的？”

那个人答：“属于原本送礼的那个人。”

佛祖微笑着说：“没错。若我不接受你的谩骂，那你就是在骂你自己。”

那个人恍然大悟，摸摸鼻子走了。

这里，佛祖要告诉我们的是，只要你能对别人带给你的烦恼自动屏蔽的话，那么，无论别人如何谩骂你、如何对待你，都影响不了你的快乐，夺不走你的高兴。也就是说，生气其实就是拿别人的错误来惩罚你自己，真正的受害者也是你自己。

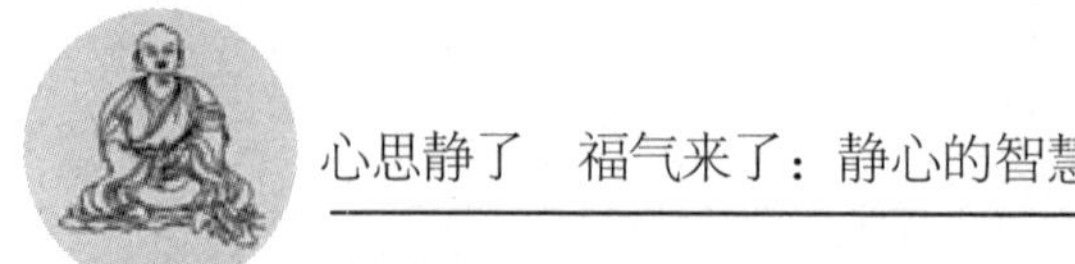

因此，心态决定是生活，只要我们内心淡定，“烦恼”这份礼物就能被我们拒之于门外，任何人都破坏不了我们的好心情。

的确，我们的生活就是由各种各样的琐事组成的，琐事造成了烦恼的存在，我们常常被这些烦恼困扰着，而事实上，这些烦恼都是我们自找的。一个浮躁的人才乐于给自己找麻烦，你可以追寻美好的生活，可以追寻甜蜜的爱情，但你绝不可以自寻烦恼。

每当我们在为种种苦恼感到失落甚至掉泪时，其实快乐就在身边朝我们微笑。做一个快乐的人其实并不难，拥有一个幸福的人生也很简单，只要我们内心淡定。

能屈能伸，做个洒脱的人

中国人常说：“大丈夫能屈能伸”，忍耐不仅仅是一种以退为进的智慧、一种谦卑的姿态，更是一种修炼内心、让自己的心免受世事纷扰的力量。一个洒脱的人绝不会因为一点小事与人置气，而是以微笑示人，表达友好；一个洒脱的人，他们就像一碗清水，给人亲切、温和的感觉；一个洒脱的人，往往有一种伟大的力量，他们能获得最后的成功……然而，人世间，每个人最难面对的就是“忍”字，因为很难做到，所以，“忍”的人生境界太高了。活得任性是一种高调，忍耐地活着则是一种低调人生，实际上，人需要学会忍耐，更要以一种隐忍的态度去做人。那寒冬里待放的梅花，那巨石下吐露的春笋，冰山下暗暗隐藏的岩浆，它们活得都很低调，一直都在以一种隐忍的方式生活着。但是，在低调的背后，它们却闪耀出与众不同的美丽。

中国历来是一个功夫之国，那么，隐忍就是中国功夫的一种功夫道德，也是一种社会道德。当你学会了能屈能伸，那么无意中也会培养自己

良好的道德品质。有的人很较真，每天都高调地活着，眼里容不得一粒沙子，这样的人显得很愚笨，那么多的负荷压得自己千疮百孔，遗失了独立的从容与淡远。生活不用太较真，这只会让自己伤害更深，学会以隐忍的态度做人，才能成就自己的一生。

小王大学毕业后，为了锻炼自己的能力、积累社会经验，他一直在做业务方面的工作。这样，逐渐地积累了一些经验，他为了更好地发展，跳槽到一家大型公司的业务部，他主要的职责就是协助新来的业务经理开展工作。

其实，这个业务经理和小王差不多，也是个新人，只不过学历高点而已。不到两个星期的时间，小王就对这个人了如指掌了，他没有什么工作能力，只是靠下属的业绩，并且，他很多处事方式都有问题，脾气还很差。他经常无缘无故地骂下属，还当众说一些难听的话。因此，许多业务员实在受不了，和他发生争执后就辞职了。

面对这样的经理，小王心里也很窝火。但是，他并没有发作，而是始终陪着笑脸，因为他心里很清楚，摆在他面前的只有两个选择，要么和他大吵一架，然后走人；要么忍辱负重，等待时机。

小王是聪明的，他选择了后者。果然，半年以后，公司高层也发现了业务经理的问题，通过调查，认为他不适合做业务经理，就找了个理由把他辞退了。而小王，因为一直表现不错，被公司任命为业务经理，小王终于翻身了，很快把业务开展了起来，为公司创造了丰厚的经济效益，赢得了公司上上下下的尊重。又过了几年，他被提拔为主管业务的副总经理，过上了有房有车的生活。每当谈起这一切的时候，小王就不无感慨地说："我能有今天，就是因为我懂得忍耐，隐忍了狂妄的经理，而没有意气用事！"

在每一个人的成长过程中，难免会遇到一些坎坷与挫折，遇到一些不尽如人意的事情，在这个时候学会"舍高取低"，懂得弯腰，以一种隐忍的沉默来面对，以一份从容的心态来面对眼前的境遇，这就是一种曲中求直的境界，是一种审时度势大智若愚的胸怀，更是一种处世的智慧。

生活中，做任何事情都需要忍耐，因为忍耐，不仅仅是一种智慧，一种能力，一门学问，更是一种难得的境界。人生是漫长的、复杂的、曲折的，所以忍耐是一种生命的常态。但忍耐只是暂时的，而非一辈子的忍耐，一辈子的忍耐是一种安于现状。这里的忍耐是指放下身段，不张狂，难得糊涂，是有所为有所不为，是不急功近利好大喜功。

忍耐可以帮你演绎自己精彩的人生，因为这样不仅可以保护自己、融入环境，与人和谐相处，而且还可以暗蓄力量、悄然潜行，在不显山不露水中成就辉煌事业。当然，这并不是要你凡事都退在人后，当自己的正当利益受侵犯也不出声，自己被人侮辱也不加反抗，这不是忍耐，而是懦弱。

别让浮华蒙蔽了你的双眼

在现代社会，放眼所及，我们的周围充满着新奇、精彩的、各种各样的人、事、物，甚至连人们的衣、食、住、行、育、乐等各个方面，也随时都有着丰富多彩的选择。然而，当我们习惯过着奢侈、舒适的生活时，有一些人反而迷失了自己，或者是失去了正确的价值观的判断，甚至有时候为了满足物质的欲望，使得自己的生活疲于奔命，或者心生为非作歹的念头，从而造成了社会的不安气氛。只有那些内心淡定的人，才能看清楚自己的内心而不至于迷失自己，他们无论是处于逆境还是顺境，也不管这个世界是浮华还是痛苦，他们总是保持平静的心态。

在南非的沙比亚丛林，至今还生活着靠打猎为生的原始西布罗族人。他们捕获猎物的方法极为简单——在丛林的湿地处涂上一层胶泥，然后在胶泥上放一些野味，他们就在远处静静地等待。只要是食肉动物，它们就

会走进湿地，然后一步步地陷入泥沼之中，越挣扎陷得越深。而陷阱中的动物又会引来更多的动物。

几天之后，西布罗族人抬来木板，铺在胶泥上，轻而易举地将猎物收入囊中。

这些动物为什么跑进陷阱自寻死路？原因很简单，在欲望的陷阱面前，它们迷失了自己。作为人，面临这样简单的骗局，又会怎样呢？答案还是很简单，同样会迷失自己，坠入陷阱而不能自拔。现代社会，一切都在高速运转着，到处充满了诱惑，能真止静下心来的有几人？也许我们的确该停下脚步想想，去寻找被我们丢失的内心的单纯与朴实了。

两千多年前，古希腊有一位哲学家叫迪奥尼斯。

他是个思想怪异的人，他经常在白天提着灯笼穿梭在大街小巷，人们问他在找什么？他回答：“我正在找人，人都迷失到哪里去了呢？”

原来，当时的雅典经济繁荣，然而，正是因为物质的充裕，导致了很多人被荣华富贵蒙蔽了双眼，出卖了自己和灵魂，丢失了自己。所以哲学家奔走呼吁：人们哟，千万不要迷失自己。故此“认识你自己”这句话，便镌刻在古希腊德尔菲神庙顶上。

古人尚且深知要把握自己，不要迷失自己，然而，在逐步现代化的今天，我们生活的周围，总是不断上演着“迷失自己、沦落陷阱”的悲剧。多少为官者在声色犬马中逐渐失去自己当初做人的原则，不惜牺牲人民的利益而终饱私囊，最终被绳之以法；又有多少年轻人经不住外界的诱惑，放纵自己，甚至以身试法，最终自食其果。

的确，在这个纷繁嘈杂的世界，金钱、美色、权力、地位、名声充斥了整个现实生活，给人们太多的诱惑，于是人们更多地注重对身外之物的关注和追求，迷失在物欲横流中。这个事实引人深思，发人深省。

不要迷失自己，就要认识自己。这并不意味着我们要放弃对物质生活的追求，相反，我们应该努力劳动、努力工作，去追求自己想要的生活。劳动与工作是一个人存在的价值。然而，有些人却在这过程中进入了误

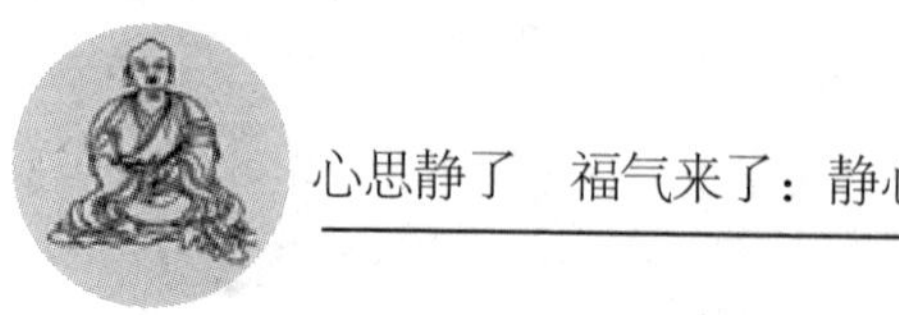

区——遗忘、迷失了自己。你始终不能忘记的是，自己才是主人公，是追求美好生活的主人公。因此，首先必须认识自己，好好地问一问自己：为这个世界做了什么？留下了什么？

不要迷失自己，就要树立正气。人们常说，心底无敌天地宽，无论是社会还是个人，都需要正气，它指引我们正确做人、正确做事。有了正气，我们就能看穿欲望陷阱，就能避免迷失自己。

不要迷失自己，还需要做到常反省自己。人虽然是不断前进的，但在前进的过程中，难免会出现一些阻碍、陷阱等，一个人想不迷失自己，就应时时反省自己，排除前进道路上的种种诱惑和阻碍，从而使人生之路越走越宽。

不要迷失自己，就要懂得享受宁静。脱下白领的衣服换上流行时装走进灯红酒绿的地方，好像都是现在人们放松的一种方式，随着灯光的闪烁人们摇摆着头发，这真的是一种放松的方式吗？灯红酒绿下，不知今夜又有多少无辜的少女或者少男沉醉在此？这是一种解脱的方式吗？

让自己内心平静的方法莫过于独处，点上一支檀香，沏一壶水，品一杯清茶，推一盏杯。水从高处慢慢冲入杯中，一切仿佛慢了半拍，茶叶在水中翻转腾挪，一缕香气弥漫出来，心境逐渐随之平静。实际上，人生本如茶，一泡洗净铅华，二泡三泡满品精华，四泡五泡回甘香灭。

坚守一份执着，在迷茫的水面稳驾一叶轻舟；不再迷失自我，在喧嚣的尘世保持一份静默。迢迢暗夜，望一柄北斗为我们引路；茫茫雾海，燃一盏心灯为我们导航。可以一无所有，不能失去的是可贵的自信与执着。

总之，在灯红酒绿的现代社会，我们不要迷失自己，要告诉自己，不管遇到什么事情都要冷静，不管遇到多大的风浪都要坚定自己的立场。

弃掉名利，去过云淡风轻的日子

自古以来，名利就像是明星一般，让人们锲而不舍地追求。现代社会，人们抱怨，活得真累。而人为什么活得累？因为他们放不下名利！对于名利的欲望，让很多人忘记了人最初的追求是快乐，他们不仅要名，还要利，有了名利，他们依然不满足，这山看着那山高。于是乎，还得追求，还要奋斗。好不好呢？追求并不是不好，我们都是平凡的人，我们并不能做到真正的摒弃功利，甚至连哲学家们自己似乎也极不愿意摒弃人性的这一弱点，但功名欲是人类一种不合情理的欲望。如果我们能懂得控制自己对名利的欲望，学会静心，能抛下名利的枷锁，去过云淡风轻的日子，你就能获得快乐！

人生如同一条河流，有其源头，有其流程，当然也有其终点，而不管流程有多长，有多短，终究都会到达终点，流入海洋。那么在我们活着的时候，为什么非要抓着生不带来死不带去的名利不放呢？

春秋后期，越国的名臣范蠡，他精通韬略，足智多谋，拜为大夫。勾践三年，吴王夫差大破越军，勾践向吴俯首称臣。作为越国大夫的范蠡在吴国做了两年的人质，三年后回到越国，他与文种拟定兴越灭吴九术，策划和组织了越国“十年生聚，十年教训”的复国大计。为了实施灭吴战略，也是九术之一的“美人计”，范蠡亲自跋山涉水，终于在苎萝山浣纱河访到德、才、貌兼备的巾帼奇女——西施，并帮助谱写了西施深明大义献身吴王，里应外合兴越灭吴的传奇篇章。

范蠡追随越王勾践二十多年，苦身戮力于灭吴，成就越王霸业，被尊为上将军。他辅佐勾践卧薪尝胆，图强雪耻。然而范蠡深知勾践为人，只可同患难，不可共安乐，于是在举国欢庆之时，范蠡急流勇退，携妻带子，秘密离开了越国。

后来，他辗转来到齐国，改了姓名，带领儿子和门徒在海边结庐而居。垦荒耕作，兼营副业并经商，没过几年，就积累了数千万家产。他仗义疏财，施善乡梓，范蠡的贤明能干被齐人赏识，齐王把他请进国都临淄，拜为主持政务的相国。他喟然感叹："居官致于卿相，治家能致千金；对于一个白手起家的布衣来讲，已经到了极点。久受尊名，恐怕不是吉祥的征兆。"于是，三年后，他再次急流勇退，向齐王归还了相印，散尽家财给知交和老乡。

就这样，一身布衣的范蠡第三次迁徙到了陶，在这个居于"天下之中"的最佳经商之地，他重新经商，没过几年，成了巨富，于是自称"陶朱公"。

范蠡的这种做法并不是"夹着尾巴做人"，更不是自命不凡的清高，而是光明磊落的稳重，胸无城府的坦然，是真正的对名利的放下。

诚然，人因为有追求才会有进步，否则就是行尸走肉！但凡事有度，如果太过专注那些虚无缥缈的追求而忽视了眼前的东西，那就本末倒置了。毕竟，不是每个人都能成为比尔·盖茨，也不是每个人都能成为商界精英、政界豪客。所以，要想活得轻松，活得快乐，就要学会舍得，舍弃那些束缚自己的事与物，舍弃永不知足的欲望，那么，你收获的就是一颗平常心，一份淡然的快乐！

其实，我们自从出生起，就一直在孜孜不倦追求一样东西，那就是快乐，无论是追求财富、名利、地位等，都是为了获得快乐。可悲的是，现实生活中的一些人，总是不安于现状，他们并不是被那些"一日一鱼"所诱惑，而是总有无止境的追求，于是，便在这所谓的追逐中失去了原本快乐的自我。

当生活越简单时，生命反而越丰富，尤其是少了名利的牵绊，我们越能够从世俗名利的深渊中脱身，感受到自己内心深处的宽广和明净。因此，每一个人都应懂得清除自己的欲望。

很多人都明白，贪欲会把人带向罪恶的深渊，让人失去理智。它可以

使人相互摧残，甚至使最好的朋友都能反目成仇。贪字头上一把刀，一旦人的内心被贪欲所吞噬，那他必将被其毒害……

人生本就是一场梦，须臾即逝，因此，大可不必整日忙着追逐功名利禄，金钱、物质等都是带不走的虚无缥缈的东西，只有快乐才是我们应该追求的终极目标。因此，做一个快乐的人吧，尽情地享受生活的乐趣，不管你是贫穷还是富有，聪明还是愚笨，只要你有一颗快乐的心，你的人生就会充满乐趣，就会五彩缤纷。

不去大喜大悲，一切皆为自然

生活，就是由各种大大小小的事组成的，按照世俗的标准，任何人的一生，都是充满悲悲喜喜的，有成功，就有失败；有得意之作，也会有失意之作；有过艰辛，当然也伴随着快乐。成功如何？失败如何？其实，这些都是生活的插曲而已。“凡事顺其自然；遇事处之泰然；得意之时淡然；失意之时坦然；艰辛曲折必然；历尽沧桑悟然。”这“六然”的句子，凝集了人生的处世智慧。因此，无论我们遇到什么，我们都不必大悲大喜，以自然的心态面对，你反而会收获难得的快乐！

有这样一对夫妻，他们感情很好，结婚六年多从未红过脸，他们工作也很好，算是小小资一族。在外人看来，他们简直是生活美满。但谁又知道，他们有块心病。结婚六年多了，他们一直没有孩子，有人也问过他们这个问题，每次，夫妻俩只好搪塞说还要拼事业，不想那么早要孩子。

夫妻俩都怀疑自己的生问题，在结婚第三个年头时，他们就四处求医问药。但几年过去了，妻子却不见有怀孕的迹象。更为严重的是，以前身体很好的妻子，却在这几年内整个人瘦了下来，吃了各种补品也不见好，而且还经常说自己肚子痛，痛得常常全身出虚汗，常常在床上打滚，常常大呼小叫。于是，他们全国到处求医问药，但都不见好转，连续的奔波，导致他们身心俱疲。

看着被折腾得难受的孩子，两家父母都劝他们想开点，朋友们也劝他们顺其自然，但心里的苦只有他们自己知道，对于大家的安慰，他们也只好一笑了之。

一天，丈夫陪同妻子去医院打点滴，一个新来的护士给她扎针，一看到她胳膊上的瘀痕，就知道是怎么回事了，就眼泪汪汪地说：顺其自然吧，是自己的别人抢不走，不是自己的莫强求……

夫妻俩一听护士的话，顿时很有感悟：是啊，小护士和我们素不相识，她干吗要劝我们？还不是看到我们身心俱疲的样子产生悲悯之情了吗？顺其自然，是自己的别人抢不走，不是自己的莫强求……说得多好啊！

回到家，小两口商量好，决定彻底改变一下自己的状态，他们把从医院买来的各种中药、西药统统扔进了垃圾桶。小两口相视一笑，顿觉浑身轻松。

一个周末，小两口窝在沙发上看电视，妻子突然想起翻翻日历，发现月经很久没来，然后拿出试纸，检测了下，居然发现怀孕了，小两口紧紧地相拥在一起，激动的泪水夺眶而出……

后来，丈夫还向朋友叙说这件事："真挺奇怪的，自从我们想开了以后，平时那些失眠、肌肉疼痛的毛病都不见了。"就在他说这句话的时候，还是那么平静，好像在说一个和他完全不相干的故事。

凡事顺其自然，确实非常重要。有些事情就是奇怪，你越努力渴求，它越迟迟不来，让你心急火燎、焦头烂额。终于，你等得不耐烦了，它又如从天降，给你个惊喜满怀。

人们常说，"不如意事常八九"。这是古哲在总结了历朝历代人类生活状态所作的大体分析，就是说一个人的一生不如意的时候占去了生命的十之八九，只有十之一二生活在快乐之中。这一分析未必准确，但

人的一生中忧比乐多却是不争的事实。得意和失意并不是我们所能控制的，但我们可以控制自己的心态，我们只有学会静心，才能以不变的平常心面对世事。

麦当娜是流行乐坛的常青树，可谓久经沙场，但在她47岁生日那天却乐极生悲。

麦当娜的骑术很好，因为自从结婚后，她开始迷上了乡村生活中的骑术，并一直坚持练习。麦当娜的骑马教练理查德·特纳认为，麦当娜是个非常棒的骑手，身手非常灵活和矫健，因此，在得知麦当娜发生这样的事故后，很是惊讶。原来事情是这样的：

在她47岁生日那天，她的老公盖伊·瑞奇送给她一匹马作为生日礼物，她高兴极了。于是她立即跃身上马，准备在老公和孩子们面前一展她的骑士风采。而实际上，麦当娜对当天所骑的那匹马的性情一点也不熟悉，骑术本来还不错的她根本无法驾驭这匹烈性的马，最终从马上摔了下来，造成锁骨和三根肋骨骨折、一只手受伤的严重后果，不得不去医院进行治疗。

麦当娜从马上摔下受伤，就是她乐极生悲的结果，古人言：“乐不可及，乐极生悲；欲不可纵，纵欲成灾。”这是妇孺皆知的道理，麦当娜也明白这个道理，但她却在生日当天头脑发热，化悲为喜。

“乐极生悲”一语在中国几乎妇孺皆知，但一般人对它的理解，往往是因快乐过度而忘乎所以、头脑发热、动止失矩，结果不慎发生意外，惹祸上身，化喜为悲。

因此，生活中无论遇到什么事，心态一定要调整好，应随时随地、恰如其分地选择适合自己的位置，既不以福喜，也不以祸忧，才能在事情的起承转合上控制好！

当然，凡事追求顺其自然，并不是消极避世，而是站在更高层次来俯视生活的一种睿智。当你做到顺其自然时，那淡然、泰然、必然、坦然、悟然也就不难做到了。

第十二章 巩固正念，静心觉察

所谓正念，就是如其实际地明了当下的心、身状态及其变化。举个简单的例子，此时此刻，也许你正坐在沙发上，或者椅子上，当然，你也有可能正站着，翻阅着一本书。然而，你是否意识到这点了呢？在没有人提醒你之前，你是否清楚地知道自己的状态；在经人提醒之后，你是否意识到你正在阅读这段文字，而且意识到这段文字让你产生了什么想法？亦或是什么感受？是令你惊讶的感受，还是令你有趣的感受，或者是令你难堪的感受？正念就是以一种特定的方式来觉察，即有意识地觉察、活在当下及不作判断。

正念——立足当下的静心法则

有人说，人生如同一次旅行，尽管我们选择的路线不同，但我们追求的终极目标是潇洒、快乐，有时我们走的路多了，心头难免会出现一些灰尘，此时，我们只有及时察觉并清理，才能以全新的状态上路。要做到这一点，就需要我们掌握一个精心法则——正念，什么是正念呢？正念，就是如其实际地明了当下的心、身的状态及其变化。举个很简单的例子，夜深人静时，你坐在椅子上，或者沙发上，或者正站着，翻阅着手上一本书，你是否意识到，自己正如书中的主人公一样，身上存在着某个缺点，却一直没发现？这本书让你产生了什么想法？或者什么感受？是令你有趣的感受，亦或是令你惊讶的感受，亦或是令你不舒服的感受？ 对这些心、身现象不加评判地了了分明，就是正念。也就是说，我们每一个人，都要学会自我察觉，这样才能做到自我监督，才能朝着正确的人生轨迹行进。我们先来看下面一个案例：

如今，越来越多的女性走上创业之路。和这些女性一样，小齐结婚后也放弃了继续工作的机会，和几个朋友开办了一个服装设计公司。事业上的如火如荼，并没有让小齐觉得很幸福。有一次，下班后，她无意中听到员工们对自己的评价："齐总这个人，虽然工作很努力，但说实话，我不怎么喜欢她，她脾气太坏了，我们只是她的下属，又不是签了卖身契。"

"是啊，何止呢？我发现，她还有点小心眼，每次发工资的时候，她都会精打细算，会尽量扣除那些零头。"另一个下属接上话。

“还有啊，她很懒，不懂得察言观色，说话太直，还毒舌，爱占小便宜，办事儿不想后果，总是说错话，一贯自我感觉良好，自认为有那么点小长处，没有底气还那么高调，不懂还喜欢装懂，还经常大言不惭地看不惯这看不惯那……”

“对，我看她那脾气，她老公估计也受不了，毕竟是女人，何必一天弄得跟个女强人似的……”

听完下属们的这番话，小齐很惊讶，原来自己是这样的一个人。“看来，我真得反省一下了。”

当天晚上，小齐回到家之后，就详细询问了一下丈夫关于自己的缺点。她的丈夫是个脾气好、说话客观公正的人，关于妻子的优缺点，他都提出来了：“这么多年，我发现，你是个有魄力的女人……”

生活中，可能很多人都遇到过和小齐类似的情况，原本“自我感觉良好”，有一天却发现，原来有那么多的缺点需要改正。发现自己的不足和缺点，就是正念的范畴。而事实情况是，日常生活中，我们既不可能每时每刻去察觉自己、反省自己，也不可能站在一定的高度、以局外人的身份来观察自己，于是，我们只能以外界信息和他人的眼光来认识自己，于是，我们的思维很容易受到外界信息的暗示，我们常常会迷失自己。

自我提升之门只能由内而外打开。进步的关键，在于你一定得认识和了解自己，而这件事只有你自己才能完成，也是一个非得靠你才能解答的问题。谁能永久激励你？谁能让你不断成长？答案是你自己，别人只能推波助澜而已！所以要获得成功，首先要研究、了解自己。自己才是自己的最佳导师。

其实，生活中，无论我们处于顺境还是逆境，我们都要学会运用正念来让自己的心静下来，然后学会反省自己的行为，反省自己的思想。任何时候，学会反省自己，始终是最明智、最正确的生活态度。

那么，什么是反省呢？反省——即检查自己的思想行为，找到思想和行为中错误和不足的地方。古人云：“知人者昏，自知者明。”的确，人

贵有自知之明，一个人只有学会了反省，才能不断进步和成长。相反，一个人连自己都看不清细节，又怎么能虚心进取呢？

总之，现代社会，我们都要学会静心，只有静下心来自我察觉和反省自己的行为，才能能够发现自己的缺点或者不足，然后加以改正，使自己不断进步，并能够扬长避短，发挥自己的最大潜能。

觉察身体，将紧张的肌肉舒展

斯蒂芬·吉利根博士在《爱的勇气》一书中说，“生命会一直流过你的中心，除非它流不通了”，“通过这个柔软的内在核心，自我往外延伸到这个世界、而这个世界也不断流进自我里，这个内在核心就像两个世界之间的门户一般。”“生命的河流流过你的中心，我们可以从两个方面来看这个说法。一个是对流经所有事物与物体的那股能量、灵性存在的身体感觉，觉察到这股能量的时候，你就会产生一种联结、和谐的感觉，运动员、音乐家和心灵相通的知己好友都非常熟知这种感觉。当这觉察的能力被情绪所抑制、被肌肉收缩所抑制的时候，一个人就会觉得非常忧郁沮丧，或者似乎被一个外来力量淹没得不知所措。”除此之外，这个观念也指：当经验在流通过一个人的时候，假如这个人没有能力和那个经验一起流动，或者根本不想体验，就会产生一种战斗或者逃跑的反应，导致神经肌肉锁结。这锁结不仅阻止你处理那个经验，而且使你无法再接受新的经验。长此以往，就会造成习惯性的神经肌肉锁结，换言之，整个人在不知不觉中变得很紧绷、自我受限而毫无觉察，在身体自我中，没有得到处理的经验处于一种无人理会的状态。这就是在自我关系中“被忽略的自我”。所以，我们很有必须觉察自己的身体，主动发现并松开肌肉的锁结，使肌肉舒展开来。方式有很多种，包括呼吸的觉察、放松的专注、减

轻躁动、底部加重法等。

呼吸的觉察。呼吸的觉察是一个非常重要的放松注意力的方法，对意识的影响特别大。通俗地说，假如没有呼吸，人们就会失去生命。生老病死的规律就是，每次吸气时获得新生或者重生，每次吐气时走向死亡或者“断气”。一般情况下，假如人们处于巨大的压力之中，呼吸就会变得急促和不规律，从而失去对呼吸的觉察。这样一来，肌肉就会紧缩，我们的意识就会以肌肉为基础，而不再以呼吸为基础，并且不再由呼吸产生。自然，我们也就没有办法处理所经验到的。毫无疑问，肌肉紧缩会阻止生命之流通过身体自我，使人们的思考变得非常保守，导致人们孤立于自我认知固定不变的理解和框架中。这必将导致“行为与看法”在相同的模式里重复运作着。所以，我们应该把意识回归到以呼吸为基础的觉察，这样才能顺利地改变行为。

放松的专注。自我关系关注的关键之处在于将放松带入紧绷的部分，而不要试着去摆脱紧绷。此外，还要清新地、实质地和自由地去感觉和响应，而不要消极被动、无力或者出神。要想关注自我关系，就应该发展出那种“不会太紧，也不会太松”的放松经验。要想做到这一点，可以采取渐进式放松法。所谓渐进式放松法，即一个人指示着身体的一个部位接续着一个部位，先紧绷然后再放松。例如，先将注意力全都集中在脚上，紧绷脚部所有的肌肉，然后在吐气时释放紧绷。先在脚踝与小腿重复着这些动作，并且继续往上延伸到头顶。除此之外，在另一种不那么讲究程序的方式里，也可以使用相同的方法，即要求一个人扫描自己的全身，将所有注意力都集中在身体上感觉到明显紧绷的部位，然后对着那个部位做“聚焦和放松”的过程。

例如，琳达向治疗师抱怨每当她跟男朋友说话时，就会感受到腹部有强烈的紧绷。针对这种情况，治疗师可以鼓励她调动那种感觉，然后再释放出来，以此体验事物的流动。刚开始的时候，因为对这种感觉的关注，所以她的腹部感觉到越来越紧绷。这时，治疗师可以建议她倾听并且更加专注于腹部的紧绷感觉，然后，试着放松下来，肌肉不太紧绷地去做。起初，这么做会显得有点困难，然而，当她持续在这种“专注和放松”的过程时，就会感觉到自己更归于中心，而且能够更好地倾听自己和男朋友。这样一来，她就可以更中正而直接地肯定自己，在此过程中，她也能感觉到自己变得更强壮、更柔软。这种方法的好处在于发展她能够更专注且更少紧绷的技巧，而不是强硬地让她放弃自己的“内在的感觉”。

减轻躁动。通常情况下，在神经肌肉锁结的状态中，大多数的感受、思想、行为都是由一个躁动的潜在状态所引起的。所以，要想减轻这种状况，就要增强自己的心智，使自己的内心变得清晰。这样一来，就能够有效地减少躁动。

底部加重法。所谓底部加重法，指的是把所有注意力都放在每个肌肉群的“底部”，腿和手臂的背部、脚的底部、耳朵的底部等处。使用这种方法的关键之处在于体验到地心引力温和地使你恢复镇定，因而，你可以借此发展出根植大地与归于中心的感觉。在使用这个方法的过程中，有一个技巧，也就是要多多注意身体弯曲部分的感觉，例如，从拇指内侧往上到食指之间的曲线、脖子往下到肩膀处的弯曲弧线、腕部的柔和曲线或者手肘内侧的曲线。这种简单的专注能够有效而又温和地减少内在的噪音，将觉察带到你的身体上，从而增加你对于当下的响应能力。

觉察情绪，别被某些人与事左右

了解自己的情绪，不仅能够帮助我们管理自己的情绪，迅速化解不好的感觉，而且可以增强我们觉察情绪的能力，有利于了解和我们互动的人的情绪。现代社会，情商至关重要，而习惯性地觉察自我情绪的变化则是高情商的一个重要标志。通常情况下，能够及时觉察自我情绪的人，可以

根据环境条件积极主动地调适自己的心理、判断情绪的影响、作出合适的行为反应。这样一来，必将使你更加游刃有余地应对人生。

在生活中，很多人都缺乏这种觉察自己情绪的能力。一般情况下，即使每天清晨都伴着悲痛醒来，他们也不知道自己是悲伤的；即使是在怒火冲天的时候，他们也不知道自己在生气。对于很多人来说，只有当强大的情绪之流在生活中大爆发并且扰乱了正常的活动时，他们才能感受到情绪。其实，在漫漫人生路上，如何体验情绪是每个人所要面对的最困难的任务之一。在生活中，每个人都必须与他人打交道，都难免置身于各种各样的旋涡之中，不管是面对自己喜欢还是讨厌的人，不管是面临自己有能力解决还是无力面对的事情，我们都必须学会怎样与自己的负面情绪平安相处，理解并且接纳它们。只有这样，我们才能渐渐地走向成熟。其实，每一个负面情绪都是一面镜子，时刻提醒着我们反思自己、接纳自己，活出真实的自己。

阿诺德把情绪定义为："情绪是对趋向知觉为有益的、离开知觉为有害的东西的一种体验倾向。这种体验倾向为一种相应的接近或退避的生理变化模式所伴随。"拉扎勒斯所提出的定义与阿诺德类似："情绪是来自正在进行着的环境中好的或不好的信息的生理心理反应的组织，它依赖于短时的或持续的评价。"20世纪70年代，另一位学者给情绪下的定义为："情绪起源于心理状态的感情过程的激烈扰乱，它同时显示出平滑肌、腺体和总体行为的身体变化。"由此可见，情绪尽管是一种心理状态，但是却能够带来表情的改变和身体的反应。

在生活中，很多人都是情绪的奴隶，一旦情绪爆发，他们就很难控制自己。研究证实，情绪能量在人们的身体中有着清晰的显化。假如想了解人的真正情绪究竟是怎样的，暂停无疑是最好的办法，因为只有及时暂停，人们才能把自己的注意力拉回原本的事情上。倘若一个人受到环境的影响非常大，那么，环境就可以决定一切。在这种情况下，人完全失去了自主性，随着环境的变化而改变自己。因此，我们应该把自己的注意力从外界的环境拉回来，这样才能看清楚自己的真实状况，这就叫感觉、体会或者关照。在生活中，很多人都曾经有过这种感触：同样一句话，当人心情不好的时候，会觉得它是坏话；当人心情好的时候，它就变成了好话。

李杜是一名小学老师，带六年级毕业班。今天早晨，他和往常一样走进教室，一边让孩子们读书，一边检查孩子们的家庭作业。检查完，李杜发现有几名同学没有完成家庭作业，因此他非常生气地让他们拿着作业本来讲台上补作业。但是，一个叫张来宾的同学却坐在自己的座位上不起来。见此情景，李杜不由得火冒三丈。正当他想大声训斥张来宾的时候，他控制住了自己的怒火，转念一想：这些孩子已经是六年级的大学生了，不仅有自己的思维，而且也有自己的面子。再说，他们处于青春叛逆期，说懂事吧也懂事，说不懂事吧还真是不懂事。这时，其他同学都瞪大眼睛，观察老师的反应。在这种情况下，倘若李杜强拉硬扯，非但闹得自己下不来台，还会影响其他同学的学习。因此，李杜决定把这件事情留到下课之后再解决。然而，全班同学还在等老师的反应，如果不正确引导这种现象，以后同学们就会争相效仿，导致班级风气恶化。因此，李杜对其他同学说:“还有没有和张来宾同学一样的？大家认为他的做法正确吗？”结果，同学们议论纷纷，都不同意张来宾的做法，都说他做得不对。借此机会，李杜大力表扬其他同学，称赞他们能够明辨是非，不与张来宾同学犯同样的错误。同时，他还不失时机地对同学们提出要求，要相互学习对方的优点，规避对方的缺点，扬长避短。

张来宾性格比较内向，沉默寡言，尽管学习成绩不太好，上课听讲也不太认真，不过，从来不影响其他同学学习。下课后，李杜把张来宾叫到办公室，让他先谈谈自己对这件事情的想法，找到了事情的根本原因，然后针对问题的根源对张来宾进行思想教育，这样一来，既避免了发生冲突，也让张来宾认识到错误和危害，不再重犯。

人们常说，冲动是魔鬼。面对缺乏自制力、经常犯错的学生，教师更应该有自我克制的能力。无疑，只有管理好自己的情绪，才能管理好自

己的学生。在教育教学实践中，未必每个学生都是对老师言听计从的，因此，教师难免会生气，甚至火冒三丈，在这种情况下，更有必要管理好自己的情绪了。

很多时候，因为冲动，人们往往会把自己逼到一个无可回旋的死角中。那么，假如学会控制自己的情绪，在处理事情的时候就能够给自己留有余地，从而能够灵活回旋。很多时候，“有台阶要下，没有台阶创造台阶也要下。”只有及时觉察自己的情绪、控制自己的情绪、转移自己的情绪，才能够更加灵活地处理事情，使自己从容处事，不被某些人和事情左右。

安睡，梦境中找到真实的自己

在人的一生中，有三分之一的时间都是在睡眠中度过的，由此可见睡眠的重要性。在很大程度上，睡眠质量决定了一个人的健康和幸福程度。虽然绝大多数人每天都要睡眠，但是人们对睡眠了解得却很少。随着社会的飞速发展，生活和工作的节奏越来越快，从而导致越来越多的人产生了睡眠障碍。根据世界卫生组织调查，全世界将近30%的人都有睡眠问题，将近一半的人受到各种各样的睡眠问题的困扰。

大多人都认为睡眠是被动的过程，其实，睡眠是我们大脑的主动行为，与人的大脑有着紧密的联系。不过，迄今为主，科学家们仍在研究和探讨睡眠是怎样发生的问题。既然睡眠如此重要，也一定具有很大的功效，的确，睡眠的最基本的功能就是消除疲劳，恢复体力。近来，科学家们通过研究发现：“健康的体魄来自睡眠，高品质的睡眠是提高免疫力的关键，是抵抗疾病的第一道防线。”除此之外，一个人的记忆力、分析力、判断力、反应敏捷度、综合思维能力也与睡眠的质量密切相关，其中

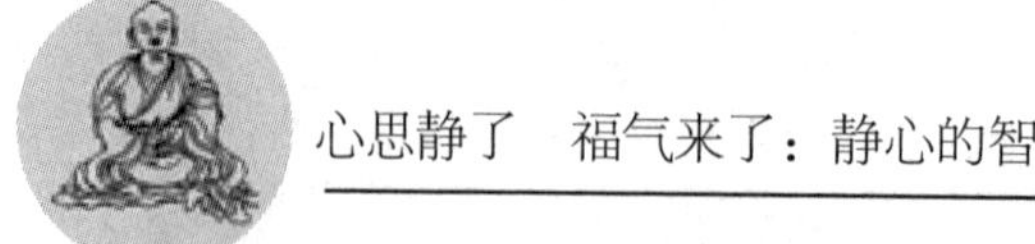

特别是对记忆力的影响最大，尤其对于处在生长发育期的儿童和青少年而言，睡眠质量在很大程度上影响了智商的高低、成绩的好坏。科学实验证实，倘若缺乏充足的睡眠，人的记忆力就会减弱，大脑的记忆系统对新技能、新知识的吸收将会遇到很大的阻碍。反之，倘若拥有充足安稳的睡眠，就能够迅速提高人的记忆力。

既然说到睡眠，就必须说到梦境。人们有三分之一的时间是在睡眠中度过的，而睡眠过程中则有五分之一的时间伴随着梦境。

梦是一个古老而神秘的话题。在生活中，大部分人都有过这种经历：做了一个仿佛身临其境的梦，醒来后却百思不得其解。为什么会做梦，梦境为什么如此奇特？其实，梦境之所以神秘，正是因为梦的栩栩如生、荒诞不经。自古以来，不管是中国的周公，还是西方的弗洛伊德，都试图探索梦的奥秘。其实，无论是什么样的梦境，都是因为体内或者外界的某些刺激作用于大脑的特定皮层，包括残存于大脑里原有的兴奋痕迹而引起的睡眠中的一种缺乏规律性的心理活动。白天的时候，人们要接受很多的外界刺激，因此总是不由自主地思绪起伏，或喜或悲，这些都与梦境有着非常紧密的联系。正因为这样，人们才经常说"日有所思，夜有所梦"。除了白天的思维活动之外，病理、环境等因素也会影响梦境的形成。所以，我们完全可以用科学的理论来解释做梦的现象，而并非"先祖托梦"，更不是有些人所说的"神鬼显灵"，因此，梦根本不可能预示吉凶祸福。由此可见，无论做了什么样的梦，我们都没有必要为梦境的怪异而惶恐不安。

很多时候，人们很纳闷自己明明只睡了很短的一段时间，但是却做了内容很长的梦，这是为什么呢？原因很简单，在睡梦中，人的大脑就仿佛是一台精密的超级计算机，能够在瞬间运算无数次，所以能在很短的时间内做内容很长的梦。一般情况下，梦发生在快速眼动睡眠阶段，这时，部分大脑皮层的兴奋点虽然还处于活动之中，但是这些兴奋的脑细胞群之间已经不能进行正常的联系了，因此导致所做的梦往往千奇百怪，醒来之后

令人百思不得其解。

做梦其实是人体的一种生理需要，有着非常特殊的作用和地位。在梦境中，人们完全放松了自己，因此，很多梦境都是自己的潜意识的体现。倘若你的睡眠质量很好，能够在睡眠中完全放松，遵从自己的潜意识做一些释放自己的梦，那么，梦境就能够帮助人们恢复和加强人体机能，带给人们美好的、愉悦的回忆，除此之外，梦还能传递疾病的早期信息。有梦的睡眠能够稳定人的精神状态，发挥人们的创造性思维，还能帮助人们延长寿命。因此，我们要正确地对待做梦的现象，尽量放松自己，在睡梦中找回真实的自己。

何琳娜结婚三年了，有一个女儿，已经一岁多了。最近，她总是梦见自己的初恋男友，有的时候梦见初恋男友是一个人，有的时候梦见初恋男友和妻子一起出现在她的面前，有的时候梦见初恋男友与她和好了。因为这个梦，何琳娜很痛苦，觉得对不起自己的老公。当时，何琳娜和初恋男友完全是出于无奈父母的反对，他们才分手的。为此，很长一段时间，何琳娜都很痛苦。后来，在朋友的介绍下，她认识了现在的老公，虽然感情没有那么深，也没有那种怦然心动的感觉，但是因为双方的条件都比较合适，所以何琳娜很快就和老公结婚了。结婚以后，他们的日子一直过得很平静，顺其自然地生了孩子，过着平淡如水的日子。有的时候，何琳娜觉得生活太平淡了，和老公之前没有任何激情，但是，每当何琳娜在朋友面前说起这件事情时，好朋友就会劝她，说她有一个能挣钱的老公，有一个可爱的女人，有一个人人羡慕的家，还告诉何琳娜生活原本就是平淡的，所以何琳娜就这样日复一日地和老公过着平静的生活。

但是，近来，何琳娜越来越频繁地梦到初恋男友，她很担心自己会在睡梦中一不小心喊出初恋男友的名字，便去咨询心理医生。心理医生听完她的叙述之后，就发现了问题的症结所在。原来，在何琳娜的潜意识中，一直觉得老公缺乏情趣，虽然生活中各个方面的条件都非常好，但她在精神方面却很空虚。并且，有了孩子以后，她更加没有时间关注自己的精神生活，在精神上感觉自己越来越贫瘠。所以，她才会频繁地梦见初恋男友，在梦中满足自己的精神饥渴，这和人在睡眠中渴的时候梦见喝水是一样的道理。心理医生建议何琳娜：每个人的脾气秉性都不同，所以，男人不懂情趣是正常的。作为女人，完全可以主动调剂生活，带着老公一起把生活变得有滋有味，渐渐地，老公就会在潜移默化之中变得充满情趣。听了心理医生的建议，何琳娜几年以来的心结解开了，果然，在她的悉心调剂之下，她和老公的生活变得越来越有情趣。

很多时候，梦所代表的“愿望达成”是非常明显的、毫无掩饰的，甚至导致人们觉得很奇怪。正是在这种好奇心的引导下，人们才开始探究梦的秘密。在梦中，我们的潜意识一览无余，因此，我们能够找到真实的自己。由此可见，每当生活和工作的压力巨大的时候，我们不妨选择安睡，在睡梦中了解真实的自己，从而更好地了解自己。

强化并保持正念从而修复心态

在生活中，对于绝大部分人来说，每当遭遇灾难或者逆境的时候，就会不自觉地产生抑郁的反应。当我们失去了重要的东西时，当我们感到被周围所抛弃时，当我们被羞辱所打击时，抑郁总是悄然而至。其实，抑郁非但于事无补，还会导致我们的心情越来越糟糕，更加不可能好好地解决问题。在这种情况下，为了修复心态，最好强化并保持正念。

所谓正念，就是以一种特定的方式来觉察，即有意识地觉察、活在当下及不作判断。首先，正念意味着“有意识地觉察”。在某些情况下，大多数人都会混淆“正念”和“觉察”这两个词。其实，这是不好的习惯。但是，并非意味着人们在有意识地觉察自己的情绪。要想保持正念，就要有意识地觉察自己，而不是习惯性地觉察自己。举例来说，在吃东西的时

候，大多数人都知道自己在吃东西，但是并不意味着我们在吃东西的时候念念分明。倘若我们只能习惯性地觉察，它们就会随意攀缘，而不会主动将注意力带回到吃东西的过程。习惯性的觉察没有任何目的性。但是，目的性却是正念重要的组成部分之一。假如我们致力于体会当下，不管是情感、呼吸还是诸如吃东西之类的简单行为，都是在积极地培育心境。假如让心任意攀缘，就会杂念丛生，包括一些负面的心念。如果任由心念发展，我们就会不自觉地强化相应的情感，从而导致自己非常痛苦。正确的做法是有意识地强化并且保持正念，只有这样，我们才能修复自己的心态，削弱杂念对生活的影响，从而更有利于培育平静和愉悦的心境。

张琦是一名大学老师，在他45岁，学校组织的一次体检中，不幸查出了癌症。幸运的是，癌症属于中期，发现得比较及时。刚开始的时候，张琦老师的心情极度恶劣，他觉得自己活不了多长时间了，即使做手术、做化疗，也只是拖延时间而已。因此，他的情绪很低落，对生活失去了希望。很多亲戚朋友都劝他打起精神来面对现实，乐观地生活，但是，收效甚微。后来，一位信佛的同学告诉他要坚持正念，并且向他灌输了很多正念静想的好处。看到同学说得神乎其神，张琦老师不禁半信半疑。因此，在同学的建议下，他决定先做手术，然后再坚持正面静想，看看一段时间以后效果如何。手术之后，张琦老师每天都坚持练习正念静想，排除一切杂念，坚信自己一定能够战胜病魔。奇迹发生了，配合手术和放化疗，张琦老师坚持正念静想，在术后一年复查的时候发现身体的各项指标都恢复了正常，非常健康。自此以后，张琦老师更加用心地练习正念静想，全然专注身心健康，心胸变得越来越开阔，心态也越来越好了。

正念是佛法的核心，是一种可以把我们带回当下的巨大力量。众所周知，草木对阳光非常敏感，同样的道理，行为对正念也非常敏感。正念是能够拥抱和改变所有行为的神奇力量。所谓念，就是要记得回归当下。坚持正念，我们可以冷静地面对和处理生活中发生的很多事情。除此之外，正念还能感染身边的人和一切活着的事物也活在当下，珍惜每一分钟。

在修习正念的过程中，我们开始接触生命中的那些使人清明的诸多因素，随之开始转化自己的和整个世界的痛苦。刚刚开始修行时，我们的习气也许比我们的正念更加强大，因此，要想改变一个习气，可能需要我们花费几年的时间。然而，只要我们真正地做了，我们就可以使生死轮回停止。概括起来说，只要坚持修习正念，就会使我们过上健康幸福生活的概率增大，使我们远离痛苦，拥有喜悦、平静和安详、解脱。

第十三章 感恩困苦，笑看人生

在生活中，每一个人都难免经历很多困难、坎坷、挫折。当处于人生逆境的时候，你是选择哭，还是选择笑？哭，除了发泄情绪之外，唯一的作用就是使你失去勇气，丧失信心，被生活的困苦打败；笑则不仅能够使你充满信心和勇气，而且能够赋予你力量，帮助你战胜人生的困苦。你选择哪个？当然是笑。既然哭没有任何作用，那么笑无疑是最好的选择。假如你能够怀着一颗感恩的心，笑对人生的每一天，你就能够更加淡定从容，把苦难变成人生的财富，在苦难的历练下更好地面对生活的一切。

感恩——微笑面对每一天

在我们的人生路上，我们无时无刻不在接受他人的帮助，接受他人的恩惠，自打我们出生，父母就在孜孜不倦地哺育我们，教我们做人做事的道理；跨入校门，我们的老师就无怨无悔地把毕生所学传授给我们；当我们成家立业之后，我们又得到了来自爱人的呵护；工作岗位上，当我们遇到困难时，同事们也总是伸出援助的双手……我们需要报答的人太多。因此，我们每个人都应该学会感恩。

“不要抱怨玫瑰有刺，要为荆棘中有玫瑰而感恩。”这句话成功地道出了一个深刻的人生哲理。因此，不管遇到什么事情，我们都要学会感恩，那样，我们内心的个人偏见自然会慢慢减少，烦恼也就会慢慢减少了。

有人说过这样的话，人生的冷暖取决于心灵的温度。可如今的社会就像一个大熔炉，把我们的心也烧得沸腾、喧嚣起来。若想摆脱浮躁的心，我们最需要超越的就是自己心灵的局限。如果能以感恩的心态面对，就能突破心灵的桎梏，所有的痛苦都可以超越，也都可以排解！

石田退三是日本著名的丰田汽车的缔造者，他的成功并不是一帆风顺。

年幼的时候，他家境贫穷，根本没钱上学，只得辍学。后来，他去京都的一家家具店当店员，一干就是八年。后来，在朋友母亲的介绍下，他到彦根做了赘婿。入赘后，他才知道太太家没有一点财产，这让他感到

有些失望。就这样，他和妻子一起过着贫穷的生活，贫困的生活是很无奈的，他只能将新婚太太留在彦根，一个人到东京一家店里当推销员。而这份工作，名义上说是推销员，其实和小贩一样，不得不推着车到处推销货品。就这样，他又干了一年多，身体终于支撑不住的他只好离开这家公司，稍后，他回到了岳母家。

然而，这似乎并不是他的家，他的岳母给他的是鄙视的目光，他每天都要过着被人数落的日子。“你真是个没有用的家伙！”周围那些人也这么评价他。他的岳母更是冷眼相讽。她说：“你是我见过的最没有用的人！”这些羞辱几乎气得他眼前发黑，几近晕倒。步履艰难地过了几个月后，他终因承受不了这些沉重的压力，想通过自杀来解脱。

这天，心情抑郁的他来到了“琵琶湖”，就在他准备自杀时，他却一下子醒悟过来了。他想到：“像我如此没有用的人应该非死不可。但如果我真有跳进琵琶湖的勇气，为什么不拿这勇气来面对现实，奋力拼搏，打开一条出路呢？我应该尽自己最大的努力，奋发图强，克服重重困难，用坚定的毅力做出一番轰轰烈烈的事业来！”

基于这种想法，石田找到了活下去的勇气，一股强大的力量仿佛在他体内激荡着。他不再满脸愁容，也不再老想着用自杀来解决当下的痛苦，而是搭上了回家的火车。从此，他不再自怜自叹，他托朋友介绍自己到一家服装商店当店员。在这儿，他重新鼓起奋斗的勇气，将忧愁化为力量，用坚定的毅力承受来自各个方面的压力和挫折。

就在他40岁那年，他到丰田纺织公司服务。他不怕艰难，刻苦奋斗，全力以赴地投入工作。对他处事得当的能力，一丝不苟的精神，丰田公司的创业者丰田佐大为赏识。在石田50岁那年，丰田就派他担任汽车工厂的经理。53岁时，公司将经营的大权交给了他。

正和石田后来回忆的一样，人生如同战场，你要在这战场上打胜仗的唯一法宝，便是斗志和毅力。“我要感谢那些曾经给我压力的人和曾经光顾我的困难。如果没有它们，我不会有今天。”的确，对于石田来说，他

的人生的转机就来自于他对周围那些目光的反省，如果没有那场自杀，让他清醒地认识到毅力的重要性……石田退三恐怕早就命沉“琵琶湖”了，哪会有今天在丰田取得的卓越成就呢？

心怀感恩的人，才能视万物皆为恩赐；也只有当我们心中充满了感恩之情时，压力才变得不再是压力，世界也才变得美好无比。而此时无论是怎样的困难，我们都可以满怀激情地去面对。要做到感恩，首先我们要经常对身边的人说“谢谢”。

有时候，你可能认为，周围人对你的举手之劳是理所当然，比如，同事帮你做的一个报表，周末丈夫为你做了温馨的早餐，但请记住，没有人应该对你好，所以，你应该对他们说谢谢，有时候，即使这么简单的一句道谢，也是一种幸福的回馈。

另外，我们还是社会的人，应为社会尽一份微薄的力量。

大部分人可能认为，我只不过是个普通人，哪里能为社会做多大贡献？但社会就是由千千万万这样的普通人组成的，只要我们从身边做起，多关心国家大事、社会新闻，多关心慈善事业，那么，哪怕你捐出一块钱，哪怕你简单地拾起马路上的一片废纸，你也是为社会的发展尽了一份力量。

承受艰辛，享受困苦

在这个世界上，没有人的人生是一帆风顺的，每个人都会或多或少地经历苦难。这正如温室里的幼苗一样，因为没有风雨的历练，它们只能躲在温室里接受人们静心的照顾，而错过了自然界的美景。同样的道理，一帆风顺的人生也是不完整的，因为没有经历苦难的磨砺，人生便少了一笔宝贵的财富和经验。

那么，什么是苦难呢？对此，每个人都有不同的理解。当然，每个人面对苦难的态度也是截然不同的。失败是一种苦难，探险也是一种苦难。海伦·凯特凭着顽强的毅力从盲、聋哑的阴影中脱颖而出，让世人瞩目、惊叹。从塔克拉玛干沙漠中走出来的探险队员们，不仅忍饥挨饿，而且经历过风沙的洗礼，他们甚至感到过绝望，然而，他们最终成功了，他们的成功是他们坚强地与苦难作斗争的结果。面对成功，除了喜悦之外，他们同时得到了一种顽强的意志和勇气。在漫漫人生中，这种财富将成为他们打开成功之门的一把金钥匙。在中国古代，也有很多品尝苦难的典型事例。例如，思马迁呕心沥血几十年，才写成《史记》；越王勾践卧薪尝胆，方夺胜果；近代的“上山下乡”“文化大革命”也是一种苦难。

拿破仑曾经说过，“人，是从苦难中滋长起来的”。虽然每个人都期望自己的人生风调雨顺，但是，每个人呱呱坠地的时候都伴随着哇哇大哭。在某种意义上，我们完全可以说降临人世的第一声啼哭是人生的第一个宣言——一个充满激情的宣言：“人，只有战胜苦难，才能获得新生”。

张跃在《福布斯》2002年中国富豪排行榜上排名第26位，从研发几台取暖锅炉起家，到经营全球最大的直燃式中央空调，他做到了很多人连想都不敢想的事情。在此期间，他不仅连续五年无贷款交税过亿，而且还考取了中国第一份直升机私人驾照，成为中国第一个拥有企业公务飞机和直升机的人。

3月20日，43岁的张跃在“清华学子财富论坛”上坦言，“用三五个小时的时间是无论如何也讲不清楚一个年轻人怎样出人头地、一个企业怎样获得成功的。要知道，成功无法定义。不过，我们倒是可以讨论一下成功的人应该具备哪些素质和行为。”

“农场法则”是张跃非常推崇的一个成功秘诀，他经常把这个法则挂在嘴边。对于‘农场法则’，张跃的评价极高，他说，农场法则的特点就是播种、施肥、耕耘、收割，此外，还要有良好的天气，这是非常符合

自然规律的。不管是处于信息时代，还是经济全球化或者在其他情况下，农场法则都是适用的：必须有优良的、适当的种子；必须有充足的肥料；必须辛勤地耕耘、锄草、杀虫；必须有良好的气候条件。只有具备上述所有的条件，才能获得丰收。张跃感慨万千地说，“我深信‘农场法则’，任何收获都是长时间艰苦劳动的结果，都没有捷径，不管是做人还是做生意，决不能投机取巧。我认为我这生从来没有浪费过时间，始终都在超额地付出着，而且，我没有任何不良的嗜好。”

张跃粗略地计算了一下他每天的工作时间，通常都在14到15个小时之间，而且，他每个月都很少休息，基本每个月都保证近29天的工作日。“尽管我的创业历程只有14年半的时间，但是，我的工作时间却相当于普通人工作30年。可以说，我在每一个省都认识一些有级别的领导，但是，我很少把精力消耗在社交上。我觉得，一个成功的创业者和企业家不能把太多的时间花费在人际关系上，因为这是错误地支配时间。正确的做法应该把时间用在核心问题上，例如科技公共和解决技术突破等。”

毫无疑问，在创业过程中，每个人都需要忍受奋斗的艰辛，承受煎熬的痛苦，随时随地面对紧张的情绪，克服重重困难，享受成功的喜悦。不过，这些是循环往复的，谁也无法彻底摆脱。很多时候，成功并不是一个简单的词语，也不是一劳永逸的事情，因为成功只可能是某一阶段的，只是针对某一事件的。在创业的艰难过程中，如果一个人没有成功背后的挑战和煎熬的心理准备，那么，他将很难承受。”

有的时候，张跃把人生看成是一场直播，他说：“人生就像一场直播，必须持久地付出，不能停息片刻，特别是企业的领导，更是如此。”可能，张跃就是这场直播的最佳导演。“很有可能，明天的我将对空调不再狂热，那么，我会转移注意力，对更好的东西感兴趣，只要能产生一定的经济效益，它也许是太阳能技术方面的合作。总而言之，不管是什么，我都会全身心地投入，再次狂热。”

其实，不管是生活的艰辛还是事业上的困境，我们都应该坦然面对。

只要心中有成功的信念，我们就能够百折不挠地一次次从摔倒的地方重新站立起来，这样一来，我们就会变得比原来更加高大与健壮。上帝心里很清楚，苦难是他送给世人的带刺的玫瑰，最终能够给世人带来成功和幸福。虽然为了这朵“玫瑰”世人刺破了双手，但是必将有所收获！在生活中，我们一定要牢记“生于忧患，死于安乐”的古训，把自己所遭遇的苦难当成是一笔伟大的财富，利用人生的挫折来磨砺自己。要知道，苦难是上帝赐予你的历练自己的机会，而挑战苦难则意味着你离成功越来越近了。

排解苦难，心灵因感恩而平静

在生活中，人们常说，不如意之事十有八九。的确，没有一帆风顺的人生，人生的重要组成部分就是各种各样的苦难和挫折。例如遭受挫折，被人误解，受到批评等。面对苦难，很多人都无法保持心灵的平静，他们或者抱怨，或者默默地承受，或者怒火冲天，或者黯然流泪。当岁月洗净了生命的铅华，蓦然回首，我们却发现那段阴霾还藏在心底，纠结成一小段难以逾越的障碍。而当人们真正地走向成熟睿智的时候，却发现曾经的阴霾只是人生长河中的一朵浪花而已，早已消失不见了。也或许，曾经的苦难已经演变成了如梭岁月中的一缕馨香，浅浅淡淡的。面对苦难，最值得推崇的做法是以平静的心态面对。因为只有平静，才会更加理智，更加从容。那么，面对苦难，怎样才能平静呢？答案其实很简单，只有怀着一颗感恩的心，才能平静地面对苦难。

生活需要一颗感恩的心来创造，一颗感恩的心需要生活来滋养。如果能够常怀感恩之心，人生就会更加圆满，从而减少了很多憾事。翻开岁月的日历，你会发现一页页崭新的生活因为我们感恩的心而变得更加璀璨。

我们要感谢那些曾经让自己成长的人或者事，正是他们，我们才能更加迅速地走向成熟和睿智。记住，学会感恩，收获别样的人生。

雄鹰心存对蓝天白云的感恩，在清寒玉宇中展翅高飞；溪水心系对巍峨高山的感恩，从山涧低吟下泻；泥土心存对广袤大地的感恩，在田野里散发沁人的芬芳；小草心存对阳光雨露的感恩，一岁一枯荣之后又萌发新绿。

作为万物灵长的人类，我们不仅要感恩自然、感恩父母、感恩朋友、感恩爱人，也要感恩那些曾经给我们的生活带来苦难的人。我们要感恩伤害自己的人，因为他磨砺了我们的心智。人生不可能完全顺利，总会遇到大大小小的挫折。在成长和成熟的过程中，人们难免会受到不同程度的伤害。我们必须坚信，对于人生来说，每一次伤害都是一种崭新生活的开始，每一次伤害都是一次人生的洗礼。我们要感恩绊倒自己的人，因为他们锻炼了我们的意志。现代社会，竞争越来越激烈，人们之间尔虞我诈，为了实现自己的目的，甚至不择手段。在前进的道路上，当遭遇阻挠时，一定要勇敢地面对，而千万不要轻言放弃。只要你坚持，一定会守得云开见月明。很多时候，压力就是最好的动力，正是这种越挫越勇的精神，在不知不觉之中锻炼了我们的意志力。我们要感恩欺骗自己的人，因为他使我们擦亮了眼睛，增长了我们的生活阅历。人们常说，人心叵测，的确，每个人都有自己的心思，脾气秉性也各不相同，这就导致生活中欺骗无处不在。一旦被骗，请不要自责不已，也不要仇视对方，正是因为他们的欺骗，我们才擦亮了自己的眼睛，增长了社会阅历。古人云，吃一堑长一智，说的正是这个道理。我们要感恩遗弃自己的人，因为他们教会了我们自立自强。每一个人都将独立地走向社会，在成长和成熟的过程中，难免要经历自我独立。常言道，花无百日在深山，人无百年在世间，即使父母把我们照顾得再好，也不可能陪伴我们一生一世。所以，当亲人因为某种原因离开我们的时候，我们要为他们的及时放手而感恩，而不要心生埋怨和悔恨。有的时候，放手也是一种爱，能够教我们学会独立自强。我们还

要感恩斥责自己的人，因为他们让我们学会了自省。人与人之间的关系非常复杂，有的人惺惺相惜，有的人互相贬斥。假如遭遇斥责，千万不要恼羞成怒。首先，我们要学会自省，进行自我反思，试着站在别人的角度思考问题。假如能够做到这一点，必将给我们的人际交往带来很大的好处，使我们与别人之间的关系越来越融洽。

欧阳菲菲–感恩的心

作曲：陈志远 作词：陈乐融

我来自偶然/像一颗尘土/有谁看出我的脆弱

我来自何方/我情归何处/谁在下一刻呼唤我

天地虽宽/这条路却难走/我看遍这人间坎坷辛苦

我还有多少爱/我还有多少泪/要苍天知道/我不认输

感恩的心/感谢有你/伴我一生/让我有勇气做我自己

感恩的心/感谢命运/花开花落/我一样会珍惜

我来自偶然/像一颗尘土/有谁看出我的脆弱

我来自何方/我情归何处/谁在下一刻呼唤我

天地虽宽/这条路却难走/我看遍这人间坎坷辛苦

我还有多少爱/我还有多少泪/要苍天知道/我不认输

感恩的心/感谢有你/伴我一生/让我有勇气做我自己

感恩的心/感谢命运/花开花落/我一样会珍惜

感恩的心/感谢有你/伴我一生/让我有勇气做我自己

感恩的心/感谢命运/花开花落/我一样会珍惜

花开花落/我一样会珍惜

很多人在第一次听这首歌的时候潸然泪下，尤其是那些正在经历着人生挫折和苦难的人。在这首歌中，我们看到了一颗平静地面对坎坷挫折的心，一颗感恩的心。在生活中，挫折和困苦是难以避免的，要想使内心保持平静，就要学会用宽阔的胸襟包容生活，学会感恩，学会理解爱、给予爱。不管生活怎样对待我们，我们都无法抛弃生活，这就要求我们心怀感恩，积极地面对生活。学会了感恩，我们才能发现生活中有很多感人之处；学会了感恩，我们才能知道生活的意义所在。

历尽苦难，步入成熟的淡然

如果把人生的历程当成是一次旅程，那么，这次旅程既有人间仙境，也有险峰。大多数人都有过爬山的经历，都知道只有爬到山顶，才能一览众山小，看到最美丽的景色。但是，在爬山的过程中，必须付出很多的辛苦和努力，甚至有的地方没有路，必须依靠人们手脚并用才能爬上去。其间，荆棘也许会刺破人们的手，甚至还会因为山路难走而崴了脚。但是，这些都无法阻止人们一览众山小的决心。同样的道理，在人生的不同阶段，一定要勇于观赏领略旅途中不同的风景，或者美丽，或者艰险，或者有碍观瞻，或者公然无私，总之，只有尝尽人间百味，才能使自己的人生更加丰富多彩，从而使自己更加成熟、淡然。

在人生中，既有顺境，也有逆境。正是苦难，使得人生变成了最孤寂的黑夜，然而，也正是这无边的黑暗，才使得每一丝微弱的亮光都显得来之不易、弥足珍贵。心灵在暗夜中挣扎，往往非常脆弱，只要一个鼓励的眼神或者一句淡淡的问候，就会感动，就会落泪，更会为那些不经意间伸出的援手感到温暖。在生活中，顺境带给人们的是快乐，只有苦难，才能教会人们珍惜一点一滴的拥有，同时，也教会人们不吝惜付出心中的爱。在人生的道路上，苦难是难得的休止符，只有经历了苦难的停顿，才能演奏出最完美的人生乐章。很多时候，要想陷入沉静的思考，就必须暂时告别喧嚣，进行短暂的放逐。在反思中，人们能够再一次听到心灵深处最孤独的呐喊，使那些深藏的能量一点一点地凝聚起来，从而瞬间释放出巨大的能量，帮助人们冲破人生的樊笼。

人生的道路上，没有暴风雨的洗礼，就没有雨后绚烂的彩虹；没有荆棘密布的丛林，就没有坦荡的阳光大道。如果你顺利地走向了成熟，那么，你应该发自内心地感谢苦难，因为正是苦难才使你更快地走向成熟。其实，不管是苦还是乐，不管是喜还是悲，都只是人们因为心态不同而产生的不同感受而已。只有苦过，乐过，才能知道人生是在弹指一挥间，仓促得让我们必须用心珍惜。走过人生的漫漫长路，蓦然回首，你会发现自己的内心深处始终牢记着走过的那段艰难岁月，而在不经意间，你早已忘记了曾经的苦难带来的痛苦，它已经在不知不觉间变成了淡然的一笑！这就意味着，你已经成熟了、淡然了！生活给每个人都留下了成长的痕迹，很多时候，那些深深的烙印会在不经意间变成淡然一笑。

许巍从小是和妈妈一起生活的，爸爸在他6岁的时候和另外一个女人一起生活了，为此，妈妈和爸爸离了婚。从小，许巍就总是被别的小朋友欺负，那时，他就特别想念爸爸，渐渐地，他开始怨恨爸爸抛弃了自己和妈妈，害得他们受人欺负，备尝生活的艰辛。不过，许巍的妈妈是一个很要强的人，她一个人辛辛苦苦地生活，既要工作养活许巍，又要照顾许巍的生活。妈妈对许巍的要求很严格，而且让许巍理解爸爸，不要怨恨爸爸，因为每个人都有选择自己生活的权利。在妈妈含辛茹苦的教养之下，许巍渐渐地长大了，他自立自强，很小就帮助妈妈承担了一部分家务，从高中时代开始，为了减轻妈妈的经济负担，他就外出做家教，挣钱负担自己的生活费用。日久天长，生活的苦难把许巍磨练成了一个男子汉，虽然年纪不大，但是他有担当，有责任心，而且待人非常宽容，如今的他已经不再怨恨爸爸了。大学毕业以后，许巍凭借优秀的学习成绩和出色的表现，被学校保送研究生，并且留校任教。苦尽甘来之后，许巍的心中只有感恩，只有宽容。正是因为苦难，他才变得越来越宽容大度，淡然地面对生活赋予他的一切。

在深山里有一座寺庙，里面住着一个老和尚和一个小和尚。为了换取一天的口粮，老和尚每天都翻山越岭地挑柴火，去集市卖掉。后来，徒弟

渐渐地长大了。为了培养徒弟的吃苦精神，老和尚便让小和尚替他挑柴火去集市上卖。

起初，小和尚很不情愿地挑了两挑。的确，因为以前都是老和尚干活，所以翻山越岭挑柴火把他给累坏了。刚刚挑了两天，小和尚就再也挑不动了。迫于无奈，老和尚不得不叹气让小和尚留在寺庙里歇着，自己仍然每天挑柴挣钱糊口。

常言道，天有不测风云，人有旦夕祸福。不知道是因为过度劳累还是其他原因，老和尚突然病倒了，这一病足足在床上躺了半个多月。原本，老和尚都是每天挣钱吃饭，因此寺庙里的积蓄很少，勉强维持了几天之后，寺庙里失去了生活来源，马上就要饿肚子了。小和尚没办法，只得主动挑起了生活的重担。

每天，小和尚天不亮就起床，学着师父的样子上山砍柴，然后挑柴去集市卖。可能是因为急需糊口吧，小和尚干起活来一点儿也不觉得累。

老和尚虽然躺在病床上，但是心里却很着急，看着小和尚忙碌的身影，小和尚无限怜爱地说："徒儿，悠着点儿干，千万别累坏了身体！"

听到老和尚关切的话语，小和尚停下手中的活儿，疑惑不解地问老和尚："师父，有件事情我一直想不明白，总想问问您。真是很奇怪，起初你叫我挑柴火那两天，我挑那么轻的担子都觉得非常累，但是，如今我挑得越来越重，反倒觉得担子越来越轻了呢？"

听了小和尚的话之后，老和尚赞许地点点头，说道："这说明你的身体承受能力增强了，不过，最重要的还是你心理变得成熟了！正是因为成熟，你才有勇气挑起生活的重担，自然就觉得担子变轻了！"

只有通过不断的锻炼，人们才会变得越来越成熟。更有力量、勇于承担重任就是成熟的标志之一。一旦你有勇气挑起生活的重担，就会变得非常坚强，即使再大的困难也压不倒你。从许巍和小和尚的身上我们不难发现，很多时候，生活的苦难正是我们的财富，能够使我们更加成熟，更加淡然地面对生活中的一切困难。在生活，每个人都肩负着责任和义务，都

需要挑起很多的担子，面对负担，我们越是逃避，它就显得越沉重，直到压得我们喘不过气来。坚强和勇气是解决困难的最根本的良方。如果我们能够勇敢地去面对生活的苦难，勇于承担生活重任，那么，我们就能一一解决生活中的困难。在圣经里，常常把考验比喻成金匠炼净杂质的炉火。彼得说："百般的试炼可以使你的信心更加纯净。纯净的信心比金子还要可贵。"的确，不管对于谁来说，苦难都能够使之成熟、蜕变。谨记，痛苦只是暂时的，而奖赏则是永远的。当你领悟到品格成长所带来的永恒结果时，你就知道自己正日趋成熟，淡然处世。因此，微笑着面对苦难，与苦难一起成长吧！

微笑面对人生的每次波折

"故天将降大任于斯人也，必先苦其心志，劳其筋骨，饿其体肤，空乏其身，行拂乱其所为，所以动心忍性，曾益其所不能。"这段话摘自《孟子·告子下》，曾经入选初中的语文课文。迄今为止，相信仍然有很多人深刻地记着这段话。这段话的意思是说，上天将要降落重大责任在这样的人身上，必须会先使他的内心感到痛苦，使他的筋骨感到劳累，使他经受饥饿的折磨，以致肌肤消瘦，使他受贫困之苦，使他做的事颠倒顺序，错乱不堪，从而使他难以如意，并且通过这些挫折来使他的内心保持警觉的状态，使他的性格更加坚韧不拔，以此增加他所不具备的才能。

在生活中，我们经常祝愿别人万事如意，其实，这只是一种美好的向往而已，很难实现。因为不管是谁，不管是否天将降大任，都很难万事如意。人们常说，不如意之事十之八九，因此，很少有人能够事事都如愿以偿。有人曾经说过，"生命中的痛苦是盐，如果缺少了它，生命就会变得寡淡无味！"的确，生活有时根本不由人作出选择，不管是幸运，还是苦难，都能给我们带来很多收获。要想活得骄傲，就要坚定自己的信念，精神上不卑微。在面对命运的波折屈辱时，有的人选择退缩，被命运彻底摧毁，而有的人选择迎难而上，以西西佛斯的意志和胆量，与之挑战对抗。这样的人生，展现给世人的是一种壮美！即使遭遇再多的波折，也不会使人觉得悲苦凄凉！赵美萍在《我的苦难我的大学》中写道：“人必须有两个世界，一个是现实的，一个是精神的。假如现实世界使我们痛苦，那么，我们就从精神世界得到安慰，这种安慰来自我们的心，我们要用心去感受生活中美好的东西，而不要沉迷于苦难无法自拔，怨天尤人。我们要学会拯救自己，主宰自己的命运。”赵美萍的人生信条是“有梦不觉人生寒”，正因为如此，她才能在一次次命运的波折中保持积极进取的心态，最终走向成功。

一个阳光灿烂的下午，一位母亲带着女儿找林枫咨询去美国留学的一些事情。母亲四十多岁，穿着朴素，非常慈祥。她一边招呼女儿坐下，一边向她介绍说：“这就是咱们事先约好的林枫老师。”女儿只是简单地点了点头，“嗯”了一声，连看都没看林枫一眼。如果不是看到她嘴边漾起的甜美的微笑，林枫可能会误以为她对自己有什么意见呢。

这个女孩子特别漂亮，皮肤雪白粉嫩，简直吹弹可破，精致的五官非常小巧。透过遮盖住半张脸的大墨镜，林枫能感觉到她一定有如碧水一般的大眼睛。她安安静静地坐在那里，像一株淡淡盛开的花一样，嘴边始终挂着浅浅的笑。让林枫感到奇怪的是，她从进屋到现在始终没有看林枫一眼。

母亲仿佛觉察到了林枫的纳闷和不解，解释说：“我的女儿是个盲人。”

林枫顿时心中一惊，感到非常遗憾。这么美丽的姑娘，居然无法从镜子里欣赏自己的美貌。众所周知，大部分漂亮女孩天生就喜欢对着镜子左顾右盼，顾影自怜。想到这里，林枫克制住自己的情绪，生怕触及母女的伤心事。但是，女孩自始至终都在平静地微笑着，在这微笑的背后，林峰

可以感觉到掩藏在她内心深处的一股坚毅的力量。

原来，女孩从小就双目失明，虽然眼睛大大的、非常美丽，但是却什么也看不见。不过，母亲始终竭尽所能地培养她，而且她自己也非常上进，积极进取。在母亲的陪伴下，女儿不但像正常孩子一样上学，而且还以非常优异的成绩考进了国内的一所大学，学习钢琴专业。为了照顾女儿，母亲义无反顾地辞去了工作，在学校附近租了一间房子陪读。寒来暑往，四年大学生涯很快就要过去了。在校期间，女孩因为表现出色被选入国内著名的舞蹈团，而且还参加了万众瞩目的春晚的演出。作为正常人，林峰简直难以想象其中的艰辛。

如今，即将大学毕业的女孩想去美国深造，继续攻读钢琴专业的硕士学位。为了缓解母亲的经济负担，她还想拿到全额奖学金。林枫非常清楚这件事情有多么艰难，虽然女孩特殊的经历也许会打动录取委员会的成员，但是奖学金却是很难争取的。为了避免母女二人感到失望，林枫尽量委婉清晰地向这对母女解释了这个残酷的事实。但是，女孩却非常坚定，她说，即使成功的可能微乎其微，她也愿意努力去试一试，因为她相信有志者事竟成。

林枫看得出来，女孩脸上自始至终挂着的微笑是发自内心的，虽然她的眼睛看不见，但是她的内心没有丝毫抱怨，而是非常安然。她是幸福的，林枫相信她的内心燃烧着一种取之不尽、用之不竭的力量。因此，林枫非常用心地清晰地为母亲和女儿解释了关于去美国留学的相关事宜。

有志者事竟成，经过两年的努力，在历经波折之后，这位盲女孩终于拿到了美国德克萨斯天主教大学钢琴表演专业的录取通知。无疑，这是上帝给她的回报。

在生活中，有很多人健康而体面，个个都是上帝的宠儿，但是他们却总是郁郁寡欢，整日愁眉苦脸。他们每天都步履匆匆地奔走在追求完美人生的道路上，即使生活中有一点点的小瑕疵，他们也会变得愁眉不展。然而，和这个盲女孩比起来，他们显然非常幸运。

每个人都希望自己拥有完美的生活，但是，生活本身就是不完美的。即使你拥有健康的身体、成功的事业、足够的金钱、优秀而专一的爱人、亲密无间的朋友，你还会有一些不可预知的烦恼。上帝是精明而小气的，他不会赋予同一个人所有美好的东西。很多时候，一个人也许事业成功，但是家庭生活却不和睦；一个人也许因为知足而时常感到幸福，但是他却非常贫穷，没有足够的钱买自己想要的一切；一个人也许拥有一个特别优秀的爱人，但是爱人却不专一；一个人的孩子非常聪明，家庭和睦幸福，但是事业却屡屡受挫……总而言之，虽然追求完美的信念就像一条高高举起的皮鞭，驱赶着人们朝自己想象中的幸福巅峰执着地攀爬，但是每个人都能轻易地从生活中挑出很多不尽如人意的地方。

其实，幸福只是一种内心的感受。生活就像大海，总是一波未平一波又起，面对生活的波折，假如能够满怀感激地去思考自己已经拥有的东西非常宝贵，值得骄傲和珍惜，那么，幸福的感觉就会如泉水般涌入心田。反之，假如处处吹毛求疵、追求完美，那么，这个世界上就没有幸福可言。就像那个盲女孩，假如她整日因为自己看不见而怨声载道，那么，她就不会有那么美丽的、发自内心的微笑，更不会有大好前途。而她之所以能够取得正常人都难以取得的成就，正是因为她坦然地接受自己的缺陷，无怨无悔地付出和努力着，微笑着面对生活。

当面对人生的波折时，请看看美丽而神奇的大自然，发自内心地微笑，告诉自己一切皆有可能。

第十四章 乐享寂寞，慧心善思

生活中，我们，都会以不同的角色和身份和他人相处。有的人宁愿面对别人，也不愿单独面对自己。其实寂寞是最自由的，那些能真正做到静心的人往往懂得怎样去开发自己的生活快乐源泉，会在寂寞的时候给自己安排一片只属于自己的小天地。所以我们要特别珍惜独居的光阴，要学会享受寂寞赐予我们的礼物。在喧闹的尘世生活中，不论何时，我们都要努力寻找一些悠闲的时光，用于独处，此时你暂放自己的尘心，悉心感受一下心灵的自由与成长。

沉静下来思考会收获更多

人是群居动物，因此，独处的时候，我们常常会感到寂寞。寂寞的时候，你是品品茶，喝喝酒，还是唱唱歌、翻翻书？你是安静地坐一坐，还是悠闲地散散步或者赶快到人群中去寻找情感的共鸣、心灵的慰藉？实际上，耐得住寂寞的或者排遣寂寞的人一定是懂的生活忍受得住孤独的或者会享受孤独的人，即使成不了伟大的人物也必然会有一颗伟大的心灵。因为乐享寂寞的人的心态必定是淡定的，他们常会选择以独处的方式来思索人生，思索问题，进而提升自我。

南宋僧人曾做一偈："身是菩提树，心发明镜台。时时勤拂拭，勿使惹尘埃。"实际上，任何一个人，行走于世的时间长了，他的身心难免会沾染上的尘埃，如果不停下来好好清理自己的心灵，那么，我们的心很容易堆满灰尘。我们身边有很多活得洒脱、快乐的人，他们的共同特质在于，无论外界多么嘈杂，他们总会在自己的心底留一片净土。

那些真正心静的人，崇尚简单的生活，极少抛头露面，换来的是对人生，对社会的宽容、不苛求和心灵的清静；他们像秋叶一样静美，淡淡地来，淡淡地去，给人以宁静，给人以淡淡的欲望，活得简单而有韵味。

我们再来看下面一个女白领的微博：

夏日的晚上总算还是清凉的，看着熟睡的孩子和老公，我端起一杯冰柠檬茶，打开电脑，忙了一天，终于可以找找自己的娱乐。

我习惯先看自己的微博，今天，不知道在朋友、同事中发生了什么样的

事，看完微博后就一目了然了，看来，微博已经成了现代人互动和联系的一个重要平台，我们也已经习惯了在这里互相问候、谈论自己的家庭琐事。

有时候，觉得自己很累，尤其是白天繁重的工作压力和孩子的吵闹声，我就觉得结婚对于我来说就是个错误，但只要看到熟睡的家人，我的心又多了一份安宁。

其实我是爱好文字的，夜深人静的时候，我总喜欢写一些无关痛痒的东西，只要一下笔，心中所有的郁闷情绪都不见了，老公也曾说我的文笔不错，问我要不要写本书。其实，我觉得，文字只是记录心情而已。

对于生活，我总是抱着知足的心态。太多的幻想都不太切合实际，过好当下的生活最要紧。所以，无论是微薄的薪水，还是全家五口人挤在八十平的房子里，我都觉得无所谓，我更不会去羡慕他人的大房子、他人的社会地位等。朋友都说，我这人看得透彻，其实，我想说的是，如果我们都能在夜深人静的时候，好好想想自己到底要的是什么，也许我们都能得到答案，也就没有了那些浮躁之气。

诸葛亮说："非宁静无以致远，非淡泊无以明志"。然而，身处闹市，我们如何才能获得宁静？只有让自己的心沉静下来。相反，假如我们让心随波逐流的话，那么必定流于俗套，随波逐流，为了眼前的浮华而拼命去追逐，去求索，这样的人生非但不能宁静，而且不能淡泊。处于喧嚣的尘世中久了，你会习惯众人聚集的生活，这个时候，你再也忍受不了孤独，更谈不上享受孤独了。

尘世中的我们，也应该有这样一颗安然、宁静的心，然而，人世间有太多扰乱我们心绪的因素，对此，我们要懂得调节：

首先，学会让自己安静，把思维沉静下来，慢慢降低对物质的欲望。经常自我归零，每天都是新的起点，没有年龄的限制，只要你对事物的欲望适当地降低，会赢得更多的求胜机会。所谓退一步自然宽。

假如你遇到心情烦躁的事情，你可以喝一杯白水，放一曲舒缓的轻音乐，闭眼，回味身边的人与事，对未来可以慢慢地梳理，既是一种休息，

也是一种冷静的思考。

再者，阅读也是让我们凝神静气的方法，广泛阅读，阅读实际就是一个吸收养料的过程，你的求知欲在呼喊你，要活着就需要这样的养分。

心灵永不孤独，寂寞不是毒药

有人说，生命就像一艘船，穿过了一个个春秋，经历过风风雨雨，才驶向了宁静的港湾。然而，习惯了处于喧嚣尘世中的人们，当寂寞来临时，他们却手足无措，不知如何排遣，有人说，孤寂是吞噬生命和美丽的沼泽地。寂寞不可怕，可怕的是心灵的孤独，因此，寂寞的时候，我们需要一点精神上的寄托与追求，去打破寂寞，学会在寂寞中寻求彼岸。

有本书上曾经这样说："能够忍受孤独的，是低段位选手；能够享受孤独的，才是高段位选手"。诚哉斯言！不同的人生态度，成就了不同的人生高度。一个真正有内涵的人，不在于他能说出多少部跑车的名字，而是应该懂得怎么修理好一个柜子，养活一缸鱼，下厨煲一锅汤，会照料受伤的小动物等。这一切远胜于在酒吧呼朋唤友，左拥右抱。他应该有自我内心的坚定和认知，不受世间左右来界定，专注工作和学习，并且独具一格。

"每天下班后，我宁愿去图书馆看看书，也不愿意和一群人聚在酒吧，每读一本书，我都能获得不同的知识，有专业技能上的，有人生感悟上的，有风土人情，有幽默智慧，我很享受读书的过程，每次从图书馆出来都是夜里十点了，在回家的路上，看着路边安静的一切，风从耳边吹过，我真正感到了内心的安宁。同事们都说我这人太宅了，但我觉得，我是在享受寂寞，内心有书籍陪伴，我从不感到孤独。"

这是一个懂得享受寂寞的人的内心独白。的确，心与书的交流，是一种滋润，也是内省与自察。伴随着感悟与体会，淡淡的喜悦在心头升起，

浮荡的灵魂也渐归平静，让自己始终保持着一份纯净而又向上的心态，不失信心地契入现实，介入生活，创造生活。

英国作家汤玛斯说：“书籍超越了时间的藩篱，它可以把我们从狭窄的目前，延伸到过去和未来。”的确，书籍记录了太多伟大的思想，在读书的过程中，我们能实现自我提升，我们能探索到很多我们未曾涉及的领域，我们更能从书籍中找到心灵的导师，从而看清自己、走出狭隘，最终达到丰富自我、提升涵养的目的。

李白说：“古来圣贤皆寂寞，惟有饮者留其名”。那些圣贤之所以成为圣贤，是他们能够耐得住寂寞，并能享受寂寞，在寂寞中领悟到人生的真谛，留下不朽的思想。对于他们来说，一时的寂寞却换来了几百年乃至千年的后人的敬仰，可以说，这就是寂寞的功效。

寂寞二字究竟是褒义词还是贬义词？我们不需要追究，但我们需要明白，寂寞不等于孤独。一个人孤独，那是因为身边没有朋友；而一个人寂寞，那是自己给自己的独有空间。

人生很多时候是不尽如人意的，常常伴有失望、颓废、空虚。在迷茫的岁月长河中，人又有多少是春风得意的呢？生活坎坷，岁月蹉跎，在岁月的长河浪尖上，学会享受寂寞也是人生对自己的一种挑战。

其实孤独也是美丽的，孤独的是影，实在的是心，孤独的人能在孤独寂寞中完成他的使命。如果一个人兴趣无比的广泛而又浓烈，而自己又感觉到自己的精力无比的旺盛，那么，你就不必去考虑你已经活了多少年这种纯数字的统计学，更不需要去考虑你那不是很久的未来。

有人说：孤独是一种无以言状、美轮美奂的境界。的确，在孤独的时候，我们才能真正实现与自己的对话，才能让我们进入静想的境界。

曾有过这样一个故事：

有个人独自行走在森林中，后来，他迷路了，饥饿难耐的他最终靠在了一棵大树底下，他睡着了。在梦中，他看到了洁白的牛奶和诱人的面包，他以为这些都是真实的。而就是靠着这份幻想，他走出了森林。获得

了重生。

孔子说：德不孤，必有邻。一个人如果能专注于手头的工作和学习的话，那么，他便能沉浸在自己的世界中，又怎么会感到孤独呢？举个很简单的例子，炎炎夏日，农夫想把稻子割完、学生一心要读完一本书，他们都是不孤独的，只有无所事事的人，才会觉得内心空虚、寂寞，需要与人为伴。

其实，有时候，寂寞也是一种美。一个人，静静地待着，静静地寻找过往的青春，静静地回味曾经的种种，这何尝不是一种写意的人生呢？“孤独和寂寞是一种远离人间的美丽”。这样说似乎有一定的道理，当然，我们也不能总是沉溺在回忆中，因为我们还要继续生活，这就需要我们把心放到未来。这样，你的生活就会永远有追求，有理想，有兴趣。

可见，学会自我调节，学会享受一个人的寂寞，有一颗平静的心，做好你自己，我们的生活就会更加成熟，更加深沉，更加充实。

难得寂寞，珍惜和自己相处的时间

现代社会，随着生活节奏的加快，竞争的日趋激烈，经济压力逐渐增大，人们穿梭于闹市之间，已经习惯了忙碌、灯红酒绿、觥筹交错的生活，以至于在独处时显得内心慌乱、手足无措，实际上，我们每个人都应该珍惜与自己相处的时间，因为群居得太久，我们很容易忽视自己的内心。

朱自清先生在散文《荷塘月色》中写过这样一段话：“我爱热闹，也爱冷静；我爱群居，也爱独处。”人在独处之时可以想许多事情，可以不受他物的牵绊，让自己的思想尽情遨游，在深思熟虑中获得生命的体验与感悟。这便是孤独的妙处吧。

人们常说，“寂寞难耐”，为了避免这一点，人们宁愿在觥筹交错、

纸醉金迷中消磨度日。对于这些人来说，寂寞是一种可怕的在任何时候都应该极力避免的情感经历。而如果我们能在寂寞中历练自己的心灵，那么，无论外面的世界多么繁华与喧嚣，我们都可以放飞自己的心灵，什么都可以想，什么都可以不想。独处时静美随之而来，清灵随之而来，温馨随之而来：独处时，贫穷也富有，寂寞也温柔。

实际上，凡是对寂寞感到恐惧的人，其实质是不敢面对自己，而原因则在于心境狭窄。一个心境开阔的人，必然会因寂寞更加深刻地反省自身，也就更坚定地成就自身，完善自身。

可见，寂寞是一种宝贵的情感，凡庸的人无法享用寂寞，难以在寂寞中寻求灵魂的清静与成长，而内心淡定的人则能抓住难得的寂寞来洗涤自己的心灵，享受一个人美妙的世界！

的确，寂寞是一柄双刃剑，内心淡定者能看到寂寞带给自己的益处——寂寞是修炼心性的最好时机；而无知的人却常常在寂寞中迷失自己的脚步，从而一蹶不振，脱离了成功的轨道。寂寞是喧闹世界的铺衬，就像绿叶对鲜花一样。

学会在寂寞中寻求彼岸，我们最需要的是信心。人的一生，就好比在茫茫大海上航行，这期间，总不可能是风平浪静，我们可能会遇到狂风，也可能遇上暗礁。同时，我们还必须享受航行中远离尘世的寂寞，我们只要有信心，有勇气，就可以去搏斗，去尽享奋斗人生的快乐，从而把寂寞当作成功路上的垫脚石。如果一个人在寂寞中失去了信心，那么他只会越陷越深，最终被寂寞吞噬。所以，多给自己一点信心，相信自己一样能够创造奇迹。

其次，我们还需要有主动开垦的精神。当你寂寞时，请不要消极，也不要认为寂寞是无聊，你完全可以抱着积极的心态去做些事，比如读书，古人云："书中自有黄金屋，书中自有颜如玉。"书籍是人类进步的阶梯，你可以从书中获取知识、增长见识。你可以坐在阳台上，也可以蜷缩在沙发里，随时随地地都可以进入书的海洋。除此之外，你还可以听听音乐、静想或者写一些文字，以此来洗涤心灵，但无论如何，请不要在寂寞中沉沦。

的确，在纷纷扰扰的尘世中，每个人都应该给自己一个静下来的理由。生活中，我们要扮演好很多角色，很多时候，我们焦头烂额，手足无措。面对闹与静，我们一定要懂得调节，比如，一天烦琐的工作结束之后，你可以听听轻音乐，通过音乐，你可以发现生命的意义原来是感受生活中点点滴滴的美好。失落会在音乐的安慰中消散，沮丧会在音乐的荡涤中全无，怀疑会在音乐的感动中清除。也可以看看书，它会帮你寻找心灵的安顿。用音乐和书籍去寻找心灵的安顿，闯过生命的种种关卡，抵达心灵平静的彼岸，你便能保持心灵的宁静，多一份圣洁与执着，因为我们身边飘过那沁人心脾的乐风！

 试着在静想中释放内心

我们生活的周围，有这样一些人，他们似乎就是为闹世而生，他们最怕的就是独处，让他们和自己待一会儿，对于他们而言简直就是一种“酷刑”。因此，只要闲下来，他们就必须找个地方去消遣，要么去游戏厅，要么找人聊天、逛街、看电影。他们即使一个人在家里，也会打开电视机，看一些无聊的肥皂剧，或者把音响开到最大。他们极其害怕孤单，他们的日子表面上过得十分热闹，实际上他们的内心极其空虚，他们所做的一切都是为了想方设法避免面对面看见自己。

然而事实上，独处，是让我们内心静下来的最好方法。在独处时，如果我们能学会静想，那么，我们就能看清自己。

吴先生经营着自己的一家公司，目前，公司虽然有了一定的规模，但很多事情还必须由他亲力亲为，为此，每天，他都必须游走于各个谈判

桌、饭桌之间，不停地出差，不停地坐飞机，他已经厌烦了这种生活，甚至感到恐惧。他觉得自己必须要放松一下了。于是，他抛下了所有的工作，开着车，来到了离市区很远的河边。

听着潺潺的流水声、空谷中鸟儿的啼叫，呼吸着新鲜的空气，那些所谓的客户、订单、酒桌等都抛到脑后的感觉真好，不知不觉间他在车上睡着了，醒来后，他感到了前所未有的放松，他心想，也许只有独处、寂寞才能让自己的心静下来。

从那次以后，吴先生每周都会花上半天时间来自己的“秘密基地”调整一下自己的心情，偶尔，他也会带上自己的好茶，一个人坐在河边，什么都不想，什么都不做，他很享受这样的寂寞。

的确，生活中，很多人都和吴先生一样，因为工作、因为生活，不得不四处奔波，硬着头皮在喧嚣的尘世中闯荡。长时间下来，他们疲惫不堪、精神紧张，却不知如何调节。其实，如果我们能挤出一点时间静想的话，我们的心情也会得到舒缓。

静想，就是要消化那些自己不能接受的事实和平衡的感觉，消化种种抗拒。这就好比内心有一座冰山，随着冰山的慢慢融化，我们的心也渐渐温暖起来了，渐渐地喜悦了，渐渐地伸缩自如了。于是，智慧的力量应运而生。那么，情绪会享受跟自己在一起的时光吧，当你有那种美妙的感觉时，你的心便不再孤独了。

可以说，静想应该是现代人释放内心的最好方法。对此，我们可以想方设法给自己制造空闲或尽可能地给自己留出一些可以让自己随意放纵的私秘空间，这样就有机会让自己面对自己的真实内心。你可以选择周末休息的时间，远离工作，暂时支开家人，穿上舒服的睡衣，打开轻音乐，把室内灯光调到明暗适中的状态，就这样静静地享受一个人的美妙光景。

另外，你还可以去大自然中静想，你可以漫步于河边、倾听着空谷中鸟儿的绝唱，只有你自己，不需要任何人陪同，此时，拥有了自己的世界，也拥有了全世界。

你也可以一个人待在家里、可以躺在床上，也可以窝在沙发上，然后播放一曲轻松的小夜曲，什么都不想，什么都不做，只让自己沉浸在难得的氛围里。让身心此刻回归本真，默默地享受音乐带给我们的心灵的栖息。让音乐来诠释我们对浪漫的渴求。

静想能帮助我们寻找到最本真的自己，无论生活多么繁重，我们都应在尘世的喧嚣中，找到这份不可多得的静谧，在疲惫中给自己心灵一点小憩，让自己属于自己，让自己解剖自己，让自己鼓励自己，让自己做回自己……

倾听自身心声，探究另一个自己

我们都知道，人是一种社会性的动物，他需要与他的同类交往，需要爱和被爱，否则就无法生存。世上没有一个人能够忍受绝对的孤独。但是，绝对不能忍受孤独的人却是一个灵魂空虚的人。不知是哪位诗人说过："爱你的寂寞，负担那以悠扬的怨诉给你引来的痛苦。"而事实上，我们可能忽视的一点是，这种因寂寞而引发的痛苦恰恰是我们最应该珍视的礼物。其中就包括自我认知。寂寞使我们进入一种孤立的境地，而正是在这些孤立的时候，我们才更易于接近我们的灵魂，从而帮助我们认识到另外一个自己，这是信仰的开始，是省悟的开始。

的确，我们不是在喧嚷中认识自己，也不是在人群之中认识自己，而恰恰是在寂寞的时刻认识自己，于独居的时刻认识自己，犹如深夜的月光洒落在纯净无瑕的窗户之上。任何一个拥有自我的人，都能做到静静地倾听自己内心的声音，以此认识到自己不为人知的另一面，这一面或许是为人处世中的不足与优势，或许是某种特长等，但无论是哪一方面，只要我们能及时探究，就有利于自身的发展。

闹市中的人们是听不到自己的心底的声音的，然而，我们不难发现的

一点是，我们生活的周围，一些人却把命运交付到了别人手上，或者人云亦云，盲目跟风，他们忽视了自己的内在潜力，看不到自身的强大力量，甚至不知道自己到底需要什么，不知道未来的路在哪里，于是，他们浑浑噩噩地度过每一天，一直从事着自己不擅长的工作和事业，以至于一直无所成就。因此，我们要做到的是倾听自己内在的良知的声音，寻找到属于自己的人生意义，然后勇往直前坚持到底。

夜幕降临，喧闹的城市已经安静下来了。

林先生和所有的城市白领一样，在忙完一天的工作后准备回家，但心情郁闷的他还是决定去呼吸一下新鲜空气。今天，他和上司吵架了，他们在下半年的年度计划安排上产生了很大的分歧，上司批评了他，他在考虑要不要辞职。

他把车停在了护城河边上，接下来，他打开了自己喜欢的轻音乐，然后靠在了椅背上，他觉得自己好累。在这家公司工作五年了，五年来，他一直很努力，但不知道为什么他好像总是得不到上司的肯定，也一直没有得到升职的机会。可以说，他在这家公司工作得不开心，这到底是什么原因呢？

他反复思考着这个问题，最终，他发现，原来自己根本不喜欢这份工作，他一直倾向于设计类的工作，从大学开始，这就是他的职业理想，但毕业后的他却因为生计问题选择了现在的工作。

想通了以后，他轻松了很多。第二天，他将辞呈递给了上司，然后离开了公司，这让很多同事感到愕然，但真实原因只有他自己知道。

这则案例中，林先生为什么作出辞职这个重大决定？因为他静下心来发现，自己的职业理想并不是现在的工作。这就是独处的力量！

生活中的我们，也应该安静下来问自己，我们到底是在不断提升自己，还是只顾面子，不肯跟自己“摊牌”呢？或许有正直不阿的指导者，曾经指出你身上存在的问题或闪光点，但你根本不想承认这点，因为你不愿意让他人看透自己。

所以，一切注重灵魂生活的人对于卢梭的这句话都会有同感：“我独处时从来不感到厌烦，闲聊才是我一辈子忍受不了的事情。”这种对于独处的爱好与一个人的性格完全无关，爱好独处的人也可能是一个性格活泼、喜欢朋友的人，只是无论他怎么乐于与别人交往，独处始终是他生活中的必需。

任何一个人，只有学会倾听自己内心真实的声音，才可能不断挖掘出自身发展过程中的不足。面对激烈的竞争，面对瞬息万变的环境，那些不愿意反省自己或者不愿意及时改正错误的人，必将面临衰败的结局。同时，在快节奏的信息社会中，一个人如果不能及时察觉自身的缺点，不能用最快的速度修正自己的发展方向，必然会在学业和事业中落伍，被无情的竞争所淘汰。

在独处时，我们能从人群和烦琐的事务中抽身出来，这时候，我们独自面对自己和上帝，开始了理智与心灵的最本真的对话。诚然，与别人谈古论今、闲话家常有助于我们排遣内心的寂寞，但唯有与自己的心灵对话、感受自己的人生，才会有真正的心灵感悟。和别人一起游山玩水，那只是旅游；唯有独自面对苍茫的群山和大海，才会真正感受到与大自然的沟通。

第十五章　从容不迫，随遇而安

曾经有这样一幅对联：宠辱不惊，看庭前花开花落；去留无意，望天空云卷云舒。这句话的意思是说，为人做事能视宠辱如花开花落般平常，才能不惊；视得失如云卷云舒般变幻，才能无意。短短几句话，却道出了人们对事对物应有的态度：得之不喜、失之不忧、宠辱不惊、去留无意。现代社会中的我们，也应该拥有这一饱经世事的心态，这样，面对外界种种变化与诱惑，我们才能心不痒，嘴不馋，手不伸，脚不动，荣辱不惊，去留淡然，白天知足常乐，夜晚睡眠安宁，走路步步稳健。总之，拥有一颗平常的心，能让我们拿捏好尺寸，把握住幸福。

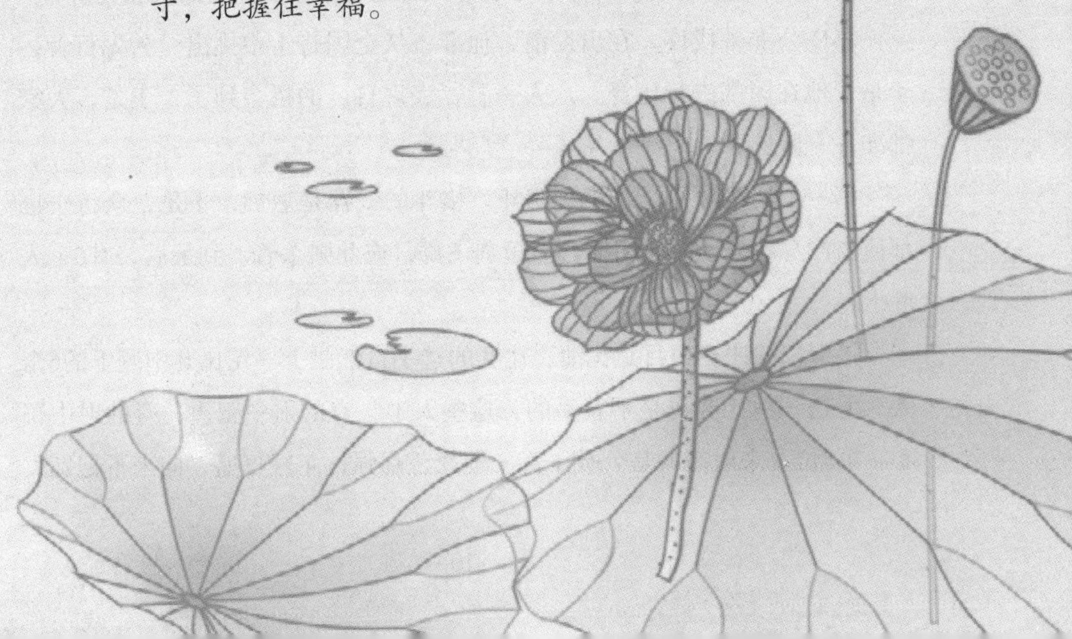

把心放平和，低调为人处事

儒家的处事智慧中，始终要求中庸之道，与人交往，更要不卑不亢，不能一上台面就充大，妄自尊大，目中无人，但也不能卑躬屈膝，失了尊严。作为一个人，尤其是作为一个有才华的人，要做到不露锋芒，既有效地保护自我，又能充分发挥自己的才华，这才是真正智慧的处世之道，要知道，没有人喜欢高调的人，低调行事，才能消除别人心中的芥蒂，从心底接受我们。

所谓“花要半开，酒要半醉”，即使你正处于人生的志得意满、踌躇满志之时，也不可趾高气扬，目空一切，不可一世，也无论你有怎样出众的才智，也不要把自己看得太了不起，不要把自己看得太重要，还是收敛起你的锋芒，掩饰起你的才华，学会韬光养晦，争取更宽泛的人际关系。

郑庄公准备伐许。在出发前，他准备从全国将士中挑出一名先行者，于是，他在国都进行比赛。众人一看，表现自己的机会到了，于是，大家都准备一显身手。

第一个比赛项目是目击剑格斗。格斗的武器是短剑，于是，众将士也都使出浑身解数，时之间擂台上短剑飞舞，彼此厮杀着。到最后，有6个人胜出。

接下来的比赛项目是比箭。比赛的选手自然是上一轮比赛中剩下的6个人。但这一项比赛也是不容易的，这些人中，有的射中靶边，有的射中靶心。第5位上来射箭的是公孙子都。他武艺高强，年轻气盛，向来不把别人

放在眼里。只见他搭弓上箭，3箭连中靶心。他昂着头，瞟了最后那位射手一眼，退下去了。

最后那位射手是个头发花白的老人，他就是颍考叔，曾劝庄公与母亲和解，郑庄公很看重他。只见颍考叔上前，不慌不忙，三箭射击，也连中靶心，与公孙子都射了个平手。

很明显，现在有2个胜出者，就必须再进行一轮角逐。庄公派人拉出一辆战车来，说："你们二人站在百步开外，同时来抢这部战车。谁抢到手，谁就是先行官。"

这时候，公孙子都很轻蔑地朝颍考叔看了一眼，他以为自己必定会赢，谁知，还没跑到一半就不小心跌了个跟头，等他抬头看时，颍考叔快到终点了，他只能认输，最后，颍考叔获得了先行官的职位。但经过这件事后，公孙子都就对颍考叔怀恨在心。

后来，在战争中，颍考叔果然不负庄公之望，在进攻许国都城时，手举大旗率先从云梯冲上许都城头。但就在这节骨眼上，公孙子都心里仇恨的火焰又被点燃了，于是，他竟然抽出箭来，搭弓瞄准城头上的颍考叔射去，一下子把颍考叔射了个"透心凉"，从城头栽下来。

俗话说："骄兵必败"，现代社会中的交际应酬也是如此，锋芒毕露的人容易被人当成"活靶子"，和颍考叔一样，我们要想在交际中保全自己，就要学会装傻，收起自己尖锐的性格棱角，中国历史上很多名人大将在战术战略上实有过人之处，但却因为功高盖主，成为别人的眼中钉、肉中刺，成为帝王将相的心病，最终除之，不失为遗憾。

相反，我们生活的周围，总有一些人，他们确有实才，但却不懂得为人处世，让人觉得狂妄自大，因此别人很难接受他的任何观点和建议。他们多半都想表现自己，显示自己的优越感，但却常常适得其反。他们妄自尊大，高看自己，小看别人总会引起别人的反感，最终在交往中使自己处于孤立无援的境地，失去在朋友中的威信；而那些谦让豁达的人总能赢得更多的朋友。

的确，你可以发现，那些工作出色、处处拿第一的人，似乎没有什么朋友，而那些能力一般的人周围似乎总是不缺朋友，其实，也就是这个道理，因为每个人都不希望自己的朋友强于自己，让自己成为配角，而对于那些抢尽风头的人，他们一般必会采取措施来排挤他。

低调做人是做人成熟的标志，是保护自己的一种策略，也是为人处世的一种基本素质，我们任何一个人都应该像向日葵一样，在成长的过程中，它们镶嵌着金黄色的花瓣，高昂着头，但一旦籽粒饱满，它们便会低下沉甸甸的头，因为它成熟了、充实了。

总之，在这个错综复杂、五彩缤纷的世界上，不同的人有不同的命运，有的人一生乐观豁达，与世无争，他们谦虚好学，平步青云，一路欢乐，让人赞扬和钦佩；而有的人则骄傲自满、处处受阻，最终导致郁郁寡欢，碌碌无为，抱恨终生，遭人非议、鄙视、唾弃。很明显，我们都愿意选择前者，其实，这两种人生境遇的差异，究其原因，是为人“调”的不同，低调做人是一种生存的大智，是一种韧性的技巧，是做人的一种美德。

心无邪念，正直坦荡自在自得

自古以来，中国人就把生活中的人分为两类，一类是君子，一类是小人，并常常用“君子坦荡荡，小人长戚戚”来形容二者最为明显的区别。

那么到底什么是君子，什么是小人呢？关于他们的划分标准有很多，其中，是否正直、坦荡则是最重要的标准之一。当一个正直坦荡，让人尊敬有加的君子，便成为其做人的最高奖赏。

普柏说：“正直的人是神创造的最高尚的作品”。莎士比亚说：“世上没有比正直更丰富的遗产”。在我国唐代，魏征因其正直谏言而被唐太宗誉为自己行为的一面镜子；新中国的开国元帅彭德怀不畏名利、冒着危

险敢上万言书；科学家李四光不服定论硬是在北纬四十度以上找到大庆油田，为新中国建设立下赫赫功勋。因此，做一个正直的人不仅是个人发展的需要，更是社会进步的呼唤。

的确，做人要正直、做事要正派，堂堂正正，才是立身之本、处世之基。一个内心充满正气的人，自然坦坦荡荡，身正不怕影子斜；一个心术不正、故弄玄虚的人迟早会被人们揭穿，被周围的人遗弃，所以，做人一定要走得直，行得正，做得端，一定要问问自己是否正直、公道。在正直的人的心中，似乎有一种内在的平静，使他们能够经受住挫折甚至是不公平的待遇。

亚伯拉罕·林肯曾参加过1858年参议院竞选活动，他坚持要发表一次演讲，但这次演讲却可能对他的竞选有负面作用，为此，他的朋友劝他不要演讲。对此，林肯的态度是："如果命里注定我会因为这次讲话而落选的话，那么就让我伴随着真理落选吧！"他是坦然的。他确实落了选，但是两年之后，他就任了美国的总统。

许多年前，一位作家因为投资失误，损失了一大笔财产而陷入了经济困难中，为此，他决定用以后赚取的每一分钱来还债。三年以后，他已经小有名气，为此，当地的一些媒体采取募捐的方式来帮助他结束这种折磨人的生活，许多要人都慷慨解囊，但是他拒绝了。他把这些钱退还给了捐助人。几个月之后，他的一本轰动一时的新书的问世，使他偿还了所有剩余的债务。这位作家就是马克·吐温。

这就是正直的力量，它能给人带来很多好处，包括他人的信任和尊重。

那么，什么是正直呢？

所谓正，就是公正、正义、正气，为人光明磊落、不虚伪；直就是真实、坦率、豁达、直来直去、不拐弯抹角。在汉语里，正直其实是一个重叠词，表达的也是同一个意思，但就二者的生成顺序来看，是先有"正"而才有"直"的，只有正才不怕邪；没有正确、公正的直，只能叫作坦率、直肠子。

也许有人会说，行走于世久了，谁能真正做到不染世俗、一身正气？其实，这二者并不冲突，我们也不难发现，我们生活的周围，就有这样一些人，他们饱经世事，但他们并没有因此变得圆滑、世俗，而是依旧秉持着正直坦荡的做人原则。

当然，生活中的诱惑太多，我们要做到正直、坦荡，就必须要做到：

首先，无论做人做事，我们都要问问自己的良知，以道德至上。

马丁·路德在他被判死刑时，对他的敌人说：“去做任何违背良知的事，既谈不上安全稳妥，也谈不上谨慎明智。我坚持自己的立场；上帝会帮助我，我不能作其他的选择。”

另外，名誉感能监督我们的行为。伟大的弗兰克·劳埃德·赖特曾在美国建筑学院发表演说时说说：“什么是人的名誉呢？这就是要做一个正直的人。”弗兰克·劳埃特·赖特恰恰如此，他不愧为一个忠于自己做人标准的人。

可见，正直是人类的的一种优秀品德，也是人类社会对个体性格的一种理想追求。正直同公正、善良、智慧、勇敢、诚实等人的高尚品德一样，一直受到赞赏和褒扬，并且成为当代社会思想道德建设的核心。

不值得留恋的感情让其随风而逝

在中国古代，芍药一直代表着爱情的旋律，有如浪漫的山歌。“美丽动人”、“依依不舍，难舍难分”的花语，“将离草”的别称，彰显着悲剧结局的必然性。生活中，有太多如芍药般对于爱情执着的人。然而，爱是一种那么模糊的东西，我们无法用具体的言语来形容，也许是她回头时对你的那一个眼神，也许是你杯子里热腾腾的绿茶，或许是爱人在你肩头的一个细微的抚摸，或许是深夜孤独时的美丽的灯光，或许是你寂寞时节里的一个短信的祝福……你不能说明白到底是什么，但是它却在你的身边环绕着。爱情确实是世间最美好的东西，但相爱容易相守难，悲伤容易幸

福难，为此，琼瑶才会执笔写下一幕幕辛酸，爱复杂而又简单，浑浊而又清澈，自私而又纯洁。当爱情不在时，请不要过于执着，就让它随风而逝吧。我们不妨先来看看一个女人的情感日记：

“现在我终于承认，一切都结束了，我也能坦然面对过去的这段感情了，这是一次感情的欺骗，其实我早就犹豫这份感情的真实程度，可一直以来，是我自己太傻，我认为自己是个值得爱的女人，我相信自己能留得住他。

或许很久之前，我就应该给自己一个了结过去的机会，我一直认为爱了就该珍惜，但现在却发现，这只不过是我给自己找的一个借口而已，我太无知了，这段时间精神恍惚了，无心工作无心玩乐，今天终于可以放开纠结。

从今天开始，他长大了，也不用去爱了，因为不值得……看来朋友说得没错，我是遭受了太多的感情挫折，太孤独太没人疼爱，貌似坚强的外表下太脆弱的内心，才会对眼前看似存在的其实漏洞百出的感情深陷其中。其实不是那么合适……我应该感到欣慰才是，今天我在内心告别的是一个不爱我的人，或者是一个不懂得珍惜爱的人，而被告别的失去的是一个爱人。

是啊，我把感情放在了错误的人身上，到今天我彻底承认，一个不懂得珍惜的人，一个不懂得坚持的人，一个不懂得爱的真谛的人，一个不懂得顾念我的感受的人，一个不会牵挂关爱的人根本不会懂爱情，跟这样的一个人谈感情是何等无知何等虚幻的一件事情。

别了，我的过去，那满是伤痕的过去，别了，我曾经希冀过的未来……”

是啊，一个根本不值得自己爱的人，一段不值得留恋的感情，为什么还要苦苦迷恋呢?

人们常说，爱要随缘，这并不是一句托辞，而是告诫我们爱不能强求，相遇时四目相望的心灵悸动，再到后来上演的一段浪漫的爱情故事，甚至到最后的不得不擦肩而过，我们只能用缘来诠释。那么，对于爱情风中的离合聚散，我们也应该做到随缘，以“人世”的态度去耕耘，以“出世”的态度去收获，这就是随缘人生的最高境界。

生活中，很多人经常充当情感的导师，当周围的朋友遇到阻碍，即将放弃的时候，他们常常都会对他说坚持到底，坚持就是胜利等，但实际上，并不是所有的坚持都会等到最终的胜利，无谓的坚持就是执念。

所以，当爱情来临时，我们不要爱得盲目，也不要爱得愚痴，要爱得轻松，境由心生，越是轻松的心情才会越快乐。而当那份感情已经不值得你留恋时，也不要过于执着，任何失去自我的爱情都失去了爱原本的意义，要试着把自己的双手慢慢地放开。把双手放开时，才明白越是自然、越是随意的情感才会让人心情放松。

一个人失恋不可怕，可怕的是失去自己，是没有勇气重新生活。一个人因为爱而顾影自怜、每晚抽泣，那么最终，不仅不会收获爱，反而只会遭别人的耻笑！

然而，不得不承认，生活中，很多人为爱迷失了自己，找不到自我，甘心付出很多，结果却是一败涂地。事实上，爱情的真实意义不是让一个人为另一个人牺牲，而是两个人共同付出，彼此幸福。你最需要的是从童话中走出来。

我们都是尘世中的人，都无法真正摆脱情缘，也逃不出爱与被爱的旋涡。心碎神伤后，是漫无止境的寂寞。或许真的会内心寂寞吧！但是细细体会寂寞后的洒脱，想想除他以外的快乐，想想再也不用为了猜测他的心思而绞尽脑汁，会不会轻舒一口气，感觉轻松一点？

水到渠成，不可急于求成

生活中，人们常说：“心急吃不了热豆腐”，指做事不要急于求成，

要踏实做事，水到渠成。的确，总是想着成功的人，往往很难成功；太想赢的人，往往不容易赢。欲速则不达，凡事不能急于求成。相反，以淡定的心态对之，处之，行之，以坚持恒久的姿态努力攀登，努力进取，成功的概率却会大大增加。

一位渴望成功的少年，他一心想早日成名，于是拜一位剑术高人为师。他问师傅要多久才能学成，师傅答曰："十年。"少年又问如果他全力以赴，夜以继日要多久。师傅回答："那就要三十年。"少年还不死心，问如果拼死修炼要多久，师傅回答："七十年。"

这里，少年学成并非真的要七十年，师傅之所以如此回答，是因为他看到了少年的心态，少年可谓是不惜一切想尽快成功，但没有平和的心态，势必会以失败告终。渴望成功、努力追求都没有错，但渴望一夜成名的心态反而会使人欲速则不达。

其实，不光是这个少年，在现实生活中，这些急功近利者也不鲜见，他们凡事追求速度，以至于他们经常还没开始做一件事时就结束了。急于求成，心态浮躁，往往不会注意做事的品质而常把最简单、最普通的事做砸，何况富有挑战性的大事呢？

事实上，任何一种本领的获得、一个人生目标的达成都不是一蹴而就的，而是需要一个艰苦历练与奋斗的过程，正所谓"梅花香自苦寒来，宝剑锋从磨砺出"，我们做任何事，都不能忘了踏实的原则，只有一步一个脚印，因此，任何急功近利的做法都是愚蠢的，急于求成的结果，只能适得其反，结果只能功亏一篑，落得一个拔苗助长的结果。

凡事顺其自然，并不仅仅是我们人生路上追逐成功、获得成长应该遵循的原则，更体现了一种随遇而安、不强求的超然。俗话说："强扭的瓜不甜，强求的事难成"，以淡定的心态面对，往往会水到渠成。

从前有一个富翁，他有一个很大的毛病，太过关注自己的健康问题。

一次，他的喉咙发炎了，这只不过是一个寻常的小毛病，但他却很紧张，他一定要找到一个最好的医生来为他诊治。

他花费了无数的金钱，让下人为自己找了全城最好的医生，后来，他觉得这些医生治不好自己，于是，他亲自去请其他地方的名医，因为他认为别的地方一定还有更好的医生，所以他又继续寻找。

直到有一天，他路过一个偏僻的小村庄，此时，他的扁桃体早已恶化成脓，病毒变得非常严重，必须马上开刀，否则性命难保。但是当地却没有一个医生，结果这个富翁居然因为一个小小的扁桃腺发炎而一命呜呼！

一个小病居然要了富翁的命，这是为什么？因为他求好心切，太过在意自己的病而贻误了治疗的时机。

事实上，任何事情的发展都是有规律的，人们的主观愿望与实际生活也总是有差距的。就像自然界的植物，它们的成长需要每天接受光合作用，需要接受甘露的灌溉，才能收获成果。每一个生命的成长也如此，千万不要违背规律，急于求成，否则就会欲速则不达。

因此，我们千万不可把自己的主观意愿强加于客观的现实中，我们应该学会随时调整主观与客观之间的差距。凡事顺其自然，确实至为重要。有些事情就是奇怪，你越努力渴求，它越迟迟不来，让你心急火燎、烂额焦头。终于，你等的不耐烦了，它却如从天降，给你个惊喜满怀。

孔子曰：“无欲速，无见小利。欲速，则不达，见小利，则大事不成。”真正成大事者，都遵循自然的规律，遇事临危不乱、镇定自若，他们都有一份定力，这是一种有长远眼光的表现，只有凡事不急于求成，才能真正有所成就。

当然，顺其自然，不是一种消极避世的生活态度，而是站在更高层次来俯视生活的一种感觉。

第十六章　缓解压力，舒展身心

生活在世上，我们会遇到各种各样的问题，会承受各种压力。一定的压力会让我们的生活更加充实；但是压力过重，就会让我们感觉到沉重，感觉痛苦，让自己的心饱受煎熬。可见，要想让自己活得幸福，就要学会给自己及时减压。把本不该背负的重担卸下来，把本不该受的痛苦忘却。那么，如何才能缓解压力，舒展身心呢？不妨放慢脚步让自己更从容。

舒缓——放慢脚步更从容

现代社会，随着生活节奏的加快，竞争的日趋激烈，经济压力逐渐增大，人们穿梭于闹市之间，面临生活中的许多危机，以至于无法平静自己的内心，甚至有些人难以调适自己的内心而产生生理、心理问题，长此以往的消极应对及负面情绪会使个体出现诸如焦虑、抑郁、神经衰弱、轻度躁狂等心理疾患，不但影响自己的生活、工作，也会对家人造成不必要的“伤害”。

的确，行走于世间久了，我们每个人都应该学会放慢脚步，给自己一个舒缓神经的机会，这样，我们才能收拾好心情继续上路。

罗女士是周围人眼中羡慕的事业型女人，她经营着自己的公司，并且，公司运营得一直不错，她的丈夫也甘愿做她背后的男人，每天带孩子、做饭，可是罗女士却不开心，因为她已经厌倦了每天总在一堆男客户之间游走、每天不停地化妆、卸妆的生活，她甚至开始恐惧这种生活，她开始失眠，开始厌食，脾气也变得暴躁起来。

有一天晚上，她好不容易睡着，谁知道，半夜，丈夫居然听到她说梦话：“张总，我真喝不了了。”听到妻子的话，丈夫心疼地搂住妻子，她醒了。

“老婆，你太辛苦了，我心疼你，放下手上的工作，我们出去旅游一段时间，好不好？”

“那怎么行？手上还有很多事情呢？”吴女士说。

“这次，说什么也得听我的，你才三十几岁，你看，头上都有白发了。”

“好吧……”看到丈夫如此爱护自己，吴女士答应了。

休整一段时间后，吴女士又打起了精神，面对纷繁复杂的工作。

生活中，可能有很多人都有吴女士的烦恼，因为工作、因为生活，不得不四处奔波，硬着头皮在喧嚣的尘世中闯荡。长时间下来，他们疲惫不堪、精神紧张，却不知如何调节。事实上，调适心态的方法有很多，我们可以学习、掌握一些自我调适心理的方法，及时调整、疏导自己的情绪，走出心理的阴天。

人们常说，人生就是一次旅行，在这一过程中，只有翻山涉水，不惧艰辛，走过忧郁的峡谷，穿过快乐的山峰，蹚过辛酸的河流，越过滔滔的海洋，才能走到生命的最高峰，领略美好的风景，然而，我们忽略的是，有时候，美好的风景就在眼前，我们却不知放慢脚步欣赏。

现实生活中的很多人，他们一直信奉勇往直前的原则，向往着未来的、他人的生活，于是，他们总是在马不停蹄地追赶，等时过境迁，青春年华不再时，才知道自己已经错过了生命中最美好的时光。因此，当我们觉得“累”了的时候，不妨告诉自己，该放松自己了。为此，我们可以采取以下放松的方式：

第一，旅行

旅行可以增长我们的知识，我们在增长更多见识的同时发现了某些更符合自己内心愿望的爱好，而且亲身体会就比在书上看过或者听人说过更有触动性。另外，一个爱好旅游的人往往心胸更广阔，更有解决问题的弹性。

第二，音乐

音乐作为一种艺术，它之所以能打动人，是因为它能以动感的声音表现出一种情感，它所蕴含的宁静致远、清淡平和，可以使终日奔忙、身心俱疲的现代人得到彻底的放松。

在音乐的圣殿中，我们能暂时忘记生活的烦琐，工作和生活的不顺心，能获得音乐给予我们的心灵滋养。音乐能够影响人的情绪、调节生理状况，经常听一些旋律优美、节奏轻快的音乐，不仅可以调节情绪，而且可以稳定内环境，达到镇静、降压、催眠等效果。

第三，舞蹈

当你随着音乐起舞的时候，你的音乐感、音准、韵律、节拍的敏感度和数学逻辑都得到了提高，脑部及身体协调能力也得到了锻炼。

第四，读书

书是人类进步的阶梯，古语有“腹有诗书气自华”， 俗语“读万卷书，行万里路”也是这个道理，读书可以让人见闻广博。

当然，除了以上方法外，我们还可以尝试：

宁静调适法。找一个僻静的地方，让自己的身体、心理完全放松，尤其要放松思想，做到宁静、愉悦自得，恬淡虚无，少思、少念、少欲、少事、少语、少乐、少喜、少怒、少好、少恶行。

主动休息。主动休息可消除疲劳增加机体免疫水平和抗病能力，保持旺盛的工作精力。

改善睡眠。躺在床上，闭眼、自然呼吸，把注意力集中在双手或双脚上，全身肌肉放松，每天坚持练习，会有良好的效果。

巧用镜子。站在镜子面前做三四次深呼吸，凝神对视自己，告诉自己会得到所要的东西。

好心情是自己调整出来的，良好心态是对各种生活的适应。作为一个在繁华闹市中生活的人，关键要把自己的心境、快乐锁定在现在，注重当下对生活的体验，而不要一味地沉迷过去，也不要杞人忧天。

因此，要释放自己的内心，我们就要学会享受生活，完善内心修养提高自身能力，争取更大的空间和更好的生活质量，要有一颗乐观向上的心。

新的一天来临了，放慢你的脚步吧，生活中有太多值得我们慢慢感悟

的幸福！你不必嫉妒他人光鲜亮丽的穿着，也不必羡慕周围拔地而起的高楼琼宇，反倒感觉这样的生活对自己而言，美好得近乎奢侈，因此也就喜欢得虔诚备至了！

了解压力的根源，学会卸下负担

随着社会竞争的日趋激烈，人们面临的压力越来越大，普遍感觉到生活不快乐，烦躁和痛苦。不堪的生活重负往往压得我们喘不过气来，因而在生活中，总能听到周围的人在不停地喊累。生活即便如此，我们无力改变，唯一能做的便是学会卸下身上的重担，从根本上认识压力的渊源，调整好心态，轻松面对未知的每一天。

就像大多数女孩子一样，小倩读完了中学，读大学，毕业后参加工作，每天忙忙碌碌的生活让她过得非常充实。可是，突然有一天，她发现身边的女孩子不是在热恋中，就是身为人母了，而28岁的她依旧是一个人，顿时，她感觉压力倍增。

不是小倩没有人追，以前她总是觉得自己还小，没到谈婚论嫁的时候，所以从来没有认真去考虑过。即使父母多次催促，她也总是淡然地说一句“我知道”作为敷衍。而今比她小许多的女孩子都结婚了，环视四周，只有自己单身，她觉得是该考虑这个问题了。

可是，恋爱婚姻这种事情是需要一定缘分的。她也试着和身边的追求者接触，可是没有一个是她特别喜欢的。父母开始催促，朋友们也忙着介绍，结果没有一个人能给她所想要的那种生活，小倩烦恼不已，婚姻成为了她的一个大包袱。

转眼一年又过去了，29岁的小倩有点不知所措。身边的亲戚朋友也会时不时地询问，每每提及这个话题，小倩都感觉到痛苦不已。为此，她每天除了上下班之外，几乎很少外出，很少和朋友们聚会，连她最亲最爱的姥姥，她也很少去探望了。

但是，这并没有减轻小倩的痛苦。在家里，妈妈总是不停地叨唠，还时不时地逼着她跟邻居王大妈的儿子相亲，跟同事张阿姨的侄子见面。好像她是一棵卖不出去的蔬菜，再不出售就要过了保质期一样。为此，她跟妈妈发生了很多次争吵。

小倩无助地质问自己："这到底是怎么了，难道长大有错吗？"现在的她痛苦不已，满脑子都是恋爱婚姻。下了班不敢回家，不敢见亲戚朋友，恨不得有个地洞钻进去。有时候，她难免会产生极端的想法。

故事中的小倩由于没找到适合的对象，倍感压力，同时，亲戚朋友的关怀在一定程度上增大了她的压力，再加上来自父母的催促，让她不堪婚姻给予的压力。觉得活着是一种负担，甚至有了轻生的念头。事实上，生活本身是美好的，只是我们给予自己太多的纠结，仔细想一想，完全没有这个必要。让自己活得轻松一些不好吗？因而，不妨了解压力的根源，学会卸下负担。那么，究竟如何才能做到呢？

1. 要对自己有个清晰的认识

生活中，很多人对自己的认识不清晰，总觉得自己了不起，因而对自己提出了很高的要求，结果自己的能力有限，往往达不到预先的效果，倍感压力。他们因此对自己很失望，很郁闷。其实不管做什么事情，都要对自己有个清晰的认识，不要对自己有过高的期望，这样你就不会为了让自己满意而背负过重的压力了。否则你只能在哀怨中对自己失去信心。

2. 抱负和理想务必切合实际

小时候我们谈到自己的理想，往往说得越离谱，越能表现你是个有志向的人。可是长大后，你才发现，很多事情并不是自己想的那么回事。因此，给自己定目标的时候，一定要切合实际，千万不要天马行空，好高骛远，否则，你给自己背负了过于沉重的压力，你怎么会开心起来呢？要知

道你已经不是怀着理想的小孩子，而是要通过自己的抱负来实现自身的价值的成年人了。

3. 学会适当调整自己的心态

当你遭遇了失败和挫折之后，一定要调整自己的心态，千万不要在欲望的驱使下，不择手段地去走你不可能走的路。这样，不但你不会快乐，不会开心，甚至还会把你自己逼疯。要适当地调整自己的心态，对失败和挫折要有清晰的认识，失败和挫折同时会激发你的斗志，千万不要因此而否定自己。你越消沉越对自己失望，你的压力越大。

4. 要适当向生活和自己妥协

尽管我们在祝愿别人的时候常常说“心想事成”，可是生活毕竟是生活，是不可能让你心想事成的。所以，对于我们来说，如果你心里想的事情根本就没有办法实现，那么不妨适当地向生活妥协，向自己妥协。这样，你少了很多压力，便多了几分轻松和快乐。否则，和生活较劲，最终输掉的还是你自己。

别苛求完美，糊涂一点令己更从容

生活中，我们总是在不断地追求完美。希望有一个完美的工作，有一个完美的家庭，有一个心满意足的妻子和儿女。然而，世上没有十全十美的事情。总有某些地方让我们不满意，因此，很多人不断地苛求自己，苛求生活。结果每天生活在不满意和抱怨中痛苦不已。如果你能不过度苛求，接受一个并不完美的生活，你会轻松快乐很多。生活本身就是不完美的，不是吗?

小娜是汽车配件销售公司的销售员，她来到公司虽然只有半年时间，但是凭借着不断的努力，业务做得有声有色，上个月的评选中，被评为了

第二名，离第一名，也就是销售主管只差了10万块钱的回款。

按理说这已经是她最好的成绩了，她应该感到开心。可是在小娜的脸上却看不出一丁儿点快乐的表情。相反，她总是每天阴着脸，拼命地做业务。她的目标是超过销售主管，争取第一名。

可是，销售主管在这一个行业整整做了五年，光老客户每个月走的货都有20万的量，更别说她还非常地努力做到最好。可想而知，小娜的压力有多么的大。由于小娜不断地开发新客户，在一些老客户的维护上疏忽了很多，在新客户没有增加的基础上，反倒丢了一些老客户，这让她的压力更大。

由于压力大，所以心情不好，这样一来，在跟客户的沟通中便失去了耐性，好几次由于她的马虎，给客户发错了货，结果被客户狠狠的骂了一顿。而小娜本身已接近崩溃的边缘，于是和客户争吵了起来。

为此，她又被公司的经理狠狠地训了一顿，小娜彻底地崩溃了，看着自己的工作越做越糟，自己越来越不开心。小娜陷入了深深的绝望当中，当她准备辞职的时候，销售主管找到了她，和她进行了一番深入的交谈。

当小娜了解了销售主管的情况后，放弃了和她争夺第一名的念头。她顿时感觉轻松了很多，露出了久违的笑容。就在那时候，她感觉生活里有了阳光，心情也格外舒畅。她没有迫不及待地去开发客户，而是加大了精力去稳定客户。渐渐地，小娜的销售量又开始直线上升。现在的她不去和任何人攀比了，而是让自己每个月都进步，这是她的目标。

故事里的小娜因为得了第二名，于是不断苛求自己，想要争夺第一名，无形之中背负了过重的压力。这种压力没有变成动力，却变成了她的负担，从而把她压得喘不过来，她不快乐，甚至很痛苦。后来当她放下压力的时候，顿时觉得轻松了许多，露出了开心的微笑。可见，不苛求自己，糊涂一点会令自己更加从容。那么，究竟如何才能做到这一点呢？

1. 接受不完美的自己

很多人总希望自己是最优秀的，因而总觉得自己是最完美的。一旦发现自己的瑕疵之处，便对自己失去信心，甚至不喜欢自己。事实上，完全没有这个必要。世上没有十全十美的人，为什么要拿自己的不足来惩罚自己呢？倒不如接受一个不完美的自己，不完美不是一样精彩吗？连你自己都不喜欢自己，还有谁拿你当回事呢？

2. 允许自己犯些错误

生活中，我们总觉得自己是最优秀的，所以理所当然地认为自己是全才，什么都会，而且不会犯错误。可是，事实上并非如此。很多时候我们都会犯一些低级的、致命的错误。然而，有人没办法接受自己犯错误的事实，一再地苛求自己，这样无形之中背负了巨大的心理压力。事实上，完全没有必要这么逼自己，糊涂一点，接受自己犯错，不是更从容一些，更自信一些吗？

3. 不要过高期望自己

在做事情的时候，有些自信是好的，但是自信过了头往往会对自己抱有过高的期望，一旦达不到这个内心的期望，就会觉得自己没用，因此背负了过重的心理压力。在做事情之前要对自己有个清晰的认识，不要对自己给予过高的期望，这样你就不会有过大的失望。即使失败了，你也能淡然地接受。

4. 不要和人盲目攀比

生活中，我们或多或少都会和周围的人攀比。一旦发现别人比自己优秀，就觉得心理不平衡，就会想方设法超越对方。如果别人和你水平差不多，这种不平衡能促使你进步，相反如果差得太多，就成了你的压力。因为不管你做多大的努力都不可能超越对方，你会因此而背负过大的心理负担。事实上，只要你做好自己就行了，完全没有必要去和别人盲目攀比。

打开压力心锁，学会转移注意力

很多时候，生活给予我们太大的压力，常常压得我们喘不过气来，之所以如此，是因为我们的注意力集中在在这个点上。同样，在遭遇了生活的挫折和打击，走入了人生的逆境之后，你的注意力便集中在那些失败的事情上，因而感觉到痛苦和绝望。尤其对年轻人来说，更是如此。因此，要学会及时转移自己的注意力，打开压力的心锁。

当大部分同学选择上大学的时候，程晨作出了惊人的抉择。她放弃了上重点大学的机会，而是选择了去做生意。这着实让亲戚朋友不理解，但是程晨是个非常有主见的人。一旦作出了决定，就是九头牛也拉不回来的。

说干就干，她跑遍了所有亲戚朋友的家，筹借了整整10万块钱，在市内的繁华区开了自己的一家服装店。由于程晨眼光独到，她所进的衣服都非常流行，深得顾客的喜欢。所以，一度生意非常好。

后来，随着市场的日益饱和，利润越来越低，程晨的生意越来越难做，再加上这个时候爸爸生病住院了，她需要去医院陪护，所以市场关门歇业。生意受了严重的影响。后来，她不得不赔钱把店转了出去。

生意的失败让程晨受了很重的打击，再加上家里也在不停地责怪她当初不上大学。因此，这一段时间，程晨感觉到非常痛苦，为了逃避家里人的叨唠，她有时候都不敢回家去。就在朋友或亲戚家里过漂泊不定的生活。

由于压力大，她学会了抽烟喝酒，常常一个人喝得大醉。借酒精来麻醉自己，可是酒醒之后，痛苦一样围绕着她，无法驱散。她太想做出点事情来证明自己了。可是偏偏失败了。她无法面对自己。

在这期间，程晨认识了一个叫雨燕的女孩，是一个绘画专业毕业的

大学生。雨燕常常带着画板坐在街角，为行人免费画像。引起了程晨的注意。这天，她走过去认真地看雨燕画画。雨燕看她观察得很投入，于是和她聊了起来。很快，她们成了无话不谈的朋友。

于是，程晨每天都去看雨燕画画，雨燕也给她说一些基本的绘画原理。渐渐地，程晨对画画产生了浓厚的兴趣。那段时间，她跟着雨燕去野外写生。慢慢地，她的绘画技巧得到了很大的提高。

这时候的她早已把生意的失败忘得一干二净了。满脑子都是如何画画的事情。自然再也不会去抽烟喝酒，作践自己了。

故事中的程晨因为做生意失败，而陷入了深深的痛苦当中，更重要的是因此而背负了沉重的心理压力。后来，她结识了雨燕，开始对绘画产生了浓厚的兴趣，渐渐地把伤痛忘记了。可见，在遭遇了生活的挫折和打击之后，如果你觉得压力大，无法摆脱失败的阴影，那么不妨学会转移自己的注意力，卸下压力的背负，帮助自己走出逆境。那么，对于我们来说，究竟该如何做到这一点呢?

1. 培养你的兴趣爱好

如果你的兴趣爱好少，甚至说没有什么特别的爱好，往往觉得精神无所寄托。尤其在你陷入痛苦的深渊之后，注意力没处转移，便会集中在你的痛苦上，不断纠结，让你痛苦不堪。因此，对于年轻人来说，如果你感觉压力太大，感觉到非常痛苦，不妨多培养一些兴趣爱好，以此来转移你的注意力。

2. 结交一个知己好友

多结交一个朋友，你就多了一个世界。你的目光便不再只集中在自己的身上了。同时，你也可以把你的痛苦. 烦恼和朋友聊一聊，这在一定程度上能减轻你的痛苦，减轻你的压力。对于年轻人来说，当你陷入痛苦中无力自拔的时候，不妨去结交一个知己，把你的注意力转移到对方的身上，对方的世界里。

3. 不妨参加一些探险

人在痛苦的时候，往往心里会非常压抑，总觉得难受。这时候，对于年轻人来说，不妨去参加一些具有冒险性质的活动，比如攀岩等，这样在寻求刺激的同时，让你内心的压抑得到及时的发泄，也能不断地挑战自我，重塑信心。当然，在选择冒险的时候也要注意安全，做好防范，不要在宣泄压力的时候伤害身体。

4. 适当地出去旅旅游

不可否定，扩大视野能让你的心放大。当你在痛苦的时候，你会把心缩小，焦点会集中在给你带来痛苦的事情上。如果你能把自己的心放大，那么那些看起来让你痛苦不堪的事情，也就变得渺小、微不足道了。你也就不再感到痛苦了。因此，对于年轻人来说，如果你觉得很痛苦，那么不妨出去旅旅游，把自己的心放大一些。

将压力交给轻音乐，悦耳静心

生活中，当我们感觉到压抑和痛苦的时候，听一些舒缓的轻音乐能让我们的心迅速地平静下来。这是因为，轻音乐舒缓的旋律改变了你内心的情绪，让你的思维暂时沉浸在轻音乐制造的真空中，让你忘却痛苦和悲伤。因而，如果你感觉到生活的压力过大，无法背负的时候，不妨听一些舒缓的轻音乐，把过重的压力卸下来，让你的心轻松下来。

大学毕业已经整整六年了，小海还没有一份正式的工作，在老家，这是相当没有面子的一件事情。因而常常被父母数落，被亲戚朋友嘲笑。因此，他暗暗下定决心，一定要考上研究生，给自己争口气。

于是，他辞掉了销售的工作，耐着性子，踏踏实实地学起习来。眼看着考试的时间越来越近了，小海的心里反倒没底了。按理说，他上学时候的基本功非常扎实，再加上近一个月的埋头苦读，该掌握的知识基本上都

掌握了，可是，他也说不清楚究竟为什么会这样？是不自信吗？

就在考试的前一天，他一整天吃不下饭，爸爸妈妈以为他得了什么病，不断地嘘寒问暖，可是小海就是吃不下。妈妈安慰他说：“小海，你是不是担心明天的考试啊？”小海望了妈妈一眼，没有说话。妈妈接着说：“别担心，你不是复习得差不多了吗？担心什么啊？”小海说：“我也不知道，究竟怎么了。我就是担心要是今年考不上该怎么办啊？”妈妈说：“那不是还有明年吗？今年考不上了明年再考。”小海摇了摇头说：“没有明年了，今年要是考不上，我就放弃了！”

看着小海焦躁不安的样子，妈妈非常着急，可是一点办法也没有。这天晚上，小海睡不着觉，在客厅里不停地走来走去。妈妈安慰了他很多遍，但是仍然没有办法让小海入睡。这时候，爸爸走出来，打开了DVD，放了一首舒缓的轻音乐，缓缓的音律让小海的心慢慢地平静了下来。不一会儿，他就感到了困倦。这一晚，他睡得特别的好。

第二天的考试中，小海发挥得特别好。

故事中的小海给自己定了硬指标，破釜沉舟，在此一举，在切断所有后路的同时，也给自己增加了巨大的心理压力。因而焦躁不已，寝食难安。无奈之下，爸爸的一首轻音乐让小海焦躁的心迅速地平静了下来。可见，轻音乐能够平静心情，缓解压力，让你在关键时候保持平静。如果你感觉到痛苦和焦虑时，那么不妨放一首轻音乐，让你的心得到安慰。那么，在这个过程中要注意哪些方面的问题呢？

1. 选择合适的轻音乐是关键

音乐能影响人的心情，这一点毋庸置疑。同样是轻音乐，有的旋律能让人悲伤，有的音乐能让人兴奋。一般情况下，当压力过大，感觉到焦躁不安的时候，不妨选择一些低沉舒缓的悲伤曲目，让你内心的亢奋，慢慢地得到平静。让你的压力随着悲伤的音乐慢慢地发泄，这样你的心就不再焦虑，你也会感觉轻松很多。当然选择一些大自然的声音也是很好的，能让你的心远离尘世的喧闹。

2. 听音乐的时候不妨闭上眼

大脑接受到的先是视觉信息，然后才是听觉信息，当你睁着眼睛听音乐的时候，你的心并不能真正陶醉在音乐当中，自然也就无法完全感受到音乐的那种魅力。因而，当你感觉到烦躁不安的时候，不妨找个地方躺下来，闭上眼睛，让音乐完完全全占有你的大脑。你的心便会被轻音乐的低沉旋律所浸透，自然就会慢慢地平静下来。人在躺下的时候，内心的抗拒是最弱的，也有助于让心舒缓和平静。

3. 戴上耳麦制造个音乐真空

如果可以的话，不妨戴一个优质的耳麦，让音乐在你的耳边响起，同时还能隔绝外界的干扰，制造一个音乐真空。这有助于你迅速地与现实中的烦恼隔离，沉浸在美妙的音乐当中。当然，这需要你在独处内心由于压力过大而感觉到无力背负的时候使用。避免在大街上，或者和别人交流的时候使用，否则容易带来误会和不必要的麻烦。

第十七章 心怀善心，助人心安

中国人有句古话：“人之初，性本善”，这句话告诫我们每一个人，都要心怀善心，助人为乐。然而，现代社会，人们在追求梦想、金钱、地位的过程中，在追名逐利的过程中，似乎已经忘记了人的内心充满至深至纯的幸福感来自于善良。社会生活中，我们需要记住的是，真正的心安是来自于满足他人而不是满足自己，也就是“善举”。当然，你还需要将这种爱贯彻到生活中的方方面面，而不是挂在嘴边，以仁爱之心去爱人，去奉献社会。

善心——帮助他人令心快乐安然

中国人常说："人之初，性本善"，这句话并不只是说人的本性是善良的，更要告诫生活中的每一个人都要心存善心，帮助他人有时候并不是为了回报，而是让内心更为快乐安然。

实际上，我们生活的周围一直都不缺乏那些为他人、为社会贡献力量的善良的人。比如，2008年，汶川地震后，多少热血青年身赴灾区，帮助那些深陷困境中的人、支援灾后重建工作；很多创业者成为成功的企业家后，却不忘回馈社会，用自己的绵薄之力支持慈善事业；一些闹市中的青年，在忙碌之余，会带上自己的爱心来到孤儿院、敬老院，为他们带来欢乐……善心是人类与生俱来的本性。的确，人的内心充满至深至纯的幸福感，不是在满足自我，而是在满足了"他人"的时候，自己的观点也得到了认同。

从前，有个心地善良的人。这天，他看到一只蝎子掉进了水里，他赶紧伸手去救那只蝎子，谁知道，这只蝎子居然狠狠地蛰了他一下，他疼死了。

这个人下意识地松了一下手，蝎子又掉进了水里。这人一看，赶紧又伸手救蝎子，结果，蝎子又蛰了他一下……旁边的人看见了，都说这个人很傻，不明白他为什么被蛰了，还要救这只可恶的蝎子，他是这样回答的："我当然还要救它，因为我们都知道，蛰人是蝎子的天性，这很正常。可对我来说，救人是我的天职，所以我不能因为蝎子蛰人的天性而放

弃我救人的天职呀……”

生活中，能像故事中救蝎子性命的人又有多少？可见，不是所有人都能不计后果地对人付出。但真心为他人付出的人，他们的人格是高尚的，是令人敬佩的。他们在帮助他人的过程中，虽然没有得到来自他人的回报，但心灵却得到了升华。

生活中的人们，当遇到他人需要帮助的时候，你是否愿意停下来为他们想想办法？或许在不经意间，受帮助的不仅是别人，还有你自己——爱加上智慧原来是能够产生奇迹的。其实任何一次助人行为，都是完善自我、实现自我价值的机会，怎能不出于自愿？然而，一个人若想真正内心无私地对他人付出，首先必须具备一颗善心。

在美国，有个叫亨利的著名作家，一次，他的侄子来他家做客，他们谈到了善良这个话题。

他问自己的侄子：“你知道什么是善良吗？”

侄子点点头，说：“我知道，可是我不知道怎么表达。”

亨利微笑了一下，然后继续问：“你知道什么是人生中最宝贵的东西吗？”

侄子说自己知道，他说：“人生宝贵的东西有很多，比如金钱。”

听到侄子这么说，亨利摇了摇头，最后说道：“在人的一生中，有三种东西是最宝贵的，第一是善良，第二是善良，第三还是善良。”

善良是什么？善良就是一种无私的付出，与人为善是人类永恒不变的天性。

当然，为他人付出并不是要停留在口头上，而是要付诸实践的。平素人们都说德行，何为德？何为行？德是个人的高尚情操，是先天品赋，但并非所有的人生下来就具备了好的品性，故需要后天扎扎实实地修养，也就是行，所以德需要行，才能为善，不然的话，德就是一个空洞的东西，未能为善的德只能是伪善。行是行为，善是无私，行为的无私就是行善，积德是行善的必然结果，与对方没有关系，利于别人的行

为与思想就是善！

赠人以花，手有余香！愿意为他人付出的人，从来都被认为是正直的、善良的。当我们怀着一颗真诚之心善待我们身边的每一个人时，我们收获的也是真诚与善良，当然，还会有浓浓的爱！

因此，生活中的每一个人，都不要把眼光放在蝇头小利上，更不要过于计较，其实，得失心太重，反而会舍本逐末。为社会和他人牺牲一点利益，是心存善念的表现，这一做人原则必会成为你人生路上的指明灯，帮助你追求人生的新高度！

善良让人心更为平和

中国人常讲："善恶有福终有报"，但真正的善行是不求付出的回报。《易经》"所谓善人，人皆敬之，天道佑之，福禄随之，众邪远之，神灵卫之；所作必成，神仙可冀。欲求天仙者，当立一千三百善；欲求地仙者，当立三百善。"真心的付出，是心地纯洁、没有恶意，是看到别人需要帮助时毫不犹豫地伸出自己的援助之手。因此，行善的过程也是一个修心的过程，善良会让人心更为平和。

因此，生活中的每一个人，在为他人付出时，不要总想着回报，也不要因为没有回报或回报甚少而不对他人付出。因为能付出的人，不求回报也是富有的。为他人付出，可以使人在精神上产生愉悦和快乐。实际上你在做好事和有益的工作时，不管是有意还是无意都会聚精会神地投入。此时此刻脑海里会排除杂念和私欲，心灵得到锤炼和净化。长期如此，当然有利于身心健康和养生。

哲人说，善良是爱开出的花。善良是哈佛学子优良的品质，是心地纯洁、没有恶意，是看到别人需要帮助时毫不犹豫地伸出自己的援助之手。

对于高尚的人来说，他们的品性中蕴藏着一种最柔软、但同时又最有力量的情愫——善良。

另外，为他人付出要从生活细节中开始。“勿以恶小而为之，勿以善小而不为。”我国画家启功先生就是一个在生活中与人为善的人。

一次，在全国政协工作人员的陪同下，启功先生到北京琉璃厂调研艺术品市场。

在他们闲逛时，有个工作人员发现在古玩市场的地毯上，摆了大量所谓的启功的书法作品，明摆着，这是赝品。

有个人问启功：“启老哇，你有什么办法来甄别这些作品的真假呢？”

听到有人这么问，启功大笑起来，然后乐呵呵地说：“一百年以后，比我写得好的，就全都是真品了！”

启老的这番话，虽然简短，却让人意味深长。

启功虽然是名人，但他最怕虚度时光，他常常砥砺自己要在有限的生命时光中，做出更多的奉献。然而，常常有人慕名前来请求他写字作画，以致影响了正常的学习和研究，他又不便直接拒绝，因此，他在创作、研究或身体不适的时候，就在门上挂个牌子，上书：“大熊猫病了！”来者看到不禁莞尔一笑，虽吃了闭门羹，但仍感到轻松快乐。

这里，我们看到了一个老艺术家不但在艺术上取得了非凡的成就，而且在心灵上也步入了大彻大悟之境，生命中充满着一种“身心无挂碍，随处任方圆”的大气和洒脱。他的一番话虽然让人捧腹大笑，但表达的却是他处处替人着想的那一份善良。

一位智者曾经说过：善良是一种远见，一种自信，一种精神，一种智慧，一种以逸待劳的沉稳，一种快乐与达观……只要我们本身是善良的，我们的心情就会像天空一样清爽，像山泉一样清纯！因此，生活中的每个人，在我们的一生中，无论我们走到怎样的人生高度，都不要将“善心”抛弃，这样，无论你走得多远，也不会迷失本性，你将获得一

份内心的安宁。

多帮人一点，多享受一点快乐

爱默生说；“人生最美丽的补偿之一，就是人们真诚地帮助别人之后，同时也帮助了自己。”其实，这里的帮助自己，很多时候是获得了心灵上的快乐。乐于助人是中华民族的传统美德，是一个人良好道德水准的重要表现，我们每一个人，都应该以培养并拥有这一品德为荣。

生活中，我们常常看到这样一些现象，有些人在功成名就以后，并不是独享财富，而是扶弱济贫，将自己的财富奉献给社会，让那些物质贫乏者接受自己的帮助，因为他们明白，真正的快乐并不是敛财，而是帮助他人。最终，他们都实现了自己的人生价值。香港首富李嘉诚就是这样做的。

李嘉诚于1980年创立了自己的基金会，为医疗、教育、文化和社区福利项目提供资助，主要针对香港和内地。迄今为止，该基金会已为各项事业捐出及承诺款项约77亿港元，其中，内地约占64%，香港占29%，其他占7%。

另外，李嘉诚基金的管理特色在于从不动用现有资产，基金用多少，李嘉诚补上多少。李嘉诚曾说过，无论是他的家族成员还是公司董事，不准从基金会拿出一分钱来，因为基金会是百分百做贡献的。

李嘉诚基金会集中两方面的发展：教育和医疗。至今，李嘉诚基金会及由李嘉诚成立的其他公益基金会已捐助过很多项目。

另外，在运营基金会上的模式上，李嘉诚也提出了一些独特的理念和模式。对于基金会的现有资产，他从不动用，如果第一年他捐出10亿，那么，第二年他就会再放10亿元来补足基金会的本金。

李嘉诚说，能够在这个世上对其他需要你帮助的人有贡献，这个是内心的财富。这个是我自己创造出来的，这个是真财富。因为金钱的财富，你今天可能涨了，身价高很多，明天降了，你的财富可以一夜之间变为一半。只有你做出使世人受益的，这个是真财富，任何人抢不走。

正如李嘉诚说的："金钱并不是人生中最重要的因素。"在他看来，所谓的富贵，并不一定要"富"，还要"贵"，真正的"贵"，是看你的社会价值，看看你为什么做出了什么。这才是真财富，任何人都抢不走。因此，他眼中真正的"富贵"，是必须懂得用金钱去回馈社会，若不能做到这样，即使拥有了金钱，也不过是"富而不贵"。

你可能会认为，我没有李嘉诚式的物质财富，对于社会，无法做到如此奉献。但真正的奉献也不是用财富来衡量的。只要你不吝啬付出，在他人需要帮助的时候伸出援助之手，那么，你的人生财富也就在不断积累，你的人生就在不断充实！身为社会人，你也应从责任的角度看，你必须要有一颗爱别人，爱社会，肯奉献的心，才能被人尊重，为人称颂！具体说来，你可以从以下几个方面努力：

首先，你应学会关心他人。你可以从关心周围的人开始，比如你的父母、你的亲人、你的朋友等。一个人，如果连自己周围的人都不关心，又怎么可能关心其他人呢？因此，如果你的朋友需要你的帮助，千万不要袖手旁观，给予他实在的帮助并加以安慰。在这种举动中，你将体验到帮助别人的快乐。

其次，要表达自己的真诚和关切。帮助别人，不要表现出太强的目的性，你的关心应该是真诚的、发自内心的，这样才能使别人愉快地接受，我们才会得到心灵的满足和愉悦。

另外，生活中，我们要多为别人设想。即使帮助他人，你也不应该表现出高高在上的姿态，这样会伤害到他人的自尊。另外，首先设身处地为别人着想，再提供帮助，只有这样，我们才能恰到好处地帮助别人，而不会出现好心办坏事的情况。

当然，助人的最直接的方式还是经常参加一些慈善活动或者助人的社会实践活动。

总之，助人为乐是一个人思想境界的行为体现，是一种精神的升华，有名言说得好：关心他人，竭尽全力去帮助别人，会使人变得慷慨；关心别人的痛苦和不幸，设法去帮助别人减轻或消除痛苦和不幸，会使人变得高尚；时常为他人着想，会丰富自己的生活，增加自己的涵养，最终，我们会收获更多的快乐！

心怀悲悯，让心境更超脱

中国人常说，人之初，性本善，也就是说，最本初的人性是向善的。自古以来，善良一直都被人们推崇为一种高贵的品质，那些行善积德、心怀悲悯的人也一直被人们所敬仰。事实上，一个内心充满慈悲的人不但能获得他人的认可，更为重要的是，他们的心境得到了提升。

也许有人会说，这个社会到处是尔虞我诈，慈悲心早已荡然无存。其实，这只是个例外。我们的生活中处处存在美与爱。我们每天都能看到初升的太阳，那是自然之美。我们每天都能拥有他人的关爱与帮助，这是人性之美。曾经有一位成功人士，在他的人生中有这样一次经历：

那时候，他得了胃癌，在一家寺庙修行，虽然手术很成功，但未康复之前，他就以俗家之身加入了佛门。这段时间，因为身体关系，他的修行是艰苦的，但却给他留下了难以忘怀的印象。

那段时间，他在寺庙有个工作，那就是布施化缘。冬天，天气寒冷得很，他穿着草鞋、身披斗笠，他的脚趾头都被沥青划破，甚至渗出了鲜血，但他还是强忍着疼痛，继续化缘。

黄昏时，他已经毫无力气了，当他正准备返回，路过一个公园时发生

了一件事。正在打扫公园身着工作服的老婆婆注意到了他以及这些化缘的僧人，她一只手拿着扫帚一路小跑来到他们跟前，向他的行囊丢进了500日元的硬币。

就在那一瞬间他被感动了，他的心里充满了难以名状的幸福感。

后来，在提及这件事时，他说："虽然她看上去生活并不富裕，却毫不迟疑、也不见丝毫傲慢地给了我这一介修行僧500日元。她善良和纯真的美好心灵，是我在迄今为止的六十五年里从未感受到的。通过她自然而然的慈悲行为，我深感触摸到了神佛的爱。"

把自我利益置于一旁，首先对他人流露出悲悯之心——老婆婆的行为是微不足道的，但它却是人世间思想和行动中的最善最美。

其实，人生匆匆，我们每个人的一生中，都会遇到无数个过客，尽管是匆匆而过，但他们却为我们留下了一份爱，一份帮助，虽然他们的帮助可能是举手之劳，也可能很渺小，但却让我们感受到了温暖，或许这就是爱的魔力，人类最无私的美丽，它让这个世界远离浑浊，走向光明。同样，如果我们能心怀悲悯，对他人的难处感同身受，并伸出援手，那么，我们生活的这个世界会因为爱而变得更美丽。

曾经有这样一个故事：

一天，一位女士来市集买米，她用200元假币买一袋大米。在市集结束时，这对卖米的农民夫妇在回家的路上，又看到了这位买米的女士，她不小心跌倒了，还扭到了脚，在路边无法动弹。农民夫妇看到后，二话没说就把这位女士扶上了自己的三轮车，并把她送到了医院，待安置妥当后，二人意欲告辞，谁知那位女士一把拉住他们的手，羞愧地相告："我买你们大米的钱，用的是假币。"说罢，拿出两张100元真钞，塞到农民夫妇手里。

多么戏剧化的故事，故事中，一对朴实的农民夫妇以其善良，使得那位女士良心发现，痛改前非，承认自己的错误。的确，仅仅是一步之遥，她没有跌进良心的谴责之中。而有时候，就是那一步之遥，可以改写一个人的一生，而更多时候，我们差的就是那一点勇气。

当然，有个问题必须注意，即对他人的悲悯，不应该仅仅是挂在嘴边，而要镌刻在心里。以仁爱之心去爱人，无论是对我们的朋友或者曾经的敌人，用我们的真诚去打动每一个人，即使真的做一次东郭先生又何妨？再凶恶的豺狼也有善良的一面。

因此，生活中的每个人，都应该以故事中的老婆婆为榜样，心怀悲悯，并多做利于社会、利于他人的事，而且，在必要的时候，应该牺牲一些自己的利益。你可以从身边做起，帮助那些需要帮助的人。如生活中，人人都会遇到一些困难、矛盾和问题，都需要别人的关心、爱护，更需要别人的支持、帮助。如果此时，每个人都能主动关心、帮助他人，从自己做起，从小事做起，从现在做起，使助人为乐在社会上蔚然成风，那么，你就能随时随地得到他人的帮助，感受到社会的温暖。

心正心善者有一颗如玉般温润的心

有人说，在人类的灵魂里，同时住着魔鬼和天使，他们一直在角斗。魔鬼，一定代表罪恶。天使，一定代表善良。魔鬼与天使的差别往往只是一念之差，一步之遥。那些心正心善的人内心一定住着一个天使，而那些为恶者内心也必定被魔鬼控制。那么，你的心里住着的是魔鬼还是天使呢？

善恶一念之间，为善还是为恶，是可以通过思维控制的，但善意的思考和恶意的思考自然而然就导致事物最终走向不同的结果。我们发现，心正心善者无论遇到什么事，总能用一颗善良、宽宏的心去包容他人，包容一切。

的确，人生路途崎岖坎坷，人际关系复杂多变，实在不能事事计较。

那些内心善良的人懂得宽容别人，自己的性情也就有了转折的余地，从而在生活中，无论遭遇什么样的人和事，都不至于怒发冲冠、牢骚满腹、委屈痛苦、郁气中滞。对别人是这样，对自己亦然。

第十八章 安宁心神，让爱流动

往往人与人之间的矛盾和冲突是由于内心的烦躁和不安引起的。尤其是生活在同一个家庭里的人，常常因为对他人的不满而争吵，让家失去了昔日的温暖。事实上，只要我们少一点苛刻和抱怨，多一点理解和宽容，把关心和爱送给你的家人，你会发现家越来越温暖，亲人越来越爱你。在夫妻之间是这样的，在老人和年轻人之间也是这样的。尽管年龄有差别，认识不一样，但是对爱的需求都是一样的。

关爱——心安才能让爱转动

世界之大，我们每个人都只是宇宙苍茫里一粒细小的尘埃，我们每天都在为生活奔波，尤其是现代社会，人们的脚步更加匆忙，但事实上，也许我们的物质生活越来越丰富，但心灵却没有找到一个安定的港湾，为什么会这样？怎样才能获得幸福？幸福的定义众说纷纭，但我们不得不承认，那些幸福的人都是内心安定的人，他们懂得付出，懂得珍惜，尤其是珍惜和家人在一起的点点滴滴的时光，他们更懂得关爱家人，懂得感受生活中点点滴滴的幸福。我们先来看下面一个女人的自述：

曾有这样一篇报道，小吴是一名初三的学生，面临中考的他依然痴迷于游戏，为此，他的父母说了他几句，结果，小吴就想“干脆眼不见为净，到一个没有人认识、父母也管不着的地方去”，“混出个样子给他们看看”。第二天，趁父母外出时，他偷偷打开父母平时放钱的床头柜，从里边拿走了一万元，只身来到了北京。

但一个不到十八岁的孩子，从未离开过父母，哪里有什么生存能力。于是，在北京的一个月里，他很快花光了从家里偷来的钱，还没有找到工作，但他又不愿意回家，于是，他就动了一个歪念头——偷。

这天，北京火车站的民警在执勤时，发现一个小伙子鬼鬼祟祟，就把他带到审讯室。

经过几个小时的开导，小吴才开口。把事情的前前后后都跟民警交代了。

接到民警电话后，小吴的父亲从安徽老家赶到了北京，一见到父亲，羞愧难当的小吴跪下了，痛哭失声。

看完这个故事，我们不禁感叹，血浓于水，亲情是我们一辈子的财富。可是生活中，又有多少人能和故事中的主人公一样读懂细腻的亲情呢？又有多少人懂得呵护亲情、关爱家人呢？

可能生活中，很多人都遇到过这种状况，为工作为生计忙得团团转，哪顾得上关爱家人，无论如何，我们也要保护好此生不变的亲情，要学会爱家，爱父母，爱子女，爱配偶，有爱的人才有血有肉，珍惜来之不易的亲情吧！你会发现幸福快乐就在你身边！

首先，我们要懂得爱孩子。你是否已经忘记了为孩子做一顿丰盛的早餐？你是否已经忘记了你的孩子在学校门口等你来接他？孩子的成长需要你的关爱，需要你的教导，身为父母的你，请别只忙于工作与赚钱，请抽出一点时间，陪陪孩子，不只为了享受天伦之乐，更重要的是，让孩子在你温柔的母爱中健康成长，因为母爱无可替代。

其实，老人也需要爱。爱让这个世界不停旋转。父母的付出远远比山高、比海深，曾经不懂事的你，可能只知饭来张口，衣来伸手。你是否意识到，如果你能在父母劳累后递上一杯暖茶，在他们生日时递上一张卡片，在他们失落时给予一番问候与安慰，他们就会幸福得直流泪。

对于你的爱人，你也不要以为是老夫妻，就不需要关心了，婚姻的警钟通常都是因为一些不在意引起的。因此，如果你是个事业型的女人，当你的丈夫不舒服了，你一定要记得打电话问候，否则你就显得有点“无情”或“冷血”了，这可不是男人喜欢的风格哦。

总之，如果你能在紧张的工作之余，调整一下自己的生活方式，为家庭倾注点心血，那么，平凡的生活将有滋有味！

不要用苛刻的眼光去审视他人

生活中，我们总是习惯以自己的喜好和标准来要求别人，要求对方必须怎么样，如果别人不按着他的意愿去做事，就不依不饶。可是，每个人都有自己的生活，都有自己的一套规则和目标，凭什么去接受你的一套理论而放弃自己的生活呢？为此，便会发生争吵。事实上，世上并不只有一种模式，接受别人的不一样，给予对方足够的尊重，生活就少了很多烦恼和痛苦。因此，不要用苛刻的眼光去审视他人。

慧珍是29岁结的婚。当时，她非常不喜欢她的丈夫，只是由于自己年龄大了，加之自己压力很大，家里的压力也很大，后来不得不嫁了过去。但是她打心眼里不喜欢这家人。原来，慧珍从小在城市里长大，而且受过高等教育，可她的丈夫家却在农村，家庭条件非常一般，再加上她的丈夫洪钧没有学历，只是一个打工仔，工资收入也是非常有限。

结婚后，洪钧一家人对慧珍非常好。总觉得她是城里长大的姑娘，不能让她受委屈，所以家里有什么好吃的，好穿的，首先让给慧珍。可是这些，在慧珍看来，根本瞧不上。因此，她一不顺心，就开始摔碟子扔碗，对于此，洪钧也只是默默地忍受着。

这天，慧珍的母亲生病了，洪钧带着礼物去看望岳母，晚上慧珍回家后就开始叨唠了，她指着洪钧的鼻子说："你看看，你给我妈妈带的是什么礼物？带点烂水果，谁稀罕呢，我妈妈没吃过水果吗？"

洪钧说："那都是新鲜的水果。谁说是烂水果了。我花了50块钱买的。"

慧珍骂道："怎么地，花50块钱心疼了？你说说，你一个大男人，一个月才挣2000多块钱，也难怪你花了50块钱都心疼呢！"说完，狠狠地瞪了洪钧一眼，洪钧没有说话。

慧珍见洪钧不再说话了，转身将桌子上放的一个水杯狠狠地砸在了地上。这个水杯是洪钧的母亲三年前买的，由于质量好，所以一直使用着，慧珍砸了玻璃杯子，气急败坏地吼道：“你看看，你这窝囊废，家里穷得连喝水的杯子都用了三年，老娘嫁给你真是倒了八辈子的霉了。”

洪钧忍无可忍，吼道：“我家就这么个条件，我没有逼着你嫁过来，现在你又抱怨这个，不满那个的，早干嘛去了，不想过，你就回你们家去，我没有拦着你。”

慧珍见洪钧发火了，也跳了起来：“你看看你这穷酸样，你还好意思吼，你吼什么啊，自己没出息，还不让我说了，怎么地。”

洪钧气得浑身发抖，她走过去，狠狠地给了慧珍两个耳光。慧珍扑过来，两人扭打在一起了。

故事里的慧珍，由于不喜欢丈夫，不满意婆家的生活，所以一直在抱怨，一个劲地羞辱洪钧，结果一发不可收拾。很显然，家庭的幸福永远不可能降临到她的身上。可见，女人在不断抱怨的时候，注定了她的婚姻是场悲剧，她家的幸福被她的抱怨挤到了九霄云外。如果她换个心情，不再去抱怨生活，而是去欣赏她的丈夫，那么，或许换来的是她和洪钧的恩爱，换来的是家庭的和睦。那么在婚姻生活中，如何做到不用苛刻的眼光去审视他人呢?

1. 对生活要懂得知足

对于女人来说，既然选择了你的丈夫，选择了对方的家庭，那么就要懂得知足。不管婆家的家境是好还是不好，都要融入这个家庭中去。如果你总是抱怨婆家的家境不好，抱怨丈夫对你不好，那么无疑否定了你现在的生活。这样，会让你的生活更加不幸。对于女人来说，要懂得知足，要念别人的好。

2. 对丈夫要学会尊重

不管你的丈夫本事有多大，他始终是你的丈夫，需要你的尊重。如果你不尊重你的丈夫，那么就是在否定你的婚姻。试想你总是羞辱和责骂

你的丈夫，即使他想变得优秀，这份热情也被你浇灭了。男人连最起码的尊严都没有了，还会尊重你吗？所以，聪明的女人应该明白，尊重你的丈夫，就是尊重你的婚姻，也就是尊重你自己。

3. 对公婆要学会孝敬

既然结婚了，那么你的公婆就是你的父母，要像尊重自己的父母一样尊重他们。别以为他们和你没有血缘关系，就可以随便地抱怨他们。即使你的丈夫很爱你，但是他们更爱自己的父母，如果你不孝敬公婆，往往会凉了丈夫的心，会让你的婚姻亮起红灯。反过来说，你不孝敬公婆，你的丈夫对你父母一样也不会好。一家人不和睦，怎么会家庭幸福呢？

4. 欣赏和赞扬每个人

你在抱怨的时候，看到的都是别人的缺点，是在否定他们，你越抱怨，觉得他们越差劲。试想谁又愿意被人否定呢？如果你换个角度，多去发现别人的优点，欣赏和赞扬你身边的每个人，即使他们表现得不那么优秀，也会感激你。这样，一家人充满了温情，幸福自然就降临到了你的身边。

 别乱发脾气，珍惜家人的爱

家人是最亲最近的人，因而家是爱的海洋。家人给予的关怀和照顾往往是无人能够代替的。这也就是为什么很多人宁愿丢掉生命，也不愿意失去家人的缘故。可是，很多人也许觉得家人比较熟悉，也不会跟自己计较，压力一大，一不开心，就在家人面前发脾气。可是，家人也是正常的人，也没有义务去承受你的坏情绪。因而，要想让家庭充满爱和温暖，就要珍惜家人的爱，不要随便发脾气。

这几天，敏贞动不动就对老公建国和儿子乐乐发火。

那天下午，建国下班回来，忘了换拖鞋就直接去厨房给敏贞帮忙，刚进去的时候，敏贞还有说有笑的，谁知当她看见建国脚上居然还穿着皮鞋时，脸色一下子就变了，一把将建国手里的菜抢过去，大声地说："跟你说过多少遍了，换了鞋再进屋，你怎么老是记不住啊，猪脑子啊，我每天累死累活地拖地容易吗？"

建国也火了："你那么大声干什么，我换完给你把地拖了不就完了，嚷嚷什么，你才猪脑子呢！"敏贞一听更加生气了，干脆饭也不做了，跑到卧室倒头就睡下了。建国一看这架势，无奈地摇了摇头，看来今晚这顿饭又得自己动手了，要不一家人都得饿肚子。于是，打起精神去厨房下了些面条。

一直在房里写作业的乐乐听见爸妈的吵闹声，急忙跑出来问："爸爸，妈妈这是怎么了？"

建国苦笑着说："当然是爸爸做错事情惹妈妈生气了。"

乐乐好奇地问："你又做错什么了？惹得妈妈发那么大火，我戴着耳麦都听见了。"

建国说："也没什么，对了，快去喊你妈妈出来吃饭。"

乐乐"噔噔噔"地跑到父母的卧室里，敏贞一看是乐乐进来了，又板着脸教训起乐乐来了："你的作业写完了吗？一天到晚瞎跑什么，如果一会儿检查有错的看我怎么收拾你！"

乐乐嬉皮笑脸地学着电视里的小太监说："太后老佛爷，奴才请您用膳了！"正在这时，建国也走进来叫敏贞去吃饭。想起刚才发生的事情，敏贞一时间竟觉得怪不好意思的。在饭桌上，她鼓起勇气诚恳地向老公建国和儿子乐乐道了歉。

故事里的敏贞总是向老公和儿子发火，老公建国和儿子乐乐并没有计较，仍然一如既往地关心着她，爱着她。最后敏贞主动承认了自己的错误，向父子俩道了歉，一家人重归于好。可见，家人是最关心最爱你的

人，不要随便对家人发脾气，要珍惜他们的爱和关怀。那么，如何才能做到这一点呢？

1. 婚姻中不妨多谈谈爱

你之所以和你的爱人走进婚姻的殿堂，更多的是因为你们之间有爱情。夫妻双方多谈谈爱，很多问题就迎刃而解了。否则，彼此之间纠结的东西可就多了。比如，你的丈夫总不爱干家务，如果你谈谈爱，用爱感动丈夫，让他心疼你，他自然就会去多做一些。如果你发脾气，势必会让丈夫觉得你不爱他。这样，两人之间的情感就会大受影响。

2. 接受一个不完美的爱人

俗话说：人无完人，金无足赤。任何人身上都有很多的毛病和缺点，这一点，作为丈夫或者妻子的你一定要清楚。既然和对方走进了婚姻，就要学会接受另一半的缺点和毛病。不要总是挑对方的毛病，总是发脾气。时间久了，会让另一半觉得你开始嫌弃他了，觉得你们之间不合适了。这样就会影响你们之间的感情和婚姻的稳定。比如，你总是叨唠你的丈夫不讲卫生。这会让你的丈夫觉得你嫌弃他脏。如果你足够爱他，为什么你不帮助他呢？

3. 通过沟通交流解决不满

很多人结婚后，总觉得另一半应该怎么做，觉得他（她）要是做得不合自己的心意，就把自己的不满和情绪通过叨唠表达出来，从而对另一半进行精神强制，让对方所说的话，所做的事满足自己的心意。事实上，如果把你的不满情绪通过交流和沟通表达出来，会引起对方的注意；如果你通过发脾气来表达，往往容易引起争吵，影响彼此之间的感情。

比如，你希望丈夫更加努力去赚钱，如果你心平气和地告诉丈夫你的想法，丈夫会觉得你尊重他，会努力，如果你总是叨唠他没本事，挣不到钱，则会让丈夫很愤怒，因为你在笑话他，侮辱他的尊严。同样是表达，不同的方式却会产生两种截然相反的结果。

心怀包容与理解，让爱流动

很难说，一个充满争吵的家里会有和睦可言。很多时候，不是老人之间在争吵，而是老人和年轻人在纠结。老人接受不了年轻人的生活方式，年轻人无法理解老人的生活习惯等。谁都想试图征服和改变别人，可是事实上，谁也征服不了谁，谁也改变不了谁。如果多一点包容，多一点理解，彼此之间传递的就是温暖，而不是埋怨。

美丽今年25岁，刚刚结婚，结婚前她总是喜欢按着自己的方式做事情，自己高兴舒服就行。比如早晨爱睡懒觉，晚上喜欢熬夜。可是结婚后，矛盾就凸显了出来，不是说她的丈夫不习惯她，而是她的婆婆有些看不惯她。

这天早晨，天刚刚亮，美丽睡意正浓，可是突然传来了敲门声，这让美丽非常不高兴，心想谁这么早敲门啊，有事不能等起床了再说。美丽睡眼朦胧地爬起来，开了门，只见婆婆站在门口说："怎么还在睡觉啊，都几点了，赶紧起床，洗漱完吃早餐。"

美丽关上了门，又开始睡了。没多久，她再次被婆婆吵醒了，这一次婆婆再没有敲门，而是直接闯了进来，把他们的被子给抱走了。美丽叫了起来，和婆婆吵了一架。

从那天起，她和婆婆便较上了劲。早上一大吵，晚上一小吵。丈夫在里面劝了这个说那个，可是就是平息不了。最后索性晚上待在单位不回家了。美丽明白，如果不和婆婆处理好关系，迟早会影响他们之间的夫妻感情。

这天早晨，在吃早餐的事情上，婆婆又开始向她发难。这一次，美丽没有吱声，只顾着吃早餐，吃完后，收拾好自己，出门去上班了。连续几天，美丽对于婆婆的无端纠结，总是表现得很淡然，就当什么事情也没

发生。这天晚上，婆婆在一个劲儿地谩骂，美丽回房关上了门。婆婆怒吼道：“你把门关上干什么。”于是美丽把门打开，继续干自己的事情。婆婆一个人觉得没趣，叫骂道：“你跑到屋里干什么。”于是美丽又从屋里出来，坐到婆婆的面前，听她叫骂。

见美丽总是不吱声，婆婆骂道：“你干嘛不说话。”美丽走过去倒了一杯水，递给婆婆，微笑着说：“妈，您消消气，喝点水。”婆婆接过水，望了美丽一眼，再没有说什么。从那以后，她再也没有骂过美丽。

故事里的美丽，在和婆婆的较量中，为了捍卫自己的婚姻，最终选择了用沉默来代替争吵，用自己的忍耐让婆婆无话可说。有些时候，老人看不惯你，和你较劲，其实对他们来说也是一种伤害，如果你多退让，他们也就觉得没意思了，在你一个晚辈面前，显得长辈没有涵养。那么，如何说服自己，包容和理解家人呢?

1. 要告诉自己，长辈说的或许是对的

如果你的长辈不停地为难你，和你之间因为一些小习惯而纠结，那么不要和他们争吵，或许他们说的有一定的道理，你只是没有办法理解罢了。这样，你心里的气就会完全地消失，也就不会和他们去论个是非对错。事实上，很多事情都没有对错，只是认识不同罢了。你让长辈跟你有一样的认识，这太难了。

2. 一定要原谅长辈的心胸没你的宽广

人岁数越大，心就会变得越来越小，对于很多没有意义的事情也要不停地纠结、发难。作为晚辈，你要理解他们，或许你老了，你也和他们一样。当你这么想的时候，你就觉得他们是因为老了，无聊了，便会没事和你找事。当然你有事做，自然不能跟他们计较了。你把他们的纠结和发难当作人老的一种疾病，那么你就会淡然很多。

3. 要对自己说：长辈的文化比你欠缺

一般情况下，我们的长辈因为年代的原因，文化水平普遍没有现在的年轻人高，对事情的认识也没有年轻人看得清楚。因此，在一些事情上和

你纠结也就显得有情可原了。这不是他们自身的问题，是生活的年代导致的。试想，你一个受过高等教育的年轻人，怎么好意思和一个知识欠缺，涵养欠缺的老人纠结呢？

4. 要明白，如果强大何须证明给人看

往往很多时候，人越虚弱，越想让别人看到自己强大，越是用各种的方法和措施来证明自己。事实上，如果你真的强大，又何须证明呢？就如同故事中的婆婆一样，总是百般纠结，来证明自己强势，可是最终她却败给了默不作声的儿媳妇。因为她本身就很虚荣，你这么想，便不会再和他们纠结了。

尊重对方，将情感安心交托

现实中很多人都不喜欢被别人束缚，总是喜欢有自己的生活自由。尤其在结婚了之后，更希望另一半能尊重自己。可是，现实的诱惑实在太大了，处在婚姻中的人时刻都在思考：对方究竟爱不爱我，他对我是不是一心一意呢？在这种疑虑之下，常常疑神疑鬼，因而会出现偷偷地查看手机，或者是私自查询聊天记录等事情，严重地伤害了另一半的自尊心，给双方的情感蒙上了阴影。

在婚姻生活中，彼此的尊重和爱是基础。如果你爱对方，不妨相信他，把情感安心地交给对方，给予对方应有的尊重和信任。这样，你会爱得更加自信，你们之间的感情会更加甜蜜，婚姻会更加牢靠。

朵影结婚整整七年了，也有了自己的孩子。丈夫沿见经营着一家不大的公司。也许是最近沿见的公司出了一些状况，所以他总是起早贪黑地去努力，想尽一些办法让公司尽快走上正轨。

可是朵影却总是怀疑丈夫在外面有了别的女人，经常问询他为什么回来的那么晚。起初沿见觉得妻子在关心自己，可是渐渐地他发现朵影给他的不是关心，而是怀疑。她总是打电话询问他的秘书、助理，证明沿见是在公司，是在工作。这让沿见特别被动，因为秘书和助理等人总是在背后窃窃私语。

回家后，沿见跟朵影认真地交谈了一次，两人互相取得了理解和信任。沿见觉得这样妻子应该不会再怀疑自己了。可是一次偶然的机会，他发现妻子在帮他洗衣服的时候，逐个衣兜里寻找着什么。这让他非常生气。

他走过去生气地问："你在找什么？"

朵影理直气壮地说："找你出轨的证据，你每天晚上回来那么晚，究竟在哪里？跟哪个野女人在鬼混，别以为我什么都不知道。"

沿见生气地说："现在我的公司出现了危机，我在拼命地努力，想让公司回到正轨上去，而你不但不支持我，还一个劲儿地怀疑我，你真让我寒心啊！"

朵影也跳了起来，她吼道："谁知道你又在编什么谎言来欺骗我。你是不是嫌弃我老了，是不是觉得没有你的女秘书一样温柔可人了啊？平日里看你们眉来眼去的，没准借着加班的名义在搞什么见不得人的勾当呢。"

沿见生气地说："你这是什么意思，你凭什么说我和别人怎么着了，我是你丈夫，难到你希望我和别人怎么着吗？"

朵影嚷道："被我说着了吧，你还别不承认，明天你就把你那个女秘书给开除了，否则这事没完。"

沿见暴跳如雷地吼道："你简直就是不可理喻！"

第二天一大早，沿见收拾好之后，匆匆地赶往公司。朵影也出了门，悄悄地跟在了后面，一直跟到了公司。由于前天晚上吵了架，沿见没睡好觉，所以工作的时候状态很差，这时候，女秘书走进来，为他冲了一杯咖啡，关切地问道："经理，你没事吧？"

沿见笑了笑说："没事，昨晚上没有睡好。"

这时候，朵影冲了进来，狠狠地抽了女秘书两个耳光，冲着沿见吼道："还说没问题，被我抓了个正着吧，你怎么解释？"

沿见痛苦地抱着头，无奈地摆摆手说："咱们离婚吧，你回家去等我，我晚上跟你谈。"

……

故事中的朵影，对丈夫产生了无端的怀疑，尽管她知道自己所有的怀疑都没有证据，可是还是不停地怀疑，继而变本加厉地对待沿见，这让沿见感到痛苦万分，最终作出了离婚的决定。而这时候的朵影想必是后悔万分。可见，生活中，女人不要在没有任何根据的情况下去怀疑身边的人，这让会让别人反感你，从而远离你。那么，如何才能不做多疑的"发愁女"呢？

1. 要自信一些，不要怀疑自己

女人在怀疑别人的时候，表面上看是缺乏安全感，实质上是不相信自己，缺乏足够的自信。如果你觉得自己足够的优秀，还担心你身边的人会远离你、欺骗你吗？正是因为你不相信自己，觉得丈夫会离开你，觉得朋友会欺骗你。这样无形之中，会让你的形象大打折扣，让你在别人的心目中更加没地位。

2. 不要胡乱猜忌

女人总爱胡思乱想，总是没有任何理由地把事情往坏处想，把别人往坏处想。本来没有任何关系的人或者事，她们总会胡思乱想地制造很多的情节，继而对你产生怀疑，再想办法证明。她们在证明的过程中，让你饱受煎熬，因为那都是根本就不存在的事情。在她们的怀疑和猜测下，诱导别人将不可能的事情转向可能。

3. 注意力专注些做自己的事情

女人总是多疑，是因为她们有太多的时间去考虑那些乌七八糟的事情，把自己的生活弄得一团乱，继而把别人的生活也弄得一塌糊涂。要想

避免胡乱猜忌的毛病，女人一定要注意力集中一些去做自己的事情，这样你根本没有时间和精力去胡思乱想，自然也就不会对你身边的人进行无端的猜忌了。

4. 自立自强，拥有自己的圈子

女人之所以没有安全感，害怕别人离开你，那是因为你没有自立，总是生活在别人的世界里，总是在扮演着配角。如果你能自立自强，那么你根本用不着担心别人会离开你，用不着担心别人会欺骗你。即使对方真的离开你了，欺骗你了，你一样有自己的生活。所以，对于女人来说，一定要自强自立，拥有自己的圈子，自己的生活。这样，你根本就没有必要去猜忌了。

第十九章 治愈心灵，健康自在

每个人都希望生活能够幸福美满，可是命运的捉弄往往让人无奈和叹息。不少痛苦和失败带给我们的伤害会在一定程度上影响我们的身心健康，这就需要我们学会及时地清扫自己内心的垃圾，以健康阳光的心态更好地处理自己跟自己的关系，处理自己与他人的关系。如果你感觉到迷茫和彷徨，那么我们在这一章为你作了讲解。

治愈——让心饱满莹润的秘密

生活中，我们都希望自己有个好心情，好心情是生活的调味剂，带给你无穷的快乐。其实，快乐的心来自于一颗安宁的心，内心安宁才能自在快乐，然而，我们似乎总是听到这样的声音："我烦死了"、"气死我了"、"这个人真讨厌"等。也可以看到一些人虽一言不发，但神情忧郁，精神恍惚。事实上，这都是心不静的表现。其实我们每个人都或多或少遇到过一些挫折，对此，一般人都能自觉地调整心态，较好地适应社会。但也有少数人由于持有一些不合理的信念，在遇到重大挫折时往往会一蹶不振，严重的甚至不能正常工作学习，给自己和亲戚朋友带来很多麻烦。

"其实人活的就是一种心态。心态调整好了，蹬着三轮车也可以哼小调；心态调整不好，开着宝马一样发牢骚。"这是手机上的一条短信，它生动形象地说明了人的心态的重要性。心态就是人们对待事物的一种态度。一个心态健康的人才能真正活得健康、自在。因此，尘世中的人们都应该学会治愈自己的心，这是让自己的心饱满莹润的秘密。

米契尔是个传奇式人物，在他46岁那年，他被一次很惨的机车意外事故烧得不成人形，四年后又在一次坠机事件后，腰部以下全部瘫痪。

当他醒来后，他发现自己正躺在医院里，全身被烧得体无完肤。而在他的周围，也是一群和他情况差不多的人，他们对自己的遭遇自怨自艾："为什么我要遭受这种痛苦，上天为什么要这样对我，还不如死了算

了。”然而，米契尔却不这样感叹，他问自己：“我还拥有些什么呢？我怎样才能重新站起来？此刻我还能比以前做哪些事？”

更有趣的是，在住院期间，他结识了一位名叫安妮的漂亮迷人的女护士，他不顾脸上的伤残和行动不便，竟然异想天开：“我怎样才能和安妮约会呢？”他的同伴都认为他实在有些神志不清，他必然会碰一鼻子灰。没想到一年半后两人竟然打得火热，后来安妮成为了他的太太。

米契尔屹立不倒的正面态度使他得以在《今天看我秀》及《早安美国》等节目中露脸，同时《前进杂志》、《时代周刊》、《纽约时报》及其他出版物也都有刊登米契尔的人物专访。

米契尔为什么能创造奇迹？因为他的心态一直都是正面的、积极的。因此，即使在灾难面前，他依然拥有好心情，他看到的就是希望，于是，他最终战胜了困难。米契尔说“ “我完全可以掌控我自己的人生之船，那是我的浮沉，我可以选择把目前的状况看成是一个新的起点。”

其实，人生路上，我们的心也可能和身体一样会得某种疾病，治愈及时，才能获得正能量，才能继续前进。

当然，要治愈自己的心，有很多种方法，比如：

第一，积极暗示。

面对同样难度的事，有的人对自己充满信心，相信自己“很快就能做到”，有的人则缺乏信心，怀疑自己“根本做不到”。两种不同的心态，结果就会大相径庭。前者属于积极的暗示，即使遭遇失败，也不当一回事，只把做得好的印象深深印在脑子里，结果很快就成功了。而后者则属于消极的暗示，往往把失败的印象留在脑海中，这样做起来就费力费神多了。因此，永远不要对自己说：我简直太笨了；我永远也学不会；我不可能获得成功；我遇到麻烦了；我真糟糕；我无法成功，我肯定会遭遇失败；我肯定不会赢的……消极、负面的字眼会对你产生非常消极的暗示，导致你的行为也非常消极。假如你能够坚持对自己进行积极的暗示，诸如“我很快就能掌握这项技能”“我特别棒”“我一定能获得胜利”，就会让你产生非常积极的思维和行为。

第二，运动法

当你心烦意乱、心情压抑时，适度运动可带来好心情。虽然运动对于人排解不良情绪有益，但应该把握适当的度，否则会对大脑机能造成损害。并且，你要选择自己喜欢的运动，这样才能持久地练下去。

第三，把心交给大自然

有条件的话，最好到真正的大自然当中，比如郊区。如不具备条件，可考虑到城市公园等人造的自然风光中去，当然效果会打些折扣。在走入大自然之前，可能还得考虑时间、金钱等问题，多数情况下，这一切都是值得的。

第四，呐喊法宣泄

据说日本有个很具规模的呐喊节。每年到了这个时节，全国各地的参赛者或观众云集于大山深处，有组织地按规则和程序呐喊。举办呐喊节，旨在引导人们认识和体验呐喊的心理调适作用，鼓励大家在需要时去身体力行。正是人们通过呐喊而受益，呐喊节才被越来越多的人所认可并积极参与。

总之，只有具备良好的心态，你每天才能保持饱满的心情。心态好，运气就好。要学会调整心态， 有良好的心态工作就会有方向，人只要不失去方向就不会失去自己。

在真善美中寻求健康自在

生活本就艰辛，活着本来就不是一件容易的事情，因而遭遇坎坷，经历失败在所难免。当然，如果心态好，能正确地体会生活，感悟生活，那么你感受到的自然多是快乐，你的生活会充满阳光，处处留下开心的微

笑，会在真善美中追求健康和自在。否则，你感受到的便是酸楚，因为生活本就苦痛大于甘甜。

明梅是话剧团的演员，这天，她演的一个角色得到了上级领导的一致好评，将被评为国家一级演员。可是她却拒绝了。原来，这天是明梅和男友爱辉认识整整八年的纪念日，这天，她们去登记结婚了。

可是，第二天，她和好朋友华宇在商场买东西的时候，却意外地看到爱辉被另外一个女孩挽着胳膊在逛商场。明梅走上前去，狠狠地抽了爱辉一记耳光，然后哭着跑回了家。

之后，明梅好像什么事情也没有发生过，依旧按时上下班。这天晚上，华宇来找明梅，看到她神采奕奕的样子，非常不解。于是悄悄地把她拉到房间里说："你没事吧？你刚刚结婚的丈夫跟别的女人在鬼混，被你当场撞到，你竟然像什么事情也没有发生过？是悲伤过度还是咋的？太不正常了吧？"

明梅微笑着说："你觉得我应该有什么样的表现，哭着闹着抹脖子上吊？"

看着明梅一脸的无辜，华宇疑惑地说："至少也是件非常让人难受的事情。你为他付出了八年的青春，过了一个晚上就忘得干干净净了，就什么也没有了？"

明梅拍了拍华宇的肩膀说："是啊，当天晚上回来之后，我也不相信这是真的。但是转念一想，我就感觉到非常的庆幸。好在现在还没有孩子，你说要是等我们有了孩子再发现，那岂不是更糟糕吗？你说是不？所以我应该感到庆幸。"

听了明梅的话，华宇若有所思地点了点头，自言自语道："还真是这么回事，想想你还真是幸运的。还没有正式做他的妻子，否则你可真是跳进火坑里了。"

明梅笑着说："所以嘛，我为什么要悲痛欲绝，为什么要伤心难过呢？没有理由啊！"

华宇接着说："那你为他的付出就白白地付出了，那可是女人最宝贵的八年时间啊？"

明梅叹了一口气说："那还能怎么办呢，付出的已经付出了，伤心难过能再回到从前吗？不能吧。既然无法挽回，那么再浪费情绪就很没意义了。"

故事中的明梅当看到刚刚登记的丈夫和别的女人在一起，她并没有因此而感到伤心难过，而是觉得庆幸，觉得开心快乐。因为她觉得事情还没有到更糟糕的地步，相比之下还是幸运的。可见，在遭遇生活的酸甜苦辣的时候，心态好的女人往往看到的是好的一面，因而感觉到满足，感觉到快乐。那么，作为女人，如何让自己的心态好，享受生活的快乐呢？

1. 将生活的不幸当作赏赐

通常很多人在遭遇不幸和打击之后，往往感觉到非常痛苦。这是因为人们内心的欲念没有得到满足，心理期待产生了落差。这时候，作为女人，如果你换个角度来想，为什么别人都得不到，只有你得到了呢？那是因为他们没有这个机会，而你却得到了。遭遇生活的不幸，会让你变得更加成熟和睿智。当你这么想的时候，你感受到的不再是痛苦，而是快乐。

2. 想想更坏的情况会感到庆幸

对于一个聪明的女人来说，在遭遇了生活的不幸时，不要觉得自己吃了多大的亏，损失了多少。你要想想更坏的情况，如果事情真的变得更坏，你会吃更大的亏，损失更多。相比之下，你就会觉得自己非常幸运。就如同故事中的明梅在登记后发现了丈夫的秘密，她没有悲伤，反而很开心，因为相比于有了孩子之后再发现，她觉得自己是幸运的。这样你感受到的将不再是痛苦，而是快乐。

3. 想一想你还活着就是幸福

往往很多时候，我们觉得老天不公，命运坎坷，觉得自己遭受了这么

多的苦痛和伤害之后，天都要塌下来了，觉得生活没有了指望。但是只要你想一想，你还活着不就是老天对你最大的眷顾吗？活着可以从头再来，如果死了，不就什么都结束了吗？所以，作为女人，当你明白这个道理的时候，你就不再感觉绝望了，也不会再抱怨了。

4. 明白生活因为苦痛才丰富

很多人觉得自己的日子真是太苦了，觉得命运开的玩笑确实太大了。但是，你想一想，如果生活中什么事情都一帆风顺，那么生活是不是也就变得乏味了呢？人没有了希望，不会去努力和奋斗。那样，活着跟死了有什么区别呢？作为女人，当你想明白这一点的时候，你就不会因为遭遇生活的疼痛而感到伤心和难过了。

解除怀疑，治愈心的创伤

很多时候，我们总是感觉没有安全感。那么，究竟为什么呢？究其原因，主要是爱情的唯一性和排他性在作祟。因为是唯一，你选择对方，就要放弃别的选择。与此同时，也会要求对方作选择。但是，你却不能保证对方为了你愿意放弃，或者是为了你愿意将自己的选择坚持下去。

说得简单点，就是不相信对方，而彼此信任则是爱情、婚恋最起码的前提。因为怕遭背叛，怕受伤害，所以不敢放手去爱。而在爱情上举棋不定，往往会让彼此之间的感觉大打折扣，而爱情少了感觉便会索然寡味。因此很多人在婚恋的路上总是迷茫，不知所措。

雯雯和靖宇是通过朋友介绍认识的。见面的那天晚上，两人有说有笑，并没有任何一点拘谨，气氛和谐，感觉蛮好。雯雯被靖宇的帅气和成熟深深地吸引了，而靖宇却钟情于雯雯的简单和真实。就这样，两人看对眼了。

没过多久，两人牵手，正式确定了恋爱关系。虽然两人一直在热恋中，但是靖宇却感觉不到一点儿幸福，他总是忧心忡忡，曾被伤害过的他不敢再去爱，他怕对方突然从他的身边离去。

实话实说，他并不优秀，没有太多的钱，没有稳定的工作，这样的人在街上一抓一大把。而雯雯虽说不算漂亮，但是气质却非常好，而且家境也不错。在靖宇的心里，总觉得自己配不上雯雯，两人相处的时间越久，他的这种感觉越强烈。

对于雯雯来说，和靖宇走到一起实在不宜。她已经远远超过了谈婚论嫁的年龄，可是始终碰不到那个让他心动的人。父母的催促让她压力倍增，可是她又不想随便把自己嫁掉。而靖宇帅气不说，而且很有才华，很有思想。在她快30岁的时候能找到这样一个男人，当然要紧紧地抓住了。

但，她也担心，靖宇会离开她。因为靖宇的不落俗套和横溢的才华，身边总是有很多漂亮时尚的女孩子出现，其中不乏一些各方面条件比自己都优秀的人。为此，她也总是很担忧，担心某一天，靖宇会突然从她身边消失。

尽管两人都在拼命努力，可是感情并没有增进多少。因为两人都缺乏安全感，不敢放手去爱，而把爱情当作模式或者是程序一样走完。以至于后来两人都厌倦了这种模式，他们都很迷茫：接下来怎么办？分手吧，有些不舍得，毕竟彼此爱着对方，可是继续呢，又觉得两人都小心谨慎，爱情没有意义。

故事中的雯雯和靖宇都很喜欢对方，但是由于缺乏安全感，所以不敢放手去爱，以至于让爱情完全变了味道，亮起了黄灯，走到了十字路口。究竟是该继续呢，还是该放弃呢？两人都很茫然。由此可见，安全感是爱情保鲜的防护墙，因为生活的变数实在太大，爱得深了，会伤害自己。如此缺乏安全感，爱情便索然寡味了。那么，如何才能在婚恋中让你的心有安全感呢？

1. 要相信自己，不要自卑

不可否认，爱情的目的是走向婚姻。可是在恋爱中，很多人往往太过注重实际的条件，觉得自己条件有限，配不上对方。殊不知，爱情还是要靠感觉的。所以，要相信自己的实力，在两人之间的交往当中，千万不要自卑。你的自信更能让对方为你着迷。只要双方感情深厚，那些外在的条件也就变得微乎其微了。

2. 要相信爱情，放手去爱

由于形形色色的价值观、爱情观的出现，更多的人宁愿相信金钱，而不愿意相信爱情。这样，恋爱包括婚姻就变成了赤裸裸的交易。即使是有感情的双方，也会或多或少地考虑物质因素。因此，传统的爱情价值观受到了严重的挑战，使得恋爱中的双方都不相信爱情，导致了两人畏首畏尾，不敢去爱。这也是严重地缺乏安全感的表现。

3. 要相信对方，勇敢付出

彼此信任是爱情的基石。可是现实生活存在的诱惑实在太大。所以，即使是热恋中的人也总担心自己白白付出，总担心对方会离开自己。这样，便破坏了彼此之间的美好感觉。其实，大可不必为此担忧，既然是恋爱，彼此选择，那么就要相信你的恋人，勇敢地付出，否则，恋爱便无法继续谈下去。

4. 勿害怕承受失败的痛苦

很多人之所以严重地缺乏安全感，是因为曾经或多或少地爱情上受过伤害，所以总是担心再次被伤害。小心翼翼可以减轻甚至避免伤害，但是同样让走向成功的路扑朔迷离。因为你缺乏安全感，便不敢去爱，不爱怎么会有爱情的结果呢？正应了那句老话：付出了不一定有收获，但是不努力绝对会失败，会受伤。因此，受伤了，不要害怕，依然要全身心地投入去爱，因为只有这样你才能得到真正的爱情。

用健康饮食调节并净化身心

人在不开心的时候，会通过吃饭和喝酒来缓解压力。通过不断满足食欲，内心的空虚和压抑会得到最大限度的满足。这就是为什么男孩在孤独无聊的时候喜欢喝酒，女孩子在受到别人伤害的时候，会狂吃零食。可见，食欲的满足能在一定程度上代替人们别的欲望的不满足。尽管如此，也不能把吃当作发泄的途径，否则会影响和伤害身体，一样会让你痛苦。最好的办法就是用健康的饮食调节并净化身心。

姥姥的突然离世，让羊蕊着实受了不小的打击。从小姥姥最疼最爱的就是她，转眼间就阴阳相隔了，羊蕊趴在姥姥的坟前整整哭了一天。那一段时间，她特别不想吃东西，不管吃啥都没有胃口。身体也一天不如一天。

妈妈看在眼里疼在心里，每天给羊蕊做很多好吃的饭菜，希望她能尽快地从失去亲人的痛苦中走出来。可是，羊蕊却只喜欢吃一些新鲜的蔬菜，对大鱼大肉看到就恶心呕吐，这可愁坏了妈妈。

妈妈毕竟是妈妈，总不能看着女儿挨饿，既然她喜欢吃新鲜的蔬菜，那么就做给她吃。因此，她专门学习了很多烧菜的方法，变着花样做给羊蕊吃。而且，在一个医生朋友的建议下，她特意为羊蕊制定了一个方案：早上鸡蛋汤，中午两个素菜，晚上要喝牛奶。尽管没有肉，但是营养并不少。

在妈妈的精心照顾下，羊蕊的身体一天比一天好，皮肤一天比一天白。精神也好了很多。经常和妈妈一起去打球和跳舞。看到女儿开心地笑，妈妈心里甭提有多高兴了。从那以后，每当羊蕊不高兴的时候，妈妈都会特意做两个拿手的好菜来安慰她。每每在这个时候，羊蕊的心也会舒畅很多。

故事中的羊蕊由于无法接受姥姥离世的打击，陷入了深深的痛苦之中，使得精神受到了严重的刺激，对食物失去了兴趣。在这个过程中，细心的妈妈发现了羊蕊爱吃新鲜的蔬菜，于是精心给她订做了食谱，精心细致地照顾女儿。最终，在妈妈的努力之下，羊蕊的身心得到了净化，重新找回了往日的开心快乐。可见，健康的饮食能在一定程度上缓解内心的抑郁，如果你心情不好，不妨吃点好的饭菜，或许你的心情会瞬间好很多。那么，如何用健康的饮食来调节并净化身心呢?

1. 吃饭吃到七分饱就行了

生活中，我们总是希望别人能吃饱。但是，吃的太多，肠胃就会不舒服，也会影响心情。因而，当你心情不好的时候，吃饭吃到七分饱可以，保证你不饿就行。如果觉得心情不好而暴饮暴食，不但会让你的身体因为营养过剩而变形，还会因为身体不舒服而生气和不满，这在一定程度上增加了你内心的郁闷情绪。因而，当吃饭吃到七分饱的时候一定要克制自己。

2. 不妨多吃些新鲜的蔬菜

一般情况下，在心情不好的时候，对过于油腻的东西很反感，对肉也提不起兴趣来。这时候，新鲜的蔬菜是首选。因为蔬菜清淡爽口，吃起来心情会轻松。再加上蔬菜的新鲜和接近自然的绿色，也能让人心情舒畅。因而，如果你因为生活的一些烦恼纠结的时候，不妨多做一些新鲜的蔬菜给自己吃。你会发现，等你吃完之后，你的郁闷心情也会得到一定程度的缓解。

3. 搭配好饭菜的色彩营养

健康的饮食要讲究“色、香、味”俱全，这样吃起来才会感觉是一种享受。同样，当一个人心情不好的时候，饭菜的颜色也会影响他们的心情。要保证有多种颜色出现在饭菜中，比如菜中辣椒是绿色的，那么就要在汤中有西红柿的红色，有鸡蛋的黄色等。这样，会让人感觉到生活的五彩缤纷，心情也会随之愉悦起来。如果把饭做成一个颜色，你会觉得生活枯燥单调，自然不愿意多吃。

4. 要经常变换饭菜的种类

人对于经常看到的东西都有种视觉疲劳，同样，同一个菜连续吃两次以上，就会产生味觉疲劳，而本能地抗拒。因而，当你心情不好的时候，做饭菜时就要变换种类，以保证味觉的新鲜。这样，你的心情才会保持新鲜，才会开心快乐。否则，每顿饭都看着同一个菜，人会因感觉到生活没有改变，自己没有改变而黯然神伤。可见，要想用健康的饮食调解身心，不妨经常变换饭菜的种类。

运动，在汗水中解脱心灵束缚

很多人在郁闷纠结，痛苦不已的时候，往往采用剧烈的运动来发泄内心的不满。这是因为剧烈的运动会使心跳加快，促使全身的血液流动加快，一定程度上能促使情绪好转。另一方面，通过剧烈的运动暗示自己有能力挑战自我。同时，剧烈运动后会流汗，这个过程也是一个压力外泄的过程。因而，当你感觉郁闷的时候，不妨做一些剧烈的运动，让自己在拼搏和汗水中重塑信心。

高考的成绩下来了，段鹏只差了一分，而被清华大学拒之门外。当他得知这个消息的时候，痛苦地说不出话来。这一年，他付出了太多的艰辛，最终却以这样的结局收场。他有些接受不了这个事实，接连几天，他的心情糟透了。

刘宇是他的朋友，得知这个消息之后，于这天傍晚来到了段鹏的家。段鹏无精打采地坐在沙发上叹气。刘宇走过去狠狠地拍了段鹏，说：“怎么地，哥们，蔫了？”段鹏狠狠地瞪了一眼刘宇，说：“别招我，我正烦着呢。”刘宇当作没听见一样，又狠狠地拍了段鹏一下说：“我就招你

了，怎么地。”段鹏刚好在气头上，他翻起身来，冲着刘宇的脸，狠狠地打了一拳，刘宇不甘示弱，爬起来冲着段鹏的胸膛就是一脚。

于是，两个人扭打在一起。几分钟之后，两人躺在地上喘着气，这时候，刘宇擦净嘴角的血，说：“怎么样，感觉舒服一点了吗？”段鹏看着刘宇，一下子翻了起来。他冲着刘宇说道：“好多了。”然后给了刘宇一个拥抱，他说：“走，咱们打球去，说着钻进屋里，拿出了篮球。”

这可是他们俩的最爱。在复习会考的时候，他们经常用打篮球来缓解压力。有事没事总会打打篮球。于是，两人一起来到了操场上，开心地打起了篮球。尽管累得大汗淋漓，可是两个人有说有笑，非常高兴。看到段鹏生龙活虎的样子，刘宇开心地笑了。

故事中的刘宇得知好朋友段鹏遭受了高考落榜的打击之后，来到了段鹏的家里，故意挑逗，继而和段鹏之间发生了打斗，这个过程事实上也是让段鹏发泄内心的抑郁情绪。打架的过程中，段鹏进行了剧烈的运动，内心的不满得到了很好的发泄，心情一下子好了很多。可见，运动能让阴郁的心情得到好转，能让内心的不满和压抑得到发泄。那么，在利用运动来解脱灵魂的束缚的过程中，要注意那些方面呢？

1. 要选择有一定运动量的活动

有的人觉得只要是活动就能起到缓解内心抑郁的效果。事实上并非如此，内心的抑郁之所以能够得到缓解，这是因为运动能增加心跳的速度，能加速全身的血液循环，同时还可以借助运动发泄内心的不满。如果你只是选择一些运动量小的活动，就起不到这个作用。由此可见，当你不开心的时候，一定要选择那些运动量大的活动。比如打球、跑步等让剧烈的运动来增加你的心跳速度，缓解内心的压力。

2. 尽量选择安全指数高的运动

尽管有些运动的活动量很大，但是安全系数不高，容易受伤害。在用运动来缓解压力的时候尽量不要去选。要不然你受了伤害，会增加抑郁的程度。如果实在没有合适的运动可做，不妨去练练拳击，或去蹦个迪等，只要能让你迅速地流汗，你最终的目的就达到了。你的心情也会随之大好。

3. 运动适当不能超越身体极限

在进行剧烈运动之前，对自己的体能有一个大概的把握；以便你在做运动的时候把握尺度，不能超越身体的极限，以免发生危险。事实上，你要做的是发泄内心的压抑情绪，而不是跟自己玩命。因此，在剧烈运动的时候，感觉到身体支撑不住的时候，要及时停下来休息，千万不要由着性子胡闹。

4. 运动前不要闯入身体的禁区

在参加剧烈运动之前，一定要先了解你的身体有哪些禁区。比如，跑步前要先考虑清楚腿脚是否受伤；在打球之前，想清楚眼睛是否好用，胳膊是否健康等。这样，你就能选择适合自己的运动，而不至于盲目地参加运动，给身体带来意外的伤害。如果是这样，不但缓解不了你内心的压抑，还有可能让你因为身体的伤害而更加郁闷。

第二十章　活在当下，融入新生

生活中，人们常常会问自己、问他人：“什么是幸福？”哈佛幸福课教授本·沙哈尔说：“一个幸福的人，必须有一个明确的、可以带来快乐和意义的目标，然后努力地去追求。真正快乐的人，会在自己觉得有意义的生活方式里，享受它的点点滴滴。”的确，人生苦短，要想把握住幸福，那么就要活在当下，珍惜每一天，享受工作，享受学习，享受生活，认真去享受当下的每一分快乐，那么，你的人生就是幸福的了。

当下——珍视现在就是营造最好的未来

生活中的每一个人都有自己的理想，并且，大多数人都在为自己的理想奋斗着，但我们不得不承认的是，很多人对理想的憧憬过了头，如果你每天都展望自己的未来而不踏实工作、生活的话，那么，只能让心智沉浸其中，陷入人生的陷阱。

有首古诗说得好，“明日复明日，明日何其多，我生待明日，万事成蹉跎”。我们每个人都应该追求自己的梦想，但更应该明白一个道理——静心，着眼于当下，才能营造出最美好的未来。只有把每一天过得实在有意义，把每一天的学习、工作任务及时完成了，才能在每一天悄悄地成长，慢慢地长大。当你回过头来的时候，你会惊讶地发现，原来自己的每一天过得是这样的充实，你会为自己而感到骄傲和自豪。

约翰·霍普金斯学院的创始人威廉斯勒曾经是英国医学院的一名学生，他的成功来自于他老师的一句启迪。

那是发生在1871年春天的一件事情，那时候，威廉斯勒正处在心情烦躁之中，因为他不知道如何处理远大的理想和具体的身边小事之间的关系，也不知道自己该如何做事才能成功，于是，他去请教他的老师，老师告诉他：“最重要的，就是不要去看远方模糊的，而要做手边最具体的事情。”他这才恍然大悟：是啊，不论多么远大的理想，都需要一步步实现啊；不论多么浩大的工程，都需要一砖一瓦垒起来啊。

也就是从那一天开始，威廉斯勒开始埋头读书。两年以后，威廉斯勒

以全校最优异的成绩毕业，毕业后来到一家医院做医生。他认真对待每一个患者，对每一次出诊都一丝不苟。兢兢业业的态度和精益求精的精神，使他很快成了当地的名医。几年以后，他创办了约翰·霍普金斯学院。他把自己的人生态度贯彻到每一个细节里。许多专家学者慕名来到他的学院工作，使他的学院很快成为英国乃至世界最知名的医学院。威廉斯勒总是告诉他身边的人：最重要的是把你手边的事情做好，这就足够了。

威廉斯勒为什么能成功？因为他从他的老师的话中悟出，一个人，只有踏实努力、努力充实好每一天，把自己的人生态度贯彻到每一个细节中，由量的积累达到质的飞跃，才能将理想变为现实。

很多时候，有些憧憬总是让我们觉得很美好，觉得自己离它已经很近了，而实际上并不是如此，现实也不会因为你的想象而变得容易。“这山望着那山高”、不看重当下，那么，你就容易忘记理想的实现是建立在现实的基础上的，结果你只能被理想和现实同时抛弃。你在人生的过程中会看到许多山峰，但你不可能翻越每一座山峰，得到所有美好的东西。命运对任何人都是公平的，当你为没有得到而苦恼时，还是仔细想一下自己将会失去什么吧！

珍视现在，就需要我们重视当下工作中的每一件小事、每一个细节，事情天天在做，但真正把事情做好、做到位却还有一段距离。小事做不了，何以成大事？很多时候，在工作和学习中出现的某些问题，恰恰是因为在细节上不够完善。有的工作已经做了一大半，甚至只差最后这一步，但就是这点细微的区别使他们在事业上很难取得突破和成功。

的确，在追求成功的过程中，只有洋溢着满腔的热情、努力认真地过好现在的每一分钟，埋头苦干眼前的工作，心无杂念、充实地度过每一个瞬间，才能迈向美好的未来。

一位父亲告诫他的孩子：

“无论你以后做什么样的工作，都要做到一丝不苟、认认真真、全力以赴。要是你能做到这一点，你就不必担忧自己没有好前途。你看这世界上，到处都是散漫、粗心的人，做事善始善终的人是供不应求、深受欢迎的，只有认认真真做事的人才是未来竞争的成功者。”

这位父亲的话是有道理的，一个人的成功并不在于他在做什么，而在于他有没有做到最好、做到位。成功者之所以成功，就是因为他们具备一个品质，专注于一件事并追求极致。因此，我们在学习、生活和工作中应该以更高的标准要求自己，能做到更好，就必须做到更好，能完成百分之百，就绝不只完成百分之九十九。

因此，珍视现在、努力过好每一天很重要。无论你树立怎样远大的目标，如果不认真面对每日平凡的工作，不积累业绩就不可能取得成功。伟大的成果除了努力积累外别无他法。

担负现在，珍惜每一天的到来

现实生活里，我们大多数的人都渴望人生的丰富多彩，不遗余力地追求理想目标的实现，却不知道淡然地享受人生过程，享受人生平平淡淡的幸福快乐。其实，无论人生目标多么瑰丽辉煌，也不能为了“短暂”的拥有，而放弃了过程中的开心微笑。

什么是幸福？幸福是一种心境，淡泊宁静，不计较得失，不在乎成败。这是一种睿智的生活态度和生活方式，是对现代文明压抑的一种反抗。

人不能改变过去，也不能控制将来，人能控制改变的只是此时此刻的心念、语言和行为。过去和未来都是虚无缥缈的，只有当下才是真实的。因此，一个人的生命不管能否长久，生命过程应该是丰富多彩的，无论人的生命长久与短暂，人生的道路应该是宽阔有风景的，享受过程应该是愉

快幸福的。我们每个人都应该珍惜每一天的到来。

有个年轻人叫包维尔，从小，他就很喜欢摄影。

他大学毕业后，就把所有的精力都放到了摄影上，他没有去找工作，过着贫穷、简单的生活，在他看来，只要能够摄影就好。他吃着粗糙的食物、穿着破了洞的牛仔裤，但因为可以摄影，他过得非常快乐。

就在他27岁那年，他的摄影技术得到了业界的认可，尤其是他的人物摄影。渐渐地他成为了世界公认的人物摄影大师，并为英国首相拍摄人物照，从此享誉全世界。

迄今为止，他为全世界一百多位总统、首相拍过人物肖像，请他摄影的世界名流更是数不胜数，排队等候一两年是常事。包维尔成为了一个真正的世界顶尖级摄影大师。

从包维尔的故事中，我们得知，在人生目标的实现中，一个人只有内心平静、努力充实自己，等待时机、不骄不躁，你的日子才会过得悠然自得、从容不迫。不去羡慕别人，你才会找到自己的生活，完成你自己的事业。

通常来讲，越是有所追求、越是想干点事的人遇到的烦恼和痛苦就会越多，凡事达观一点，看开一点，相信自己，终会心想事成。

也许有人会说，人活着就是要奋斗，就是要努力工作，但这并不意味着我们要做一个工作狂。相反，在努力工作的同时，我们依然要懂得享受每一天美好的生活。享受生活归根结底需要的是一种心境，享受的关键在于寻找快乐的人生，而快乐并不在于其拥有多少、获得多少，物质生活质量如何，而在于怎样看待周围的人和事情，怎样让自己有一颗接纳一切快乐事物的心。

一位头发花白的富翁某天来到沙滩散步，他发现，有个渔夫正在悠闲地晒着太阳，就问道："你为什么不打渔呢？"

渔夫反问道："为什么要打渔呢？"

"挣钱买大鱼船啊！"

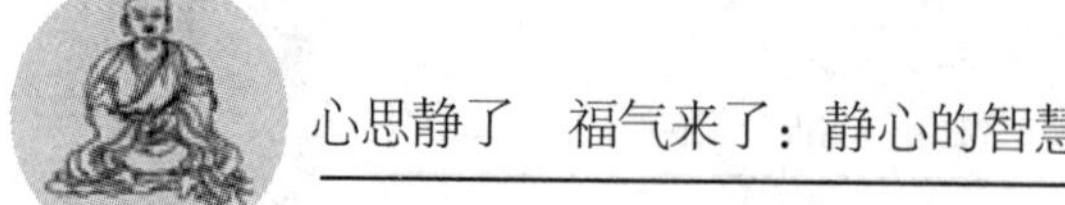

“买大渔船干什么？”

“打很多的鱼，你就可以成为富翁了。”

“成了富翁又能怎么样呢？”

“你就不用打渔了，可以幸福自在地晒太阳啦！”

“我不正在晒太阳吗？”富翁哑口无言。

是啊，有时候我们苦苦追求的所谓幸福与快乐，其实就在眼前，那又为什么不知足呢？我们中的很多人，也许经过多年的打拼和艰苦的奋斗，已经有所成就，然而难道一生就如此忙碌地拼搏到死吗？其实，享受真正的人生之旅比直到那旅程结束还没有感受到快乐重要得多。

生活在商品经济的大潮里，每个人都要面对物欲横流的红尘世界的诱惑，那些纷纷扰扰的现实，时刻都在迷惑着眼球，欲望追求加快了人们前进的脚步，总觉得不远处的鲜花和掌声正在向我们招手，不容我们用更多的时间去欣赏周遭的风景。当我们殚精竭虑地攫取了满怀的鲜花之时，抑或白发苍苍时，突然就会发现曾经在路边绽放的盈盈小花更加惹人爱怜，然而，我们却没有机会再回头去观赏它的淡雅美丽了。

可见，有时，我们要懂得享受过程，真正让我们得到满足的也是过程，人的一生也是如此，最美的不是结果，而是人生的旅途。

总之，生命的意义不仅仅在于要成就多么伟大的事业，实现多么崇高的人生目标，或者拥有多少财富，也在于如何淡然地享受追求过程中的愉快心情，感受人生过程里那份淡淡的幸福味道。

善于思考，稳健地走好每一步

散文家余秋雨说：“成熟是一种明亮而不刺眼的光辉，一种圆润而不逆耳的声响，一种不再需要对别人察言观色的从容，一种终于停止向周围

申诉求告的大气，一种不理会喧闹的微笑，一种并不陡峭的高度。”任何一个内心宁静的人，必当是思维成熟的人，一个思维成熟的人，必当能做到珍惜当下，稳健地走好每一步。

的确，古人云：“凡事预则立，不预则废。”大到国家，小到个人，做事时都必须有计划性，只有做到缜密行事、步步为营，才能让成功多一份胜算，但凡想把一件事情做好，一般都要经历资料收集、深入调查、分析研究、最终下结论这样一个过程。布莱德雷将军曾说：“二次大战期间，我们抵达莱茵河的时候，我并不见得知道怎么建造桥梁，但是我知道相关的事情有哪些，我让筑桥的工兵能有足够的时间和补给，这一点是非常有帮助的。”

然而，我们发现，生活中，有这样一些人，他们始终改不了粗心的毛病，思考问题时，思路紊乱，东拉西扯，始终是稀里糊涂；生活中也是粗心大意。而这样的结果只能是，事情做不到尽善尽美，千里之堤毁于蚁穴。如果我们做不到善于思考，那么，哪怕只是一些细节问题，也可能导致全局的失败。

拿破仑是一位传奇人物，这位军事天才一生之中都在征战，曾多次创造以少胜多的著名战绩，至今仍被各国军校奉为经典教例。然而，1812年的一场失败却改变了他的命运，从此法兰西第一帝国逐渐走向衰亡。

1812年5月9日，已经在欧洲大陆取得辉煌胜利的拿破仑离开巴黎，挥军北上，直捣莫斯科城。

然而，当法军进城后，却发现市中心着火了，莫斯科城的四分之一都被烧毁，很多房屋瞬间化为灰烬。而此时，俄国沙皇也采取了坚壁清野的措施，使远离本土的法军陷入粮荒之中，即使在莫斯科，也找不到生存下去的粮草，很多战马就这样死了，许多大炮因无马匹驮运不得不毁弃。几周后，寒冷的天气给拿破仑大军带来了致命的打击。在饥寒交迫下，1812年冬天，拿破仑大军被迫从莫斯科撤退，沿途大批士兵被活活冻死。到12月初，60万拿破仑大军只剩下不到1万人。

关于这场战役失败的原因众说纷纭，但谁又能想到是小小的军装纽扣起着关键的作用呢。原来拿破仑征俄大军的制服，采用的都是锡制纽扣，而在寒冷的气候中，锡制纽扣会发生化学变化成为粉末。由于衣服上没有了纽扣，数十万拿破仑大军在寒风暴雪中形同敞胸露 怀，许多人被活活冻死，还有一些人因此得病而死。

拿破仑的失败，正验证了人们说的“成也细节，败也细节”，细节能带来成功，同时也能导致失败。他万万没有想到的是，一颗纽扣居然会导致自己大败。

的确，思维指导行动，如果思虑不周全，那么，就好比一个机器上的关键零件出了问题，那就意味着全盘皆输。

那么，生活中，我们该如何做到善于思考，稳健走好每一步呢？

首先，我们并不需要制订长期计划，而要做好当下的事。

为什么不制订长期计划呢？生活中，有些人说自己能预见未来，这当然是谎言，也会失败。因为无论我们对于未来的预计多么精细，都无法将一些不可知因素囊括在内。在遇到一些问题时，就不得不改变计划，或者对其进行相应的调整；甚至在某些情况下，我们需要无奈地放弃预期的计划。

其次，我们要勤于思考。

思维的力量是巨大的，但人的大脑就如同一台机器，长时间不使用，它的工作能力就会下降甚至不适用。因此，要有智慧，就要有一颗善于思考的头脑。真正的“有头脑”，指的是善思考、勤实践，有思想、智慧、远见、卓识和才干。一个人虽然长着脑袋，但若不善用脑袋，没有思想、智慧、远见、卓识和本领，就不能算是有头脑的。

最后，我们做任何事都要制订完善的计划和标准。

要想把事情做到最好，你必须在心中为自己设定一个严格的标准，并且，在做事时，你一定要按照这个标准来执行，决不能马虎；另外，在作任何一项决策前，一定要思虑周全，并作广泛的调查论证，广泛征求意

见，尽量把可能发生的情况考虑进去，尽可能避免出现1%的漏洞，直至达到预期效果。

 与时俱进地思考，作好每一个决定

生活中，我们常听人说“与时俱进”这一词，也就是说，我们在做人做事时，要懂得变通，毕竟我们所生活的时代每天都在发生变化，守旧的思维模式只能让我们被时代抛弃。事实上，自古以来，人类的进步就是因为能做到与时俱进，能做到思维的创新，可以说，人类如果固步自封，就只会停滞不前。同样，作为个体，能不能做到思维上的与时俱进，直接关系到一个人的事业成败，因为只有创新才能激活自己全身的能量。我们先来看下面一个小故事：

有个在马戏团做童工的小男孩，他的工作是负责向看马戏的客人推销小食品。但每次看马戏的人不多，买东西吃的人更少，尤其是饮料，很少有人问津。这可怎么办呢？没人买东西，就意味着他的收入惨淡，他很可能面临失业。

在不知道如何是好的时候，突然有一天，他想到一个点子：对于那些来买票的人，他都向他们赠送一包花生，这样，观众就会被他吸引。但老板却认为这是个亏本的买卖，自然不同意。他就用自己微薄的工资做担保，恳求老板让他试试，并说，如果赔钱了就从自己的工资里扣，如果盈利了，自己只拿一半。

于是，在马戏团外，小男孩就开始“叫卖”起来了：“来看马戏，买一张票送一包好吃的花生！”在他不停的叫喊声中，观众比往常多了几倍。

观众们进场后，就开始吃他免费送的花生，而吃着花生，难免会口

渴，自然就会买一杯饮料。就这样，一场马戏下来，他的收入比以往增加了十几倍。

故事中的小男孩，在面临即将失去工作、没有收入的情况下，却想到了另外一种推销方法：先免费赠送花生，使得观众先“占他的便宜”，进而由于口渴而不得不去买他的饮料。这种方法无意间就推动了他的销售。如果他墨守成规，被动地等待客人来买饮料的话，他的工作成果肯定不会有任何改观。

的确，生活中，只要我们善于开发大脑，运用想象力，跳出思维的框框，就能发现思维的另一个高度，就会找到异乎寻常的答案。

“牛仔大王”李维斯年轻的时候，带着梦想前往西部追赶淘金热潮。一日，他发现有一条大河挡住了他往西去的路。苦等数日，被阻隔的行人越来越多，到处是怨声。而心情慢慢平静下来的李维斯突然有了一个绝妙的创业主意——摆渡。由于大家急着过河，所以没有人吝啬坐他的船，迅速地，他人生的第一笔财富居然因大河挡道而获得。

渐渐地，摆渡生意开始清淡。李维斯决定继续前往西部淘金。来西部淘黄金的人很多，但卖水的人却没有，所以，水在这个地方成了最珍贵的东西。不久他卖水的生意便红红火火。后来，同行越来越多，终于有一天，在他旁边卖水的一个壮汉对他发出通牒：“小伙子，以后你别来卖水了，从明天早上开始，这儿卖水的地盘归我了。”他以为那人是同他开玩笑，第二天又来了，没想到那家伙立即走上来，不由分说，便对他暴打一顿，最后还将他的水车也一起拆烂。李维斯不得不再次无奈地接受现实。然而当这家伙扬长而去时，他却立即有了一个绝妙的好主意——把那些废弃的帐篷收集起来，洗干净后，缝制成衣服，那么一定会有人愿意买。就这样，他缝成了世界上第一条牛仔裤。从此，他好运连连，最终成为了举世闻名的“牛仔大王”。

聪明的人总是能做到不断变通、能根据当下的变化作出明智的决定，于是，他们能不断找到成功的机遇，即使在困境中亦是如此，因为他们从

不为眼前的现状而停止思考，李维斯的成功就说明了思维的力量。

的确，这个世界上没有任何事是一成不变的，生命在不断向前，我们的生活也是如此。因此，我们的思维也需要与时俱进。有时候，可能你觉得你已经进入了死胡同，但事实上，这只是你没有找到出路而已，而改变事物的现状就是运用思维的力量，思路一变方法来，想不到就没办法，想到了又非常简单，人的思维就是这样奇妙。有一句话说得好："横切苹果，你就能够看到美丽的星星。"

当然，一个人开发自己的思维能力是需要从日常生活中开始的，当你每天早晨一打开窗户的时候，就会感受到一股新鲜的空气。于是，你感觉自己的身心是多么的轻松。接下来要做的就是，投入到每天的学习或工作当中。好像这个世界上的事情永远做不完似的。而最重要的是，你每天可以让自己多出一点新奇的想法，给生活增添一点新奇的意味。如果你这样去做了，那么，你就等于在努力突破自我，虽然现在还没有奇迹发生，但至少和原来的你有所不同了。

运筹帷幄，莫怕眼前的难事

当今社会，任何人要想在竞争中脱颖而出，都不能忽视思维的力量，那些头脑灵活、拥有思想的人在这个社会更有打拼成功的机会。因为在打拼的过程中，谁都会遇到难题，只有开发大脑，能做到运筹帷幄，才能解决当下的难题。诚然，在难题面前，任何人都可能会产生一些焦躁的情绪，但焦躁对于事情的解决毫无帮助，我们只有静下心来，才能思考出解决的方法。

美国人克里斯托弗·里夫因在电影《超人》中扮演超人而一举成名。但谁能料到，一场大祸竟从天而降呢?

1995年5月27日，里夫在弗吉尼亚一个马术比赛中发生了意外事故，以致头部着地，第一及第二颈椎全部折断。5天后，当里夫醒来时，医生说不能够确保里夫能活着离开手术室。

那段日子里夫万念俱灰，他甚至想到了轻生。出院后，为了平缓他肉体和精神上的伤痛，家人便推着轮椅上的他外出旅行。

有一次，他的家人开着小车带他出去游玩，车子在蜿蜒的盘山公路上行走，他望着窗外，什么都没想，但他的眼神突然发生了变化。他发现，每当车子行驶到无路的关头，路边都会出现一块交通指示牌:"前方转弯！"或"注意！急转弯"，这些警示文字赫然出现在他的眼前。而只要车子拐过这一道弯，前方就会出现豁然开朗的一道风景。骤然间，"前方转弯"几个大字一次次地冲击着他的眼球，也渐渐叩开了他的心扉；原来，不是路已到了尽头，而是该转弯了。于是，他幡然醒悟，他对家人大喊一声:"我要回去，我还有路要走。"

从此，他彻底改变了以往颓废的状态，他以轮椅代步，当起了导演，他第一部指导的影片就荣获了金球奖；他尝试着用嘴咬着笔写字，他的第一部书《依然是我》一问世就进入了畅销书排行榜。与此同时，他创立了一所瘫痪病人教育资源中心，并当选为全身瘫痪协会理事长。他还四处奔走，举办演唱会，为残障人的福利事业筹募善款，成了一个著名的社会活动家。

最近，美国《时代周刊》报道了克里斯朵夫·李维的事迹。

在这篇文章中，他回顾自己的心路历程时说："以前，我一直以为自己只能做一位演员；没想到今生我还能做导演、当作家，并成了一名慈善大使。原来，当不幸降临的时候，并不是路已到了尽头；而是在提醒你：你该转弯了。"

一次偶然的事件，让原本几乎绝望的克里斯托弗·里夫重新选择了一条人生的路。在这条路上，他同样取得了成功甚至是辉煌。在面对身体上的巨大折磨时，克里斯托弗·里夫可能和很多人一样曾产生过轻生的念

头，但是，请想一下，如果选择了真正的绝望，向所谓的命运妥协了，那么，你就彻底失败了；而如果你选择另外一种心态，即使有微乎其微的机会，也有可能赢得成功。克里斯托弗·里夫的事迹告诉我们，只要能活下来就是一种幸福，我们都应该学会珍惜当下，以这样的心态面对人生困境，还有什么值得我们苦恼呢？

当然，在困境和困难面前，我们要想寻求突破，除了要静心外，还需要运用思维的力量。有这样一件关于查理斯·艾略特的轶事：

1870年，在查理斯·艾略特出任哈佛大学校长时，他找到当时著名的史学家亨利·亚当斯，想聘请他出任中世纪历史的教授。起初，艾略特不管怎样苦苦劝说，亨利·亚当斯都没有任何表示。后来，亨利·亚当斯谦虚地说："校长先生，我真的一点儿都不懂中世纪的历史。"听到他的回答，艾略特校长则客气地说："如果你能够为我举荐出一位学者比你懂得更多，那我就聘请他。"结果亚当斯只好接受了聘请。

艾略特以自己灵活机智的思维，展现了哈佛校长的个人魅力，同时也告诉哈佛学子，将思维转个玩，很多事情都会迎刃而解。

生活中，失败平庸者多，主要是心态有问题。遇到困难，他们总是挑选容易的倒退之路。"我不行了，我还是退缩吧。"结果陷入失败的深渊。成功者遇到困难，他们能心平气和，并告诉自己："我要！我能！""一定有办法。"

总之，我们每一个人，在人生路上都有可能遇到一些难题，它会阻碍我们前进，甚至让我们心灰意冷。但请一定记住，明天还未来到，昨天已经过去，珍惜今天，调整好心态，才能真正把握大局，才能找到前进的路！

参考文献

[1] 韦渡. 静心:世界如此浮躁，你要心灵宁静[M]. 北京：中国华侨出版社，2012.

[2] 牧原. 人生随时要静心[M]. 北京：中国长安出版社，2011.